Gestión del montaje de instalaciones solares fotovoltaicas

Vicente Mascarós Mateo

Paraninfo

Gestión del montaje de instalaciones solares fotovoltaicas

Vicente Mascarós Mateo

Paraninfo

Gestión del montaje de instalaciones solares fotovoltaicas

Gerente Editorial
María José López Raso

Equipo Técnico Editorial
Alicia Cerviño González
Paola Paz Otero

Editora de Adquisiciones
Carmen Lara Carmona

Producción
Nacho Cabal Ramos

Diseño de cubierta
Ediciones Nobel

Preimpresión
Montytexto

1.ª edición, 2016, 5ª reimpresión, 2024.

C/ Velázquez 31, 3.° Dcha. / 28001 Madrid, ESPAÑA
Teléfono: 902 995 240 / Fax: 914 456 218
clientes@paraninfo.es / www.paraninfo.es

ISBN: 978-84-283-3816-5
Depósito legal: M-8244-2016

(30466)

Impreso en España / *Printed in Spain*
Tórculo Comunicación Gráfica

A Emma y Vicent.

Ellos también son fuente de energía renovable inagotable.

Índice

Presentación

El continuo crecimiento del desarrollo industrial y del nivel de bienestar de la sociedad actual demanda grandes cantidades de energía, en su mayor parte procedente del consumo de combustibles fósiles (carbón, petróleo y gas natural). Entre sus inconvenientes, además del paulatino agotamiento de los yacimientos existentes, cabe destacar la emisión de gases de efecto invernadero y de partículas contaminantes.

Un sistema de producción energética basado en energías renovables es inagotable, no emite gases de efecto invernadero ni gases contaminantes. Una de las fuentes de energía renovable con mayor potencial es la radiación solar y las instalaciones solares fotovoltaicas son aquellas que transforman directamente la radiación solar en energía eléctrica aprovechable.

Una adecuada ejecución de las operaciones de montaje, supervisión y mantenimiento asegura el correcto funcionamiento, aumenta la fiabilidad y prolonga la vida útil de una instalación solar fotovoltaica.

Este libro desarrolla los contenidos del módulo profesional de Gestión del Montaje de Instalaciones Solares Fotovoltaicas del Ciclo Formativo de grado superior de Energías Renovables, perteneciente a la familia profesional de Energía y Agua, fijados por el Real Decreto 385/2011, de 18 de marzo, teniendo presentes los currículos de las comunidades autónomas. Como herramienta de trabajo, presenta un enfoque amplio donde se tratan las técnicas y los procedimientos necesarios para la gestión del montaje de las instalaciones solares fotovoltaicas a lo largo de sus unidades.

El libro, estructurado en nueve unidades, cubre los siguientes contenidos. La **Unidad 1** se dedica a la introducción de las instalaciones solares fotovoltaicas; en ella se presentan las distintas tipologías posibles y la normativa vigente de aplicación. La **Unidad 2** analiza la geometría y la radicación solar. La **Unidad 3** explica los módulos y generadores fotovoltaicos. La **Unidad 4** se centra en las instalaciones solares fotovoltaicas aisladas de red. La **Unidad 5** se centra en las instalaciones solares fotovoltaicas conectadas a red. La **Unidad 6** analiza la planificación y la gestión del montaje de instalaciones solares fotovoltaicas. La **Unidad 7** desarrolla el montaje de instalaciones solares fotovoltaicas. La **Unidad 8** explica el mantenimiento de instalaciones solares fotovoltaicas. Por último, la **Unidad 9** aborda la prevención de riesgos, la seguridad y la protección medioambiental.

Conviene tener en cuenta los elementos que componen cada unidad para conseguir una mejor utilización del texto:

- Las **páginas iniciales** introducen el tema planteado en la unidad mediante una breve introducción, un índice de contenidos y una lista de los objetivos perseguidos en la unidad.
- El **texto de la unidad** desarrolla los contenidos curriculares de una forma clara y rigurosa. En él se han incluido numerosas figuras con la triple función de informar, aclarar conceptos y ayudar en el aprendizaje.
- Las **actividades resueltas** acompañan al texto de la unidad y clarifican los contenidos curriculares mediante la exposición de problemas resueltos.

- A lo largo de la unidad también se incluye una serie de **actividades propuestas** que favorecen la adquisición de los conceptos mientras se avanza en la materia.
- El **mapa conceptual** que se incluye al final de la unidad permite repasar y afianzar sus conceptos clave.
- Las **actividades finales de comprobación** sirven para evaluar la asimilación de los contenidos al final de la unidad. Se componen de una batería de preguntas de tipo test con cuatro respuestas posibles, entre las que solo una es verdadera.
- Las **actividades finales de aplicación** responden también al objeto de evaluar el grado de comprensión y asimilación de la unidad y sirven para consolidar el aprendizaje de los contenidos. En ellas se plantean diversas cuestiones, así como la resolución de problemas de cálculo.
- Las **actividades finales de aplicación práctica,** presentes adicionalmente en algunas unidades, invitan a la realización de una serie de propuestas de índole práctica relacionadas con los contenidos de la unidad.
- Las **actividades finales de ampliación** ofrecen sugerencias adicionales para seguir profundizando en el tema y fomentar una actitud activa ante la búsqueda de información y la actualización técnica.

Asimismo, los contenidos desarrollados en el libro se amplían con una colección de **recursos digitales** a los que se puede acceder a través de **www.paraninfo.es** mediante un sencillo registro desde la pestaña de «Recursos previo registro» de la ficha web de la obra.

Por último, quiero mostrar mi agradecimiento a cuantas personas han hecho posible la realización de este libro, a las empresas que han colaborado desinteresadamente (ATERSA, ABB, SMA IBÉRICA) y a todo el equipo de Ediciones Paraninfo.

El autor

La editorial recomienda que el alumno realice las actividades sobre el cuaderno y no sobre el libro.

Una de las características del escenario mundial actual es el continuo crecimiento del consumo de energía basado en combustibles fósiles. Este modelo energético tiene una serie de inconvenientes, tales como la emisión de gases de efecto invernadero, la contaminación del medioambiente y el agotamiento de los yacimientos disponibles. Una de las bases de un modelo energético sostenible es la utilización de energías renovables y un consumo eficiente y responsable.

En esta unidad se realiza una introducción a las fuentes de energía y al modelo energético mundial en la actualidad. Se describe el concepto de instalación solar fotovoltaica, sus ventajas e inconvenientes, y se exponen los distintos tipos posibles en función de su configuración. También se incluye el marco legal de la energía solar fotovoltaica, así como los procedimientos de conexión a red de instalaciones de producción de energía eléctrica de pequeña potencia.

Introducción a las instalaciones solares fotovoltaicas

1

Contenidos

Objetivos

- Conocer el modelo energético actual.
- Clasificar los distintos tipos de fuentes de energía.
- Comprender el concepto de instalación solar fotovoltaica, sus ventajas e inconvenientes.
- Discriminar los diferentes tipos de instalaciones solares fotovoltaicas.
- Entender la normativa vigente de aplicación que afecta a las instalaciones solares fotovoltaicas y a la generación fotovoltaica.

1.1. La energía en la actualidad

Energía es la capacidad para realizar un trabajo. Sin la energía no sería posible la existencia de vida en la Tierra. El ser humano consume dos tipos de energía: la energía **endosomática** es aquella que requiere del metabolismo para mantener sus funciones vitales, mientras que la energía **exosomática** es aquella que el ser humano capta del entorno y utiliza para su subsistencia y desarrollo (transporte, iluminación, refrigeración, calefacción, suministro de agua, etc.).

A lo largo de la historia de la humanidad, el consumo de energía exosomática no ha parado de aumentar considerablemente. Con el descubrimiento del fuego se inició el consumo masivo de esta energía. En un principio se explotó la biomasa vegetal. Posteriormente, con la llegada de la Revolución Industrial en el siglo XVIII, la demanda masiva de energía dio lugar a la búsqueda de nuevas fuentes de energía que fueran capaces de sostener el creciente desarrollo industrial y el nivel de bienestar. En los primeros años se comenzó a utilizar el carbón, pasando a continuación al consumo de los derivados del petróleo y del gas natural. Esta disponibilidad energética, basada en el consumo de combustibles fósiles (carbón, petróleo y gas natural), ha dado lugar a una explosión demográfica en el planeta que demanda grandes cantidades de energía. En la actualidad, la Tierra está poblada por unos siete mil millones de personas.

El modelo energético mundial actual se basa, en gran parte, en el consumo de combustibles fósiles y en la energía nuclear. Esta situación energética lleva asociada la emisión de gases de efecto invernadero, la contaminación del medioambiente, la generación de residuos peligrosos y el agotamiento de los yacimientos disponibles.

El continuo aumento de la demanda de energía, junto al agotamiento de los recursos, puede dar lugar a un colapso energético. El modelo energético actual no se puede mantener indefinidamente en el tiempo. Un futuro sostenible para la humanidad pasa por la generación de energía basada en fuentes renovables junto a un consumo energético responsable.

Figura 1.1. *El transporte es el sector que más energía consume en nuestro país, cerca del 40 % del consumo total nacional.*

VOCABULARIO

Combustibles fósiles: son aquellos combustibles que proceden del proceso natural de descomposición de materia orgánica a lo largo de millones de años. Están formados por uniones de átomos de carbono e hidrógeno.

1.1.1. Concepto de energía

La unidad de medida de la energía en el Sistema Internacional de Unidades es el julio (J). Se define como el trabajo realizado por una fuerza de un newton (N) para desplazar una masa de un kilogramo (kg) un metro de distancia (m) en la dirección de la fuerza. El julio también se puede definir como el trabajo necesario para mover una carga eléctrica de un culombio (C) a través de una diferencia de potencial de un voltio (V), o también como el trabajo necesario para producir una potencia de un vatio (W) durante un segundo (s). La energía es igual al producto de potencia por tiempo.

$$E = P \cdot t$$

Cuando la potencia se mide en vatios (W) y el tiempo en segundos (s), la energía se mide en julios (J). Cuando la potencia se mide en kilowatios (kW) y el tiempo en horas (h), la energía se mide en kilovatios por hora (kW·h). En la factura eléctrica la cantidad de energía consumida se mide en kW·h.

Tabla 1.1. Unidades habituales de medida de la energía en función de la potencia y el tiempo

Energía	Potencia	Tiempo
J	W	s
kW·h	kW	h

Tabla 1.2. Equivalencias entre unidades de medida de energía

	kW·h
Vatio hora (W·h)	10^{-3}
Kilovatio hora (kW·h)	1
Megavatio hora (MW·h)	10^3
Gigavatio hora (GW·h)	10^6
Teravatio hora (TW·h)	10^9
Kilocaloría (kcal)	$1.16 \cdot 10^{-3}$
Julio (J)	$2.778 \cdot 10^{-7}$
Tonelada equivalente de petróleo (tep)	$11.62 \cdot 10^3$
Tonelada equivalente de carbón (tec)	$8.13 \cdot 10^3$

Actividad resuelta 1.1

Una lámpara incandescente de 80 W funciona durante dos horas y treinta minutos al día. Calcula la cantidad de energía consumida en J y en kW·h durante un mes de 31 días. ¿Cuál es el coste de la energía consumida si el precio del kW·h es de 0.140728 €

Solución:

$$E = 80\,W \cdot 31 \cdot 9000\,s = 22.32\,MJ$$

$$E = 0.08\,kW \cdot 31 \cdot 2.5\,h = 6.2\,kW \cdot h$$

$$Coste = 6.2 \cdot 0.140728 = 0.87\,euros$$

Actividad propuesta 1.1

Un calefactor de 500 W funciona durante media hora al día. Calcula la energía consumida durante un mes. ¿Cuál es el coste de la energía consumida si el precio del kW·h es de 0.140728 €?

Actividad propuesta 1.2

Realiza los siguientes cambios de unidades de medida de la energía:

a) 7.8 tep → MW

b) 1.2 tec → kW·h

c) 10 MJ → kW·h

d) 1 tep → tec

1.2. Fuentes de energía

Las fuentes de energía primarias son aquellas que se encuentran disponibles en la naturaleza antes de ser transformadas o convertidas. Cuando esta energía no es utilizable directamente, se transforma en una fuente de energía secundaria antes de su consumo como energía final.

Las fuentes de energía se clasifican en dos grandes grupos:

- **Fuentes de energía no renovables.** Son aquellas que se encuentran en el planeta de forma limitada y su ciclo de regeneración es muy largo en comparación con su velocidad de consumo. Las fuentes de energía no renovables más importantes son los combustibles fósiles (carbón, petróleo y gas natural).
- **Fuentes de energía renovables.** Son aquellas fuentes de energía inagotables o con un ciclo de regeneración reducido. Algunos ejemplos de fuentes de energía renovables son la energía hidráulica, energía de la biomasa, energía mareomotriz, energía solar y energía eólica.

RECUERDA

La **tasa de retorno energético (TRE)** es la relación entre la cantidad de energía que proporciona una fuente energética y la cantidad de energía invertida para obtener el recurso energético.

La energía solar es una fuente de energía renovable con un enorme potencial. La radiación solar se puede aprovechar principalmente de tres formas diferentes:

- **Energía solar fotovoltaica.** Consiste en la transformación directa de la energía solar en energía eléctrica.
- **Energía solar térmica.** La energía del Sol se utiliza para calentar un fluido que circula por un dispositivo de captación. Su principal uso es la climatización de edificios y piscinas.
- **Energía solar termoeléctrica.** En este caso la energía del Sol calienta un fluido mediante dispositivos de concentración que transforman el agua en estado líquido en vapor de agua, de forma que la circulación del vapor por una turbina conectada a un alternador produce la energía eléctrica.

Figura 1.2. *Prácticamente la totalidad de la energía disponible en la Tierra procede del Sol.*

La **energía eléctrica** es una forma de energía basada en la existencia de una diferencia de potencial eléctrico entre dos puntos. Cuando estos dos puntos se ponen en contacto mediante un conductor eléctrico se establece una corriente eléctrica basada en el movimiento de cargas eléctricas. Una de las ventajas más importantes de la energía eléctrica es su gran versatilidad para transformarse en otras formas de energía, tales como la energía luminosa, energía térmica o energía mecánica. Es una de las modalidades de energía más extendidas debido a su facilidad de generación, distribución y transformación.

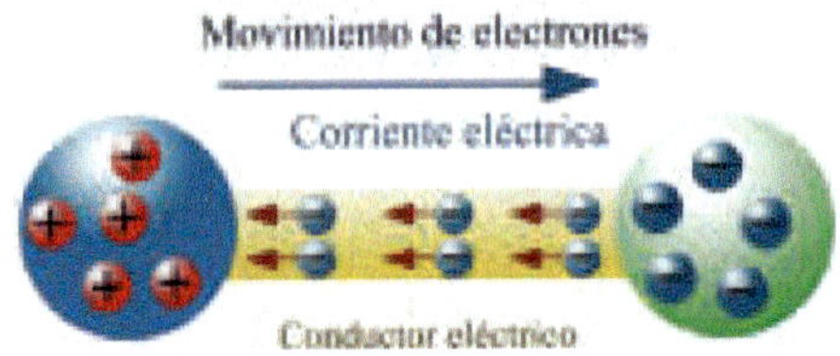

Figura 1.3. *Por convenio, el sentido de la corriente eléctrica es contrario al movimiento de las cargas eléctricas negativas.*

La energía primaria obtenida a partir de los recursos naturales se transforma en energía eléctrica, esta se transporta hasta los lugares de consumo y allí se vuelve a transformar en otra forma de energía distinta demandada por el usuario final (luz, calor, etc.).

Un importante inconveniente de la energía eléctrica es la dificultad de su almacenamiento, ya que se genera y se consume instantáneamente. En las instalaciones generadoras aisladas de red, el exceso de energía eléctrica generada se almacena normalmente en baterías en forma de energía química para poder aprovecharla en aquellos momentos en los que la energía demandada es superior a la generada. Sin embargo, este sistema de almacenamiento no es viable en grandes instalaciones generadoras que inyectan energía en la red eléctrica. En estos casos se puede utilizar el exceso de energía eléctrica generada para bombear agua en una central hidroeléctrica reversible. De esta forma se almacena la energía eléctrica en forma de energía potencial, pudiéndose transformar de nuevo en energía eléctrica en función de la demanda energética.

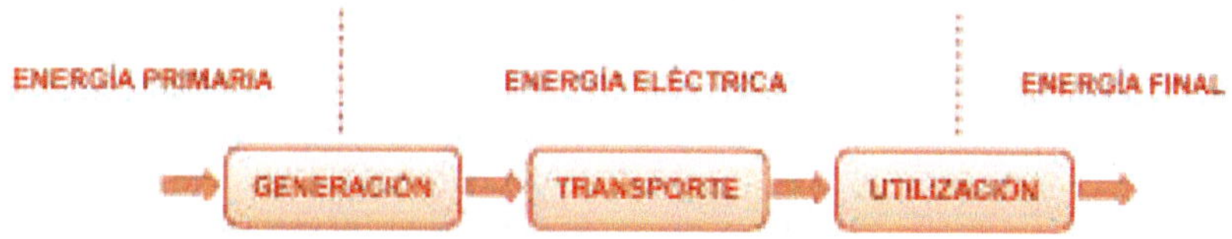

Figura 1.4. *Transformación de la energía desde el estado primario al estado final.*

ENLACES WEB

Red Eléctrica de España (REE) es el transportista único y operador (TSO) del sistema eléctrico español. En el sitio web **http://www.ree.es** se puede consultar la demanda de energía eléctrica en tiempo real del sistema peninsular, del sistema balear y del sistema canario, así como los distintos sistemas de generación energética que cubren dicha demanda en cada momento.

Figura 1.5. *Las redes eléctricas transportan la energía desde el punto de generación hasta los lugares de consumo.*

Actividad propuesta 1.3

Accede a la página web de Red Eléctrica de España (REE) y busca información sobre la demanda y producción de energía eléctrica en tiempo real en el sistema peninsular. ¿Cuánta potencia eléctrica se está demandando? ¿Coincide con la potencia prevista? Analiza la estructura de generación. ¿Qué tipo de energía está cubriendo la mayor parte de la demanda? ¿Qué porcentaje del total demandado es proporcionado por la energía solar?

1.3. Instalaciones generadoras fotovoltaicas

Son instalaciones generadoras aquellas que transforman cualquier tipo de energía no eléctrica en energía eléctrica, entre las que se incluyen las siguientes: motores de combustión, turbinas, generadores fotovoltaicos, generadores eólicos, etc.

Una **instalación generadora fotovoltaica** es un conjunto de dispositivos eléctricos y electrónicos que transforma la radiación solar en energía eléctrica utilizable. Su componente principal es el módulo fotovoltaico formado a su vez por células fotovoltaicas asociadas eléctricamente que transforman la radiación solar en energía eléctrica en forma de corriente continua.

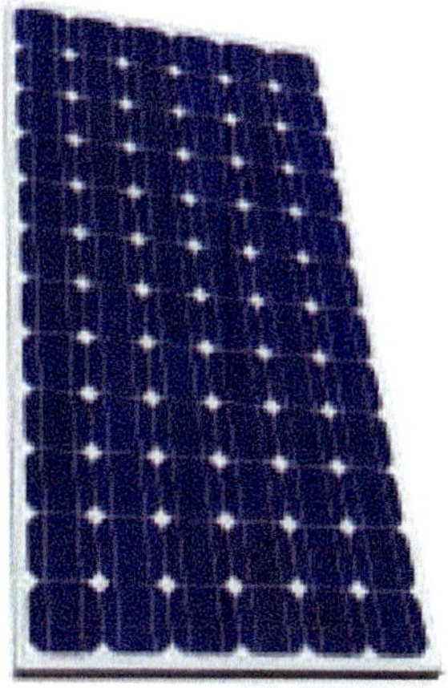

Figura 1.6. *El módulo fotovoltaico es el componente que transforma la energía solar en energía eléctrica.*

La energía solar fotovoltaica tiene una serie de ventajas e inconvenientes. Entre las **ventajas,** cabe destacar las siguientes:

- La energía proviene del Sol. Es gratuita y prácticamente está disponible en cualquier lugar del planeta.
- Este tipo de energía disminuye la dependencia energética de fuentes de energía no renovables, tales como los combustibles fósiles, y aumenta la seguridad de abastecimiento energético de los países.
- Durante su funcionamiento las instalaciones fotovoltaicas no producen ruidos ni emiten gases contaminantes.
- Permite la posibilidad de generar la energía eléctrica cerca del punto de consumo: concepto denominado «generación distribuida». De esta forma se reducen las pérdidas durante el transporte y se mejora la eficiencia de la red de distribución.
- Permite generar energía eléctrica en zonas remotas donde no llega la red de distribución.
- La energía utilizada para fabricar los sistemas fotovoltaicos se puede recuperar rápidamente (entre uno y medio y tres años de funcionamiento).
- Las instalaciones fotovoltaicas requieren un mantenimiento mínimo.
- Los módulos fotovoltaicos se pueden integrar en la arquitectura de los edificios.
- La vida útil de los módulos fotovoltaicos suele ser de unos treinta años.
- Se complementa bastante bien con la energía eólica.

Entre los **inconvenientes** de la energía solar fotovoltaica se encuentran:

- El coste elevado de los componentes de las instalaciones, aunque se va reduciendo conforme avanza la tecnología.
- El bajo rendimiento de los módulos fotovoltaicos, aunque va aumentando también conforme avanza la tecnología.
- Es una fuente de energía variable cuya disponibilidad no está siempre asegurada. Por ejemplo, en días nublados se reduce la disponibilidad de energía solar.
- Para poder disponer de energía durante los periodos en los que no hay radiación solar es necesario almacenar la energía.

Figura 1.7. *Las instalaciones solares fotovoltaicas son capaces de generar energía eléctrica en zonas remotas donde no llega la red de distribución.*

Actividad propuesta 1.4

Investiga las distintas aplicaciones posibles de las instalaciones solares fotovoltaicas.

1.4. Configuraciones típicas de las instalaciones generadoras

La Instrucción Técnica Complementaria ITC-BT-40 del Reglamento Electrotécnico para Baja Tensión (REBT) se aplica a las instalaciones generadoras de baja tensión. Según la ITC-BT-40 y su guía técnica de aplicación, las instalaciones generadoras, incluyendo las instalaciones generadoras fotovoltaicas, se clasifican en tres grandes grupos:

- **Instalaciones generadoras aisladas (tipo A).** Se utilizan exclusivamente para alimentar cargas en baja tensión a partir del generador. No existe ninguna conexión con la red de distribución eléctrica.
- **Instalaciones generadoras asistidas (tipo B).** Se utilizan exclusivamente para alimentar cargas en baja tensión a partir del generador o a partir de la red de distribución eléctrica, alternativamente, sin que puedan funcionar en paralelo. Una de las fuentes es la fuente preferente para el suministro, mientras que la otra fuente actúa como alimentación de socorro o apoyo.
- **Instalaciones generadoras interconectadas (tipo C).** Son aquellas que funcionan normalmente en paralelo con la red de distribución eléctrica. Tiene lugar un trasvase de energía entre la instalación generadora y la red de distribución. A su vez, estas instalaciones se clasifican en dos tipos:
  - *Tipo C1:* instalaciones con punto de conexión en la red de distribución eléctrica en baja tensión, donde existen otros circuitos e instalaciones de baja tensión también conectados a ella.
  - *Tipo C2:* instalaciones con punto de conexión en la red eléctrica de alta tensión. Utilizan para ello un transformador elevador de tensión. Esta instalación no dispone de otras redes de distribución en baja tensión alimentando cargas ajenas.

RECUERDA

Las **redes de distribución en baja tensión (BT),** según el Reglamento Electrotécnico para Baja Tensión, son aquellas cuya tensión nominal eficaz es igual o inferior a 1000 V en corriente alterna.

Las **redes de distribución en alta tensión,** según el Reglamento sobre Condiciones Técnicas y Garantías de Seguridad en Líneas Eléctricas de Alta Tensión, son aquellas cuya tensión nominal eficaz es superior a 1000 V en corriente alterna.

En la Figura 1.8 se muestra el flujo de energía en función del tipo de instalación. En las instalaciones generadoras aisladas no hay intercambio de energía con la red de distribución, y la energía generada se consume en la instalación receptora asociada. En el caso de las instalaciones generadoras asistidas, la fuente de suministro de la instalación receptora asociada puede ser la instalación generadora o la red de distribución pública, y queda la otra como fuente de apoyo o socorro, siendo imposible la conexión simultánea de las dos fuentes. En las instalaciones interconectadas se diferencian dos casos: con y sin instalación receptora asociada. En el primer caso, la instalación generadora puede inyectar energía a la red de distribución o bien alimentar la instalación receptora. A su vez, la instalación receptora se puede alimentar también de la red de distribución. Cuando no hay instalación receptora, la totalidad de la energía producida se vierte en la red.

SABÍAS QUE

Se consideran **instalaciones interconectadas con autoconsumo total** cuando la energía generada se consume íntegramente en la instalación interior o receptora y no hay vertido de energía en la red de distribución.

Se consideran **instalaciones interconectadas con autoconsumo parcial** cuando parte de la energía producida no se consume en la instalación interior o receptora y se vierte en la red de distribución.

ENLACES WEB

En el sitio web **http://www.sma-iberica.com/es/productos/autoconsumo-energetico.html** del fabricante SMA Solar Technology, se encuentra disponible una sencilla aplicación donde puedes ajustar la generación de energía solar y la energía demandada por la cargas en una instalación generadora interconectada, y visualizar de esta forma el flujo de energía en la instalación.

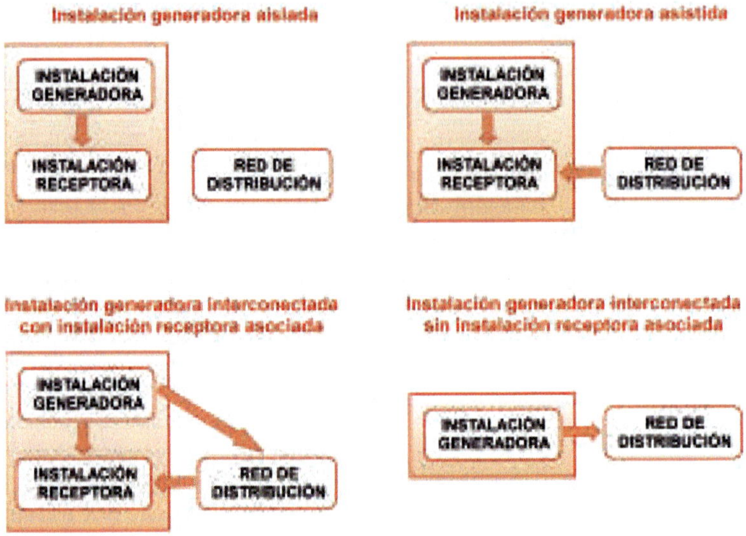

Figura 1.8. *Flujo de energía en las instalaciones generadoras.*

A continuación se muestran con detalle las distintas configuraciones posibles para las instalaciones generadoras según lo dispuesto en la ITC-BT-40 y su guía técnica de aplicación. La Tabla 1.3 representa la leyenda utilizada en los siguientes esquemas.

Tabla 1.3. Leyenda utilizada en los esquemas de instalaciones generadoras

Instalaciones receptoras	Instalaciones generadoras
1. Red de distribución	1. Red de distribución
2. Acometida	2. Acometida
3. Caja general de protección (CGP)	3. Caja general de protección (CGP)
4. Línea general de alimentación (LGA)	4. Línea general de conexión (LGC)
5. Interruptor general de maniobra (IGM)	5. Interruptor general de maniobra (IGM)
6. Caja de derivación	6. Caja de derivación
7. Centralización de contadores (CC)	7. Centralización de contadores (CC)
8. Derivación individual (DI)	8. Línea individual del generador (LIG)
9. Fusible de seguridad	9. Fusible de seguridad
10. Contadores	10. Contador
11. Caja para interruptor de control de potencia (ICP)	11. Caja para interruptor de control de potencia (ICP)
12. Dispositivos generales de mando y protección (DGMP)	12. Dispositivos de mando y protección interiores (DPI)
13. Instalación interior	13. Equipo generador-inversor(GEN)
14. Conjunto de protección y medida (CPM)	14. Conjunto de protección y medida (CPM)
	15. Conmutador de conexión red/generador con sistema de sincronismo
	16. Tramo de la conexión privada (TCP)

1.4.1. Instalaciones generadoras aisladas (tipo A)

Se trata de instalaciones que se encuentran totalmente aisladas de la red de distribución eléctrica. Están destinadas a alimentar cargas en baja tensión a partir del generador. Entre sus aplicaciones cabe destacar: electrificación rural, bombeo de agua, señalización, alumbrado, torres de telecomunicaciones, refugios de montaña, barcos, caravanas, etc. La Figura 1.9 representa el esquema de una instalación generadora de este tipo.

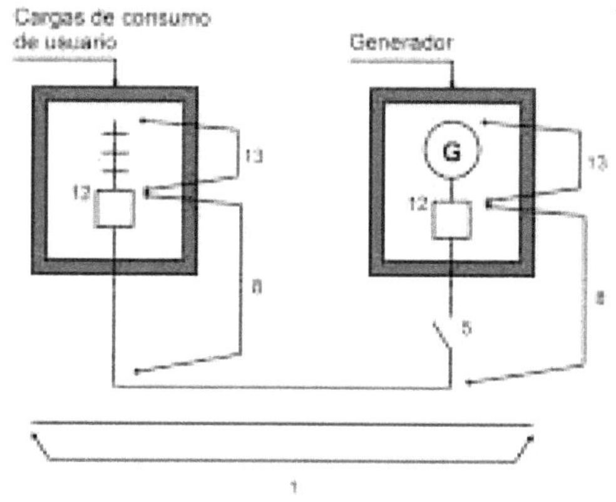

Figura 1.9. *Esquema de una instalación generadora aislada.*

A su vez, las instalaciones generadoras fotovoltaicas aisladas se clasifican en:

- **Instalaciones con autoconsumo instantáneo.** En este tipo de instalaciones la energía eléctrica generada por los módulos fotovoltaicos es consumida instantáneamente y no hay gestión de los excedentes de energía. Esta instalación tiene sentido cuando la curva de generación y la curva de consumo están sincronizadas, pero no hay disponibilidad de energía en los momentos de ausencia de radiación solar (Figura 1.10). Un ejemplo típico de este tipo de instalaciones son los sistemas de bombeo de agua.

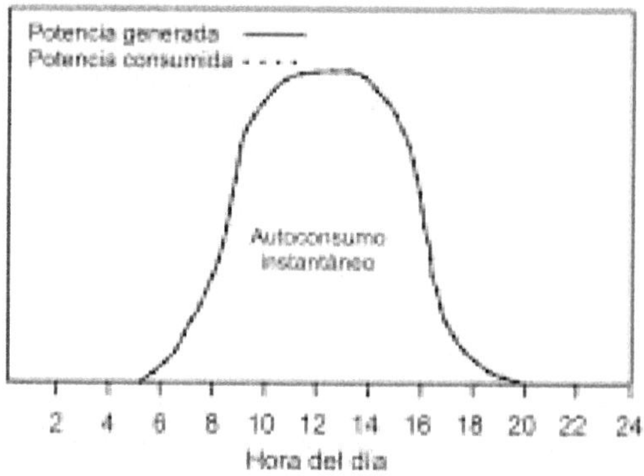

Figura 1.10. *Curvas energéticas diarias de una instalación generadora aislada con autoconsumo instantáneo.*

- **Instalaciones con autoconsumo diferido.** Las instalaciones con autoconsumo diferido almacenan en sistemas de baterías o acumuladores los excedentes de energía generada para utilizarla posteriormente cuando la demanda de los consumos es mayor que la energía generada por los módulos fotovoltaicos (Figura 1.11). Es el caso, por ejemplo, de instalaciones domésticas alimentadas con energía solar fotovoltaica no conectadas a la red de distribución eléctrica. Las cargas o consumos se alimentan a partir de las baterías cuando la potencia generada por los módulos fotovoltaicos es inferior a la energía demandada, o bien no hay disponibilidad de energía solar (días nublados y periodos nocturnos).

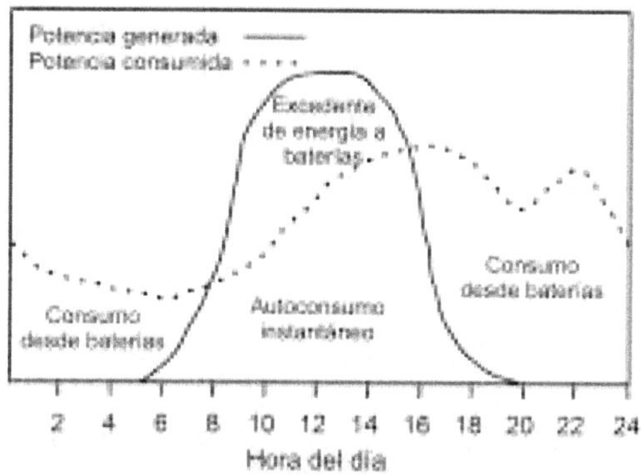

Figura 1.11. *Curvas energéticas diarias de una instalación generadora aislada con autoconsumo diferido.*

1.4.2. Instalaciones generadoras asistidas (tipo B)

En las instalaciones generadoras asistidas las cargas son alimentadas bien por el generador o bien por la red de distribución. Para ello se utiliza un sistema de conmutación de conexión red/generador que impide el acoplamiento simultáneo de las dos fuentes de alimentación. El esquema de este tipo de instalación generadora se muestra en la Figura 1.12.

Actividad propuesta 1.5

Investiga el significado de la expresión **«autoconsumo con balance neto»**.

1.4.3. Instalaciones generadoras interconectadas de tipo C1

En este tipo de instalaciones tiene lugar un trasvase de energía entre la instalación generadora y la red de distribución en baja tensión (BT). Dentro de este grupo existen distintas configuraciones.

- **Generador conectado directamente a la red de BT sin instalación de consumo asociado.** Se trata de instalaciones generadoras interconectadas que entregan a la red de distribución la totalidad de la energía eléctrica generada (Figura 1.14). Es habitual denominar **«instalaciones conectadas a red»** a este tipo de instalaciones. En la Figura 1.13 se representa la configuración de este tipo de instalación.

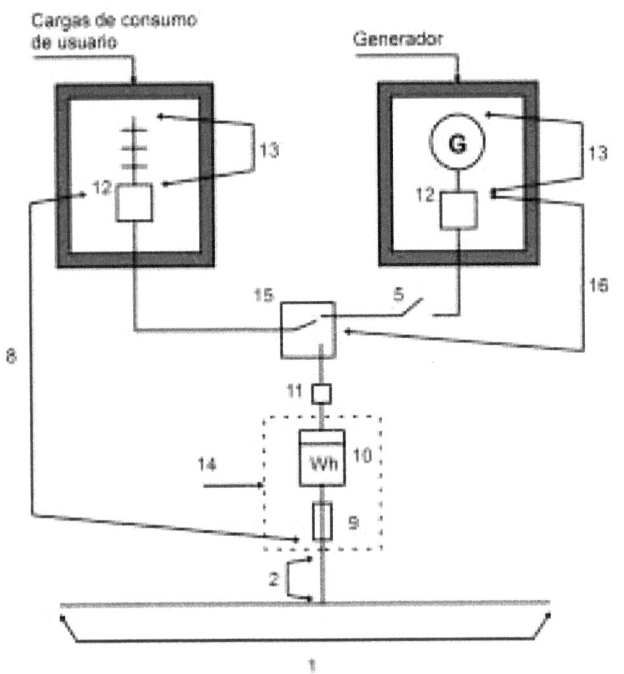

Figura 1.12. *Esquema de una instalación generadora asistida.*

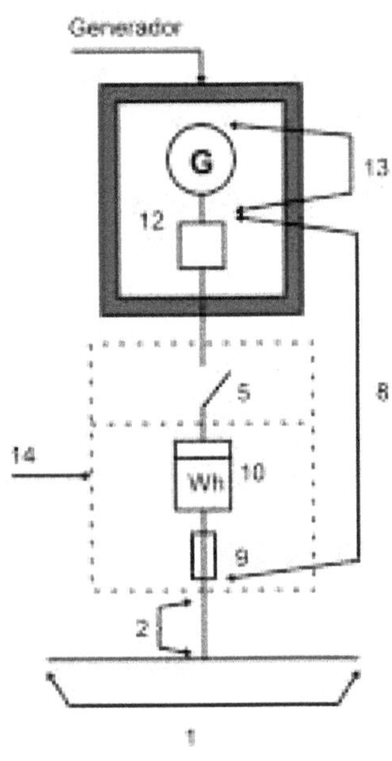

Figura 1.13. *Esquema de una instalación con el generador conectado directamente a la red de BT sin instalación de consumo asociado.*

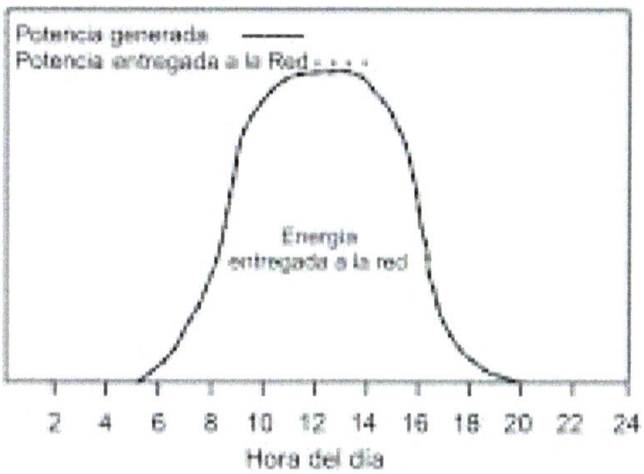

Figura 1.14. *Curvas energéticas diarias de una instalación conectada sin instalación de consumo asociado.*

- **Instalaciones generadoras interconectadas con autoconsumo asociado.** Dentro de este grupo existen varios esquemas posibles en función de los siguientes criterios:
  - *Punto de conexión de la generación.* El sistema generador se puede conectar a la red de distribución o a la instalación interior.
  - *Modo de funcionamiento.* Puede ser modo independiente o bien modo separado. El funcionamiento en modo separado tiene lugar cuando el generador trabaja en condiciones normales en modo interconectado. Sin embargo, puede alimentar a la instalación receptora cuando hay condiciones de falta de red.
  - *Ubicación.* Acometida de único usuario o centralización de contadores.
  - *Contador.* Es posible utilizar un contador bidireccional o bien utilizar un contador para la generación y otro para el consumo.

En la Tabla 1.4 se clasifican los distintos esquemas posibles para las instalaciones interconectadas de tipo C1 con autoconsumo asociado.

Las posibles configuraciones para este tipo de instalaciones se detallan a continuación.

a) **Instalación generadora conectada a la red de distribución, modo de funcionamiento independiente, con acometida de único usuario y método de medida doble** (Figura 1.16). La instalación generadora y la instalación receptora funcionan de modo independiente. Se utilizan dos contadores, uno para el consumo y otro para la generación.

Figura 1.15. *Instalación generadora fotovoltaica con seguidores solares.*

Tabla 1.4. Instalaciones generadoras interconectadas de tipo C1

Punto de conexión de la generación	Modo de funcionamiento	Ubicación	Contador	Figura
Red de distribución	Independiente	Acometida único usuario	Doble	1.16
	Separado	Acometida único usuario	Doble	1.17
Instalación interior o receptora	Independiente	Acometida único usuario	Doble	1.18
			Bidireccional	1.19
			Bidireccional	1.20
		Centralización contadores	Doble	1.22
	Separado	Acometida único usuario	Doble	1.24
			Bidireccional	1.25
		Centralización contadores	Doble	1.26
			Bidireccional	1.27

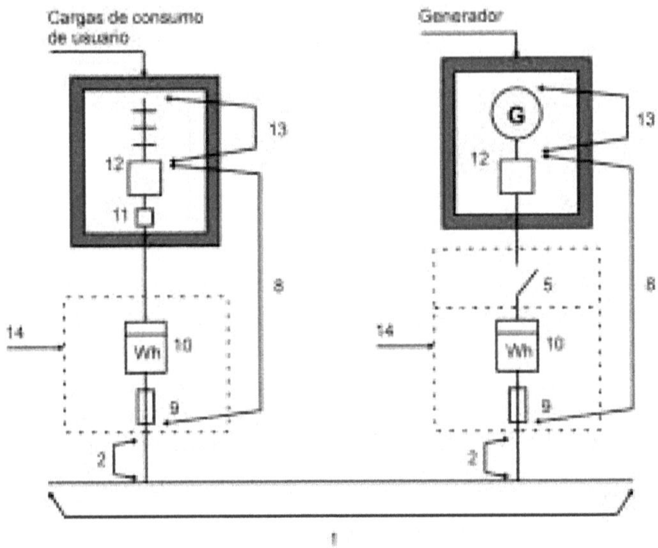

Figura 1.16. *Instalación generadora conectada a la red de distribución, modo de funcionamiento independiente, con acometida de único usuario y método de medida doble.*

b) Instalación generadora conectada a la red de distribución, modo de funcionamiento separado, con acometida de único usuario y método de medida doble (Figura 1.17). Utiliza dos contadores, uno para el consumo y otro para la generación. En con-

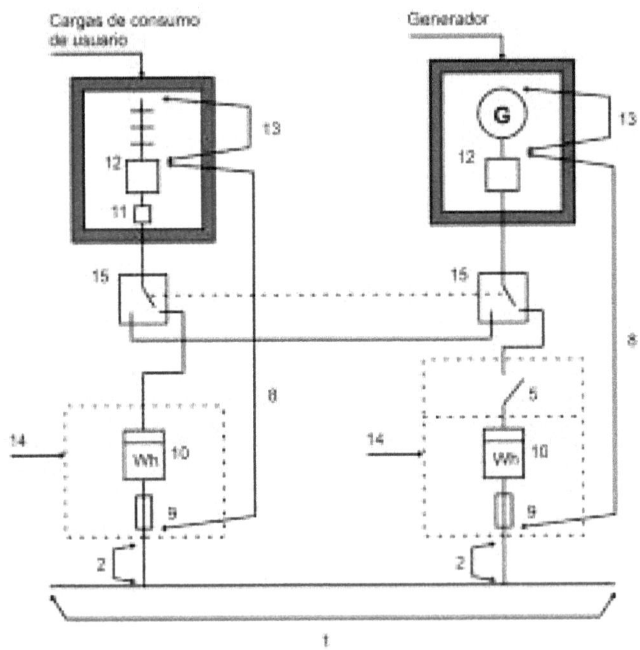

Figura 1.17. *Instalación generadora conectada a la red de distribución, modo de funcionamiento separado, con acometida de único usuario y método de medida doble.*

diciones normales el sistema generador vierte energía a la red y la instalación receptora consume energía de la red. En caso de fallo en el suministro de la red, es posible cambiar la posición del sistema de conmutación y alimentar la instalación interior a partir de la instalación generadora, quedando ambas instalaciones desconectadas de la red.

c) **Instalación generadora conectada a la instalación interior, modo de funcionamiento independiente, con acometida de único usuario y método de medida doble, conexión a la línea general de alimentación (LGA)** (Figura 1.18). La instalación de conexión es compartida por la instalación generadora y la instalación receptora. Ambas instalaciones se conectan en la LGA.

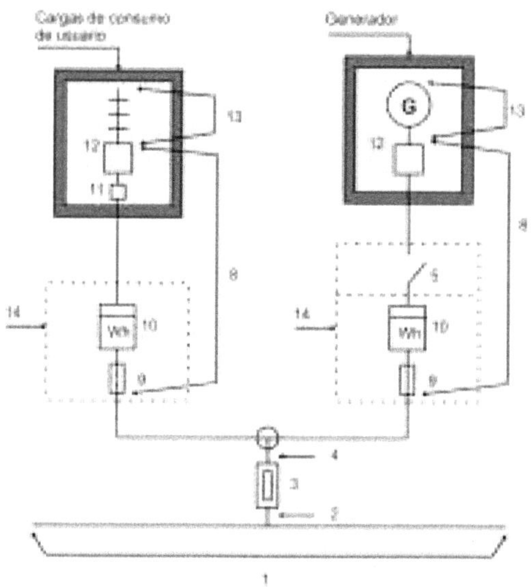

Figura 1.18. *Instalación generadora conectada a la instalación interior, modo de funcionamiento independiente, con acometida de único usuario y método de medida doble, conexión a la línea general de alimentación.*

SABÍAS QUE

La **línea general de alimentación (LGA)** es aquella que enlaza la caja general de protección (CGP) con la centralización de contadores.

d) **Instalación generadora conectada a la instalación interior, modo de funcionamiento independiente, con acometida de único usuario y método de medida bidireccional, conexión en la derivación individual DI** (Figura 1.19). La instalación receptora y la instalación generadora se conectan en la DI. Este esquema utiliza un único contador bidireccional.

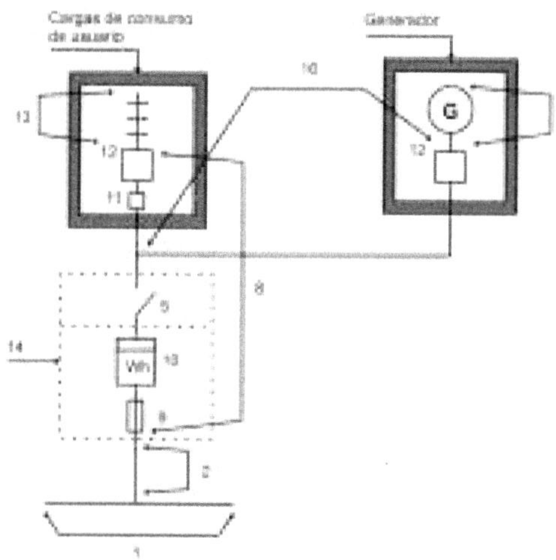

Figura 1.19. *Instalación generadora conectada a la instalación interior, modo de funcionamiento independiente, con acometida de único usuario y método de medida bidireccional, conexión en la derivación individual.*

SABÍAS QUE

La **derivación individual (DI)** es la parte de la instalación que, partiendo de la línea general de alimentación, suministra energía eléctrica a una instalación de usuario.

e) **Instalación generadora conectada a la instalación interior, modo de funcionamiento independiente, con acometida de único usuario y método de medida bidireccional, conexión al DGMP (dispositivos generales de mando y protección) o CMP (cuadro de mando y protección)** (Figura 1.20). En este esquema el sistema generador está conectado en un circuito dedicado e independiente del resto de circuitos.

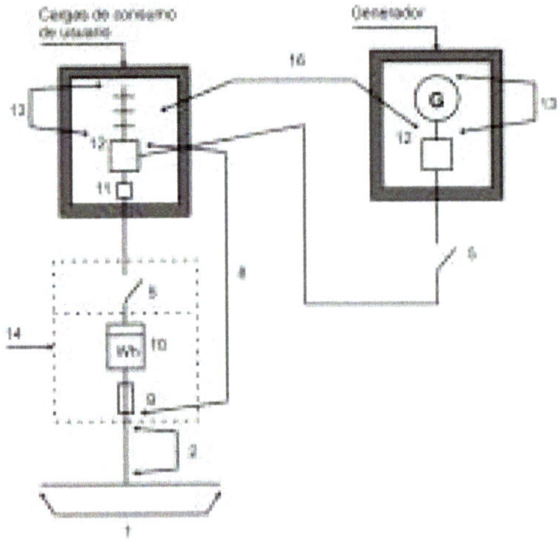

Figura 1.20. *Instalación generadora conectada a la instalación interior, modo de funcionamiento independiente, con acometida de único usuario y método de medida bidireccional, conexión al DGMP o CMP.*

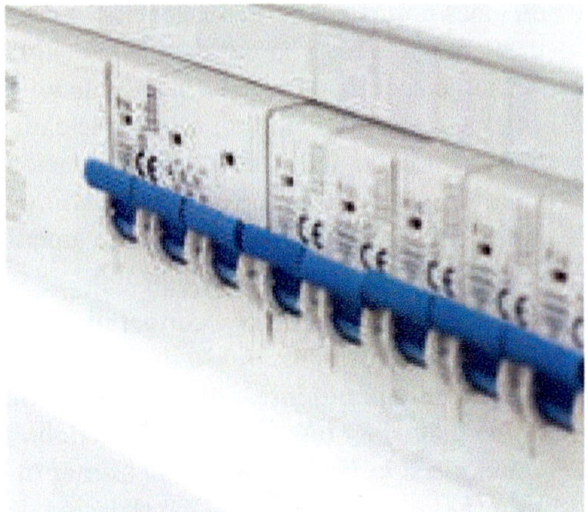

Figura 1.21. *Dispositivos generales de mando y protección (DGMP).*

f) **Instalación generadora conectada a la instalación interior, modo de funcionamiento independiente, acometida en centralización de contadores y método de medida doble** (Figura 1.22).

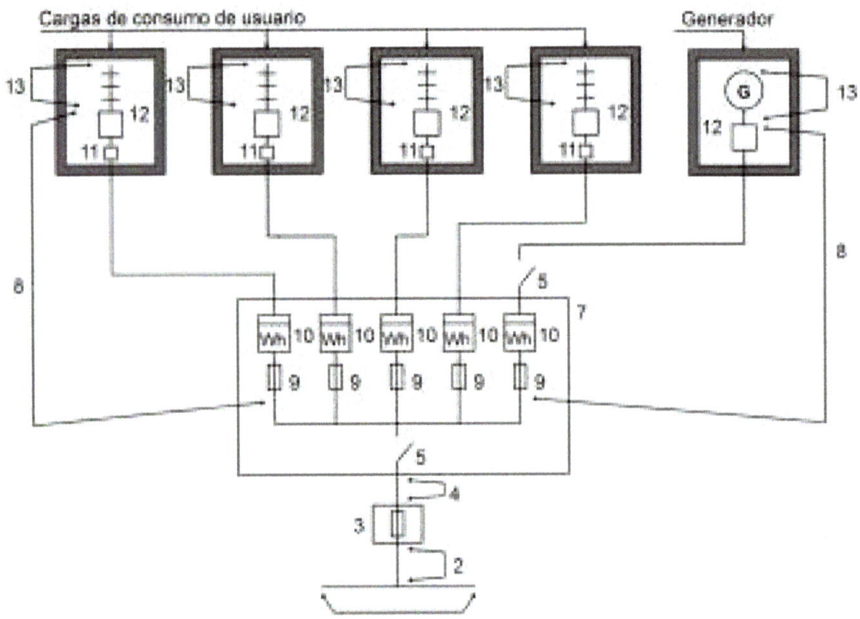

Figura 1.22. *Instalación generadora conectada a la instalación interior, modo de funcionamiento independiente, acometida en centralización de contadores y método de medida doble.*

Figura 1.23. *Centralización de contadores.*

g) **Instalación generadora conectada a la instalación interior, modo de funcionamiento separado, acometida de único usuario y método de medida doble** (Figura 1.24).

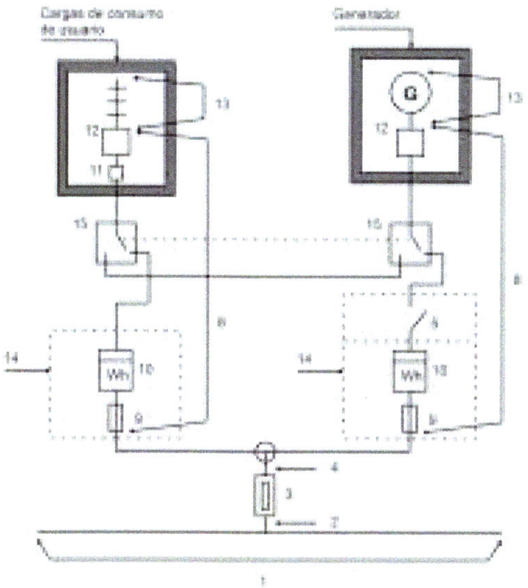

Figura 1.24. *Instalación generadora conectada a la instalación interior, modo de funcionamiento separado, acometida de único usuario y método de medida doble.*

h) **Instalación generadora conectada a la instalación interior, modo de funcionamiento separado, acometida de único usuario y método de medida bidireccional** (Figura 1.25).

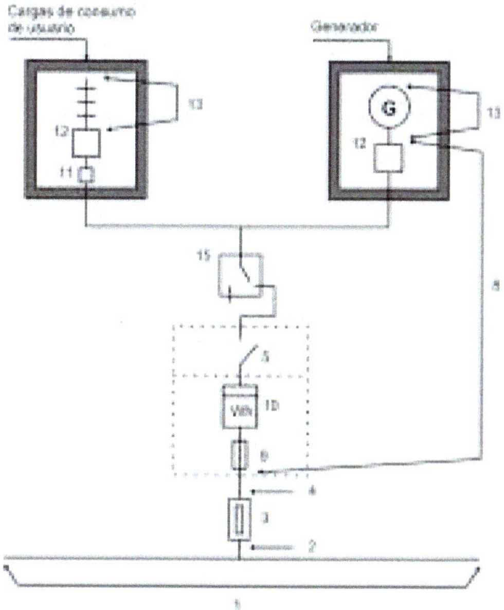

Figura 1.25. *Instalación generadora conectada a la instalación interior, modo de funcionamiento separado, acometida de único usuario y método de medida bidireccional.*

i) **Instalación generadora conectada a la instalación interior, modo de funcionamiento separado, acometida en centralización de contadores y método de medida doble** (Figura 1.26).

SABÍAS QUE

En el caso general, los **dispositivos generales e individuales de mando y protección** son, como mínimo:

- Un interruptor general automático de corte omnipolar.
- Un interruptor diferencial general.
- Dispositivos de corte omnipolar, destinados a la protección contra sobrecargas y cortocircuitos de cada uno de los circuitos interiores de la vivienda o local.
- Dispositivo de protección contra sobretensiones, en caso necesario.

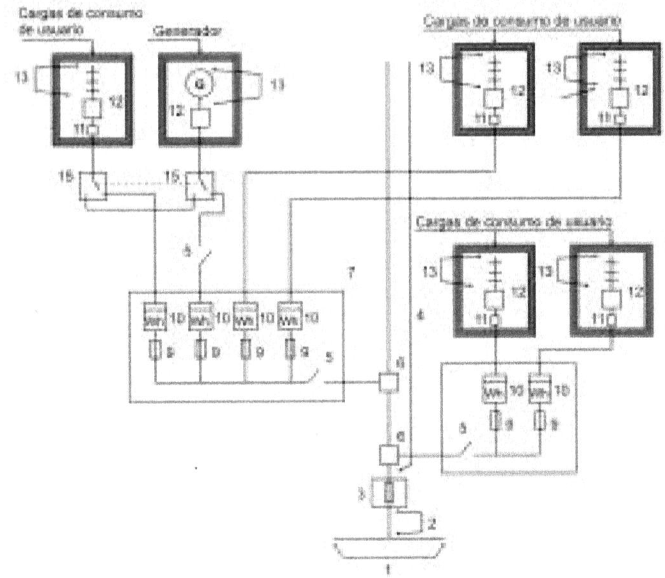

Figura 1.26. *Instalación generadora conectada a la instalación interior, modo de funcionamiento separado, acometida en centralización de contadores y método de medida doble.*

j) **Instalación generadora conectada a la instalación interior, modo de funcionamiento separado, acometida en centralización de contadores y método de medida bidireccional** (Figura 1.27).

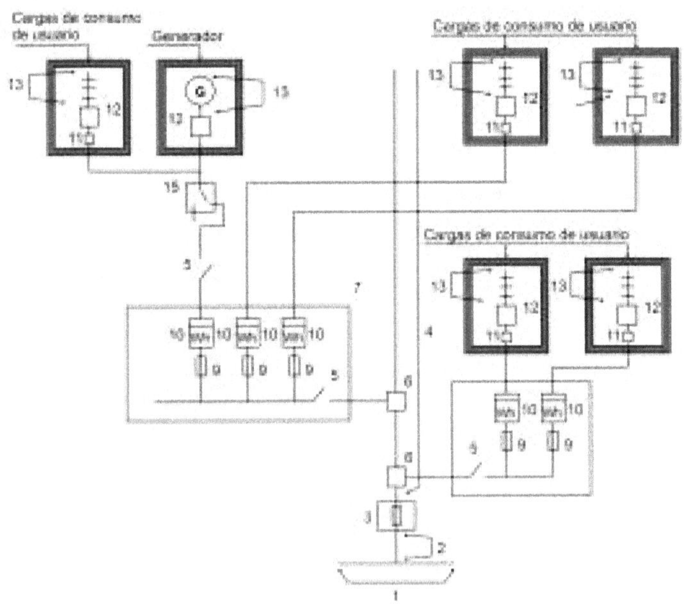

Figura 1.27. *Instalación generadora conectada a la instalación interior, modo de funcionamiento separado, acometida en centralización de contadores y método de medida bidireccional.*

1.4.4. Instalaciones generadoras interconectadas de tipo C2

Son instalaciones generadoras con punto de conexión en la red de distribución de alta tensión (AT). Para ello incorporan un transformador elevador de tensión. Estas instalaciones no disponen de otras redes de distribución en baja tensión alimentando cargas ajenas. Dentro de este tipo existen diferentes esquemas posibles en función de los criterios expuestos en la Tabla 1.5.

a) **Instalación generadora conectada directamente a la red de distribución AT, sin autoconsumo asociado** (Figura 1.28).

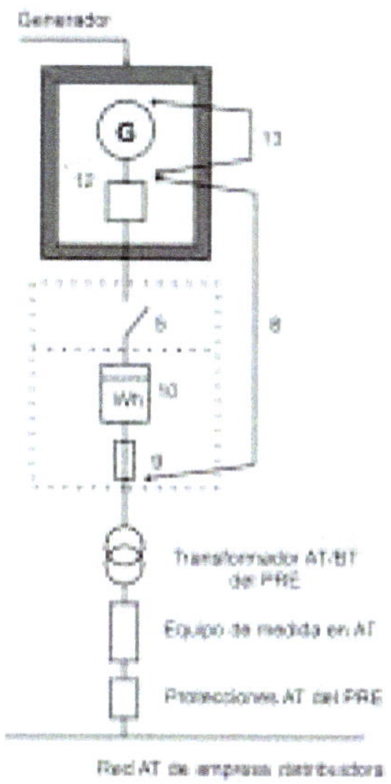

Figura 1.28. *Instalación generadora conectada directamente a la red de distribución AT, sin autoconsumo asociado.*

SABÍAS QUE

Un **transformador** es una máquina eléctrica estática que transforma un sistema de corriente alterna en otro sistema de corriente alterna de distinta tensión e intensidad con la misma potencia.

Figura 1.29. *Transformador de potencia.*

b) **Instalación generadora e instalación asociada conectadas independientemente a la red de distribución de AT** (Figura 1.30).

c) **Instalación de conexión a la red de distribución AT compartida por la instalación generadora y el autoconsumo asociado** (Figura 1.31). Según la guía técnica de aplicación de la ITC-BT-40, la parte de baja tensión se puede hacer según los esquemas expuestos en las Figuras 1.13, 1.16, 1.17, 1.19, 1.22, 1.24 y 1.25. En la Figura 1.31 se presenta un ejemplo en el que se ha utilizado el esquema de la Figura 1.13.

Tabla 1.5. Instalaciones generadoras interconectadas de tipo C2

Titular	Conexión generación	Modo de funcionamiento	Ubicación	Medida	Figura
Solo generación	Red de distribución	Independiente	CT único	Solo generación	1.28
Suministro asociado	Red de distribución	Independiente	CT separado	Doble (generación/consumo)	1.30
Suministro asociado	Instalación interior BT	Separado	CT único	Único bidireccional en MT y/o doble generación/consumo	1.31

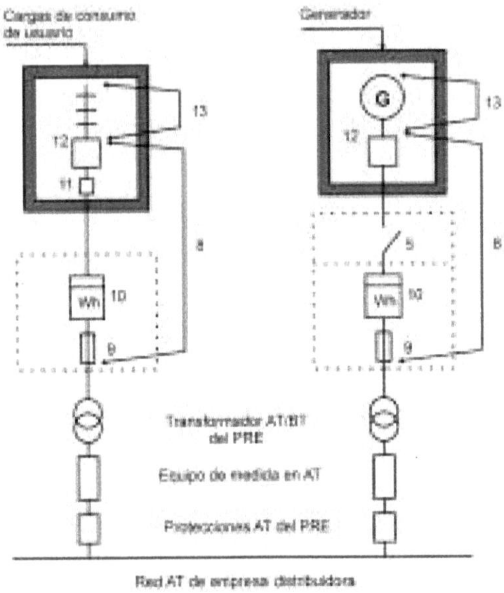

Figura 1.30. *Instalación generadora e instalación asociada conectadas independientemente a la red de distribución de AT.*

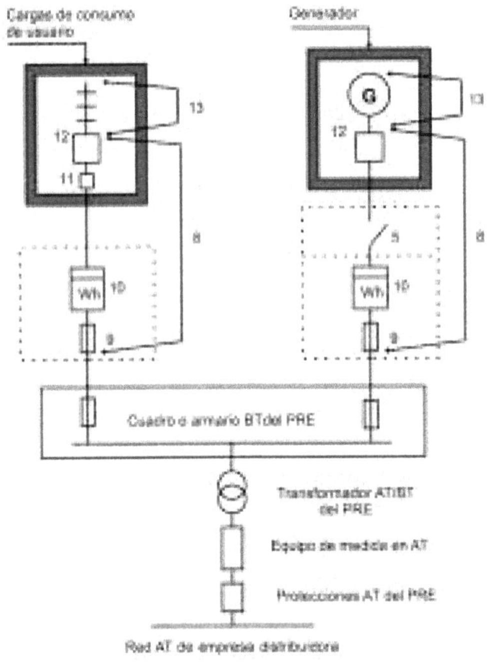

Figura 1.31. *Instalación de conexión a la red de distribución AT compartida por la instalación generadora y el autoconsumo asociado.*

1.5. El marco legal de la energía solar fotovoltaica

La normativa legal que afecta a la energía solar fotovoltaica se puede dividir en dos grupos: la normativa aplicable a la generación y tarificación fotovoltaica, y la normativa aplicable a la instalación solar fotovoltaica.

En cuanto a la normativa aplicable a la generación y tarificación, el Real Decreto 413/2014, de 6 de junio, regula el régimen jurídico y económico de la actividad de producción de energía eléctrica a partir de fuentes de energía renovables, cogeneración y residuos. Este real decreto es de conformidad con la Ley 24/2013, de 26 de diciembre, del Sector Eléctrico, y con el Real Decreto-ley 9/2013, de 12 de julio, por el que se adoptan medidas urgentes para garantizar la estabilidad financiera del sistema eléctrico.

También cabe mencionar el Real Decreto 1699/2011, de 18 de noviembre, por el que se regula la conexión a red de instalaciones de producción de energía eléctrica de pequeña potencia. El objeto de este real decreto es el establecimiento de las condiciones administrativas, contractuales, económicas y técnicas básicas para la conexión a las redes de distribución de energía eléctrica de las instalaciones de producción de energía eléctrica incluidas en su ámbito de aplicación.

Entre las disposiciones legales de obligado cumplimiento que afectan a las instalaciones solares fotovoltaicas desde el punto de vista de su configuración y montaje se encuentran las siguientes:

- Leyes, reales decretos, resoluciones y órdenes oficiales.
- Ordenanzas municipales del municipio en el que se ubique la instalación.
- Normas de la compañía distribuidora/suministradora de energía eléctrica.

- Colección de normas UNE del REBT y normas UNE declaradas de obligado cumplimiento.
- Otras normas UNE/EN/ISO, etc. que determine el proyectista de la instalación.

Además de las disposiciones legales de obligado cumplimiento, existe una serie de recomendaciones especificadas en los pliegos de las condiciones técnicas del Instituto para la Diversificación y Ahorro de la Energía (IDAE).

A continuación se detallan las principales disposiciones legales y recomendaciones que afectan a las instalaciones solares fotovoltaicas desde el punto de vista de su configuración y montaje, así como el proceso de conexión a red de las instalaciones generadoras de pequeña potencia.

1.5.1. Reglamento Electrotécnico para Baja Tensión (REBT)

El Reglamento Electrotécnico para Baja Tensión y sus instrucciones técnicas complementarias (REBT) fue aprobado por el Real Decreto 842/2002, de 2 de agosto. Tiene por objeto establecer las condiciones técnicas y garantías que deben reunir las instalaciones eléctricas conectadas a una fuente de suministro en los límites de baja tensión, con la finalidad de:

- Preservar la seguridad de las personas y los bienes.
- Asegurar el normal funcionamiento de dichas instalaciones y prevenir las perturbaciones en otras instalaciones y servicios.
- Contribuir a la fiabilidad técnica y a la eficiencia económica de las instalaciones.

El artículo séptimo del Real Decreto 560/2010 modifica algunos aspectos del Real Decreto 842/2002, de 2 de agosto, por el que se aprueba el Reglamento Electrotécnico para Baja Tensión, para adecuarlas a la Ley 17/2009, de 23 de noviembre, sobre el libre acceso a las actividades de servicios y su ejercicio, y a la Ley 25/2009, de 22 de diciembre, de modificación de diversas leyes para su adaptación a la ley sobre el libre acceso a las actividades de servicios y su ejercicio.

El Reglamento Electrotécnico para Baja Tensión se compone de un reglamento marco formado por 29 artículos y 51 instrucciones técnicas complementarias. A su vez, en aplicación del artículo 29 del REBT, el Ministerio de Industria, Energía y Turismo elabora una guía técnica de aplicación del REBT actualizada, de carácter no vinculante, para la aplicación práctica de las previsiones del reglamento y sus instrucciones técnicas complementarias.

En concreto, la instrucción técnica complementaria ITC-BT-40, «Instalaciones generadoras de baja tensión», se aplica en particular a las instalaciones generadoras, entre las que se incluyen las instalaciones solares fotovoltaicas. Asimismo, las instalaciones situadas a la intemperie deben cumplir los requisitos especificados en la ITC-BT-30, «Instalaciones en locales de características especiales».

ENLACES WEB

Desde el sitio web **http://www.f2i2.net/legislacionseguridadindustrial/** se puede acceder a la Reglamentación de Seguridad Industrial, entre las que se incluye el REBT, sus instrucciones técnicas complementarias y la guía técnica de aplicación.

1.5.2. Código Técnico de la Edificación (CTE)

El Código Técnico de la Edificación (CTE) es un conjunto de normativas que establece las exigencias que deben cumplir los edificios en relación con los requisitos básicos de seguridad y habitabilidad establecidos en la Ley 38/1999, de 5 de noviembre, de Ordenación de la Edificación (LOE). El CTE se divide en dos partes: la primera contiene las disposiciones y las condiciones generales de aplicación del CTE, así como las exigencias básicas que deben cumplir los edificios; la segunda parte la componen los documentos básicos (DB) para el cumplimiento de las exigencias básicas del CTE.

El Documento Básico HE Ahorro de Energía tiene por objeto establecer reglas y procedimientos que permiten cumplir el requisito básico de ahorro de energía. En concreto, la sección HE 5 establece una contribución fotovoltaica mínima de energía eléctrica en función del tipo de edificio.

ENLACES WEB

En el sitio web http://www.codigotecnico.org está disponible el Código Técnico de la Edificación.

1.5.3. Recomendaciones del IDAE

El Instituto para la Diversificación y Ahorro de la Energía es un organismo adscrito al Ministerio de Industria, Energía y Turismo, a través de la Secretaría de Estado de Energía. Su actividad se centra en la consecución de los objetivos que tiene adquiridos nuestro país en materia de mejora de la eficiencia energética, energías renovables y otras tecnologías bajas en carbono. Desarrolla acciones de difusión y formación, asesoramiento técnico, desarrollo de programas específicos y financiación de proyectos de innovación tecnológica.

Este organismo ha elaborado dos documentos de aplicación sobre las instalaciones solares fotovoltaica. Se trata del Pliego de Condiciones Técnicas de Instalaciones Aisladas de Red y del Pliego de Condiciones Técnicas de Instalaciones Conectadas a Red. Algunas convocatorias oficiales para la concesión de ayudas y subvenciones exigen su cumplimiento.

- **Pliego de Condiciones Técnicas de Instalaciones Aisladas de Red**

  Es un documento elaborado por el Instituto para la Diversificación y Ahorro de la Energía que fija las condiciones técnicas mínimas que deben cumplir las instalaciones fotovoltaicas aisladas de la red. Pretende servir de guía para instaladores y fabricantes de equipos, definiendo las especificaciones mínimas que debe cumplir una instalación para asegurar su calidad, en beneficio del usuario y del propio desarrollo de esta tecnología. Se aplica a las instalaciones solares fotovoltaicas aisladas de red destinadas a:

  – Electrificación de viviendas y edificios.
  – Alumbrado público.
  – Aplicaciones agropecuarias.
  – Bombeo y tratamiento de agua.
  – Aplicaciones mixtas con otras fuentes de energías renovables.

- **Pliego de Condiciones Técnicas de Instalaciones Conectadas a Red**

  Es un documento desarrollado por el Instituto para la Diversificación y Ahorro de la Energía (IDAE) que fija las condiciones técnicas mínimas que deben cumplir las instalaciones solares fotovoltaicas conectadas a red que se realicen en el ámbito de actuación del IDAE (proyectos, líneas de apoyo, etc.). Pretende servir de guía para instaladores y fabricantes de equipos, definiendo las especificaciones mínimas que debe cumplir una instalación para asegurar su calidad, en beneficio del usuario y del propio desarrollo de esta tecnología.

ENLACES WEB

Desde el sitio web del Instituto para la Diversificación y Ahorro de la Energía http://www.idae.es se pueden conseguir los pliegos de condiciones técnicas.

1.5.4. Normas UNE

Las normas UNE son documentos con especificaciones técnicas basadas en el desarrollo tecnológico y la experiencia elaborados por la Asociación Española de Normalización y Certificación (AENOR). Son de aplicación voluntaria, a menos que sean declaradas de obligado cumplimiento por la administración competente mediante alguna ley, decreto o reglamento. También son de obligado cumplimiento si así lo determina el proyectista de la instalación. Las normas UNE relativas a las instalaciones solares fotovoltaicas se elaboran a través del Comité Técnico de Normalización AEN/CTN 206/SC 82, Sistemas de energía solar fotovoltaica.

1.5.5. Procedimiento de conexión a red

En el Real Decreto1699/2011 se especifica el procedimiento general para la conexión a red de instalaciones de producción de energía eléctrica de pequeña potencia. En su artículo 9 también se especifica el procedimiento abreviado para la conexión a red de instalaciones de producción de energía eléctrica de hasta 10 kW en baja tensión.

RECURSOS DIGITALES

Los **procedimientos detallados de conexión a red**, cuya consulta recomendamos para la ampliación de la materia de estudio de la presente unidad, se pueden consultar entre los recursos digitales del libro, a los que se puede acceder con un sencillo registro desde la pestaña de «Recursos previo registro» de la ficha web de la obra (en www.paraninfo.es).

El procedimiento general para la conexión a la red de instalaciones de producción de energía eléctrica de pequeña potencia, según el Real Decreto 1699/2011, consta de los siguientes pasos:

1. Avales para la solicitud de acceso a red de distribución.
2. Solicitud de punto de acceso y conexión.
3. Determinación de las condiciones técnicas de acceso y conexión.
4. Determinación de las condiciones económicas de la conexión.
5. Suscripción del contrato técnico de acceso.
6. Conexión a la red y primera verificación.

El procedimiento abreviado para la conexión a la red de instalaciones de producción de energía eléctrica de hasta 10 kW en baja tensión, según el Real Decreto 1699/2011, consta de los siguientes pasos:

1. Solicitud de punto de acceso y conexión.
2. Determinación de las condiciones técnicas de acceso y conexión.
3. Solicitud de conexión y contrato técnico de acceso.
4. Verificación y conexión de la instalación.
5. Puesta en servicio de la instalación.

¡! IMPORTANTE

De acuerdo con el anexo XV del Real Decreto 413/2014:

«Los procedimientos de acceso y conexión a la red, y las condiciones de operación para las instalaciones de generación a partir de fuentes de energía renovables, cogeneración y residuos, así como el desarrollo de las instalaciones de red necesarias para la conexión y costes asociados, se resolverán según lo establecido en el Real Decreto 1955/2000 y en el Real Decreto 1699/2011. En el caso de no aceptación, por parte del titular, de la propuesta alternativa realizada por la empresa distribuidora ante una solicitud de punto de acceso y conexión, podrá solicitar al órgano competente la resolución de la discrepancia, que deberá dictarse y notificarse al interesado en el plazo máximo de tres meses a contar desde la fecha de la solicitud».

MAPA CONCEPTUAL

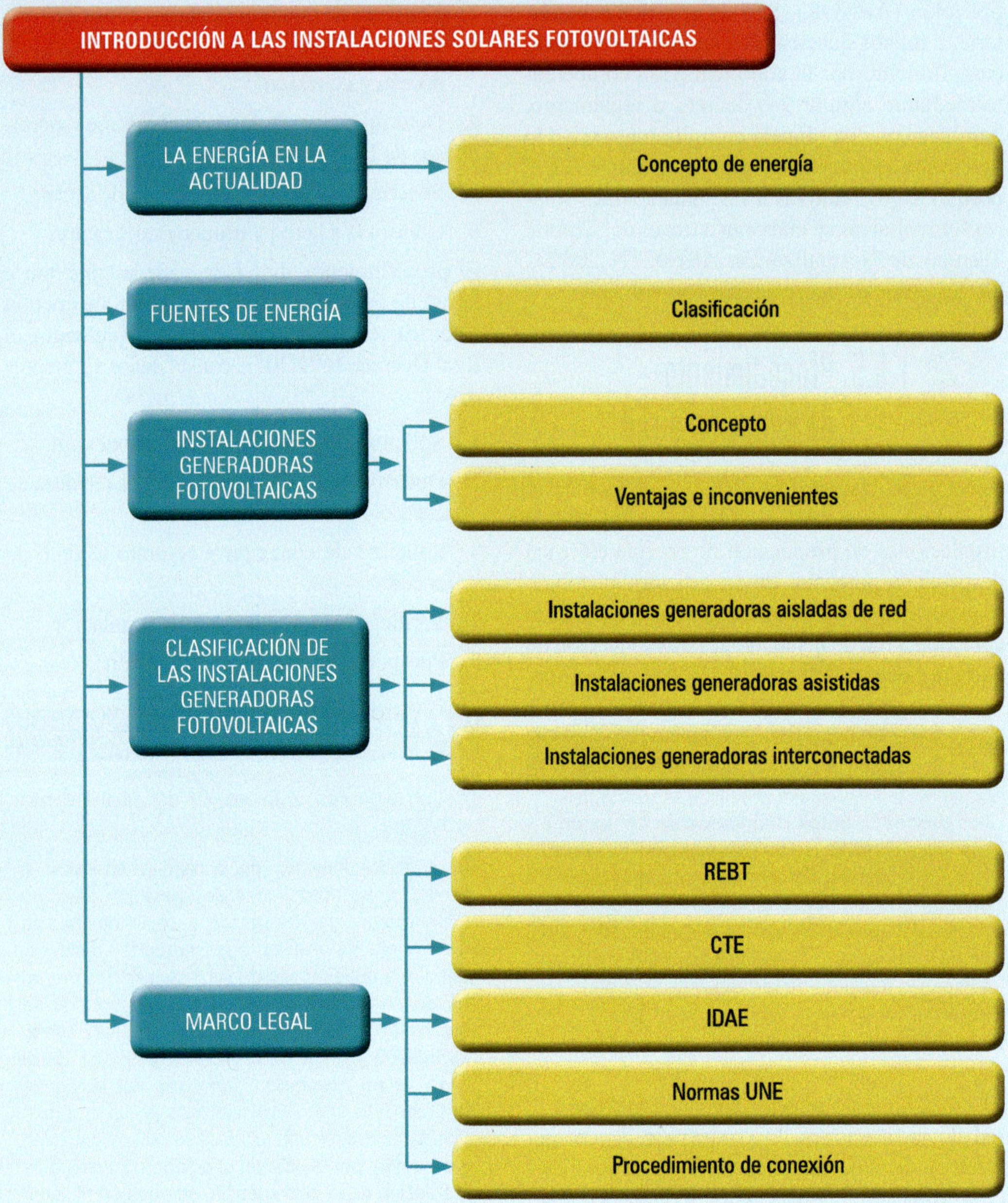

De comprobación

1.1. La unidad de medida de la energía en el Sistema Internacional de Unidades es:

a) La tonelada equivalente de carbón (tec).
b) El kilovatio hora (kW·h).
c) El julio (J).
d) La kilocaloría (kcal).

1.2. ¿Cuál de las siguientes magnitudes representa la mayor cantidad de energía?

a) Una tonelada equivalente de carbón.
b) Cinco kilovatios hora.
c) Dos megavatios hora.
d) Mil kilocalorías.

1.3. En la actualidad el petróleo es el combustible fósil por excelencia. Se trata de una energía:

a) Primaria.
b) Secundaria.
c) Final.
d) Media.

1.4. El calor generado por una estufa eléctrica es una energía:

a) Primaria.
b) Secundaria.
c) Final.
d) Media.

1.5. Elige la respuesta correcta:

a) Una instalación generadora aislada vierte parte de la energía generada a la red.
b) Una instalación generadora asistida vierte parte de la energía generada a la red.
c) Una instalación generadora interconectada funciona en paralelo con la red de distribución.
d) Ninguna de las anteriores.

1.6. Una instalación doméstica alimentada con energía solar fotovoltaica no conectada a la red de distribución eléctrica es una:

a) Instalación generadora asistida.
b) Instalación generadora aislada con autoconsumo diferido.
c) Instalación generadora interconectada.
d) Instalación aislada con autoconsumo instantáneo.

1.7. Normalmente, una instalación generadora fotovoltaica destinada al bombeo de agua es una:

a) Instalación generadora asistida.
b) Instalación generadora aislada con autoconsumo diferido.
c) Instalación generadora interconectada.
d) Instalación aislada con autoconsumo instantáneo.

1.8. Elige la respuesta correcta:

a) Una instalación generadora aislada vierte toda o parte de la energía generada a la red de distribución.
b) Una instalación generadora asistida vierte toda o parte de la energía generada a la red de distribución.
c) Una instalación generadora interconectada sin autoconsumo asociado vierte toda la energía generada a la red de distribución.
d) Ninguna de las anteriores.

1.9. ¿Cuál de los siguientes documentos es una recomendación?

a) El REBT y sus instrucciones técnicas complementarias.
b) Las ordenanzas municipales.
c) El Código Técnico de la Edificación.
d) El Pliego de Condiciones Técnicas del IDAE.

1.10. La línea general de alimentación (LGA) es:

a) Aquella que enlaza la caja general de protección (CGP) con la centralización de contadores.

b) La parte de la instalación que, partiendo de la centralización de contadores, suministra energía eléctrica a una instalación de usuario.

c) La parte de la instalación de la red de distribución que alimenta la caja o cajas generales de protección o unidad funcional equivalente.

d) Ninguna de las anteriores.

De aplicación

1.11. El ser humano consume dos tipos de energía: endosomática y exosomática. Explica las diferencias entre ambos tipos de energía.

1.12. Realiza los siguientes cambios de unidades.

a) 2.5 tec → kW·h

b) 9 MJ → kW·h

c) 3.45 MW·h → kW·h

d) 3.8 tep → kW·h

e) 4500 kcal → kW·h

f) 1 tec → MJ

g) 6.7 tep → GJ

h) 2 tec → tep

1.13. Una instalación eléctrica suministra energía a los siguientes equipos y electrodomésticos:

Unidades	Equipo	Potencia	Tiempo/día	Energía/día
3	Lámpara de bajo consumo	15 W	4 h	
1	Televisión	180 W	2.5 h	
1	Calefactor	500 W	45 minutos	
1	Frigorífico			465 W·h
1	Lavadora			520 W·h
1	Lavavajillas			630 W·h
2	Lámpara incandescente	80 W	2 h	

Calcula:

a) La energía media que consume la instalación durante un día, medida en MJ y kW·h.

b) La energía media que consume la instalación durante un mes de 31 días, medida en MJ y kW·h.

c) El coste de la energía consumida en un mes, si el precio del kW·h es de 0.140728 €.

1.14. Indica las distintas formas de aprovechamiento de la energía solar.

1.15. ¿Qué es una instalación generadora fotovoltaica? Indica los tres tipos de instalaciones generadoras según la ITC-BT-40 del Reglamento Electrotécnico para Baja Tensión.

1.16. Las instalaciones generadoras interconectadas con autoconsumo asociado con punto de conexión en la red de distribución se pueden configurar en modo de funcionamiento independiente o en modo separado. Explica las diferencias entre los dos casos.

1.17. Indica la principal diferencia entre una instalación generadora interconectada de tipo C1 y una de tipo C2, según la ITC-BT-40 del Reglamento Electrotécnico para Baja Tensión.

1.18. Dibuja el esquema de una instalación generadora conectada a la red de distribución, modo de funcionamiento separado, con acometida de único usuario y método de medida doble. Señala sobre el esquema la trayectoria que sigue la corriente eléctrica en función de la posición del conmutador de conexión.

1.19. Enumera los pasos del procedimiento abreviado para la conexión a red de instalaciones de producción de energía eléctrica de hasta 10 kW en baja tensión, según el RD 1699/2011.

De ampliación

1.20. El petróleo es una energía no renovable cuyas reservas son limitadas. Averigua el concepto de «cenit» o «pico del petróleo». ¿Cuál es la reserva de petróleo en la actualidad?

1.21. El Reglamento sobre Condiciones Técnicas y Garantías de Seguridad en Líneas Eléctricas de Alta Tensión se aplica a las líneas eléctricas de alta tensión de corriente alterna trifásica cuya tensión nominal entre fases sea superior a un kilovoltio. Averigua las distintas categorías de líneas de alta tensión en función de su tensión nominal según dicho reglamento.

1.22. Busca en la ITC-BT-12 del Reglamento Electrotécnico para Baja Tensión los esquemas de las instalaciones de enlace, identificando cada una de las partes.

La fuente de energía primaria que utilizan las instalaciones solares fotovoltaicas para generar energía eléctrica es la radiación solar. Sin embargo, la radiación solar recibida por los módulos fotovoltaicos depende de distintos factores, tales como la ubicación de la instalación sobre la superficie terrestre, la posición de los módulos fotovoltaicos y las posibles sombras proyectadas.

En esta unidad se describen las relaciones entre la posición del Sol y la posición de la Tierra, se definen los conceptos de «irradiancia» e «irradiación solar» y se determina la posición óptima de los módulos fotovoltaicos en función de la aplicación particular. También se incluyen algunas bases de datos de radiación solar y se describe el procedimiento para calcular las pérdidas de radiación solar por orientación e inclinación distintas de las óptimas, así como las pérdidas de radiación solar por sombras. La última parte de la unidad se dedica al cálculo de la radiación solar sobre una superficie inclinada teniendo en cuentas las pérdidas.

Geometría y radiación solar

Unidad 2

Contenidos

Objetivos

- Conocer el movimiento de la Tierra con respecto al Sol.
- Determinar las coordenadas geográficas de un punto sobre la superficie terrestre.
- Especificar la posición del Sol mediante coordenadas polares.
- Distinguir las diferentes trayectorias que sigue el Sol en función de la época del año.
- Especificar el potencial de energía solar de un lugar de la superficie terrestre.
- Seleccionar la orientación e inclinación óptima de los módulos fotovoltaicos.
- Calcular las pérdidas de radiación solar por orientación e inclinación distintas de las óptimas.
- Valorar las pérdidas de radiación solar por sombras.
- Definir la radiación solar anual sobre una superficie inclinada, considerando las pérdidas por orientación e inclinación y las pérdidas por sombras.

2.1. Sistema Tierra-Sol

El recurso energético utilizado en las instalaciones solares fotovoltaicas es la **radiación solar**. El **Sol** es la estrella que se encuentra en el centro del Sistema Solar, que constituye una gran fuente de energía debido a las reacciones nucleares de fusión que tienen lugar en su núcleo. Aunque su superficie no es estable, se suele considerar como una esfera de diámetro del orden de 1 392 000 km, con una masa de $1.9891 \cdot 10^{30}$ kg. Está situado a una distancia media con respecto a la Tierra de 149 597 870 km, y su luz tarda ocho minutos y 19 segundos en recorrer dicha distancia. La **irradiancia solar** que se emite desde la superficie del Sol es de 63 500 kW/m^2 aunque, como consecuencia de la distancia que nos separa, la irradiancia que llega a la superficie exterior de la atmósfera terrestre es aproximadamente de 1.37 kW/m^2.

Prácticamente toda la energía que llega a la Tierra procede del Sol, siendo esta del orden de $1.5 \cdot 10^{18}$ kW·h anuales. Una pequeñísima parte de esta se utiliza para mantener la vida orgánica en el planeta, mientras que el resto, aparte de la acumulación debida al efecto invernadero, se disipa en el exterior y no es aprovechada.

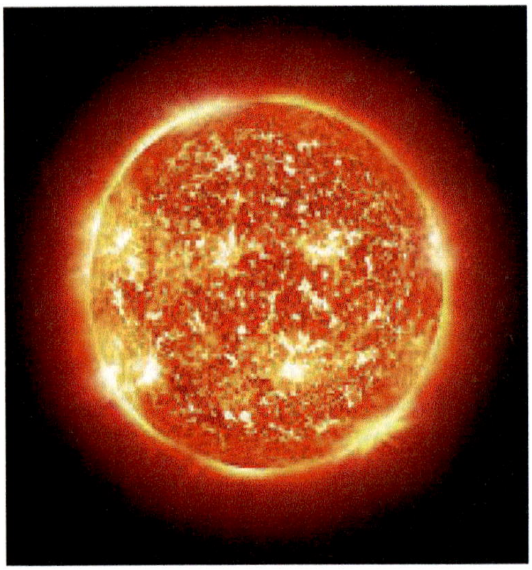

Figura 2.1. *El Sol como fuente de energía.*

2.1.1. El movimiento de la Tierra

El movimiento de la Tierra se compone del movimiento de **traslación** alrededor del Sol y del movimiento de **rotación** sobre sí misma, alrededor de un eje imaginario. Existe un tercer movimiento llamado «nutación», que consiste en una ligera oscilación de la posición del eje de giro alrededor de su posición media. En el movimiento de traslación la Tierra se desplaza alrededor del Sol siguiendo una trayectoria elíptica de pequeña excentricidad. El plano que contiene esta trayectoria se denomina **«plano de la eclíptica»**. Debido a la baja excentricidad de la elipse, la distancia Tierra-Sol no se mantiene constante.

La distancia media entre la Tierra y el Sol es de unos 149 597 870 km, y a esta distancia se la denomina **«unidad astronómica»** (ua). El punto más cercano de la Tierra con respecto al Sol se conoce como **«perihelio»**, y se trata de una distancia de 0.983 ua. El punto más alejado de la Tierra con respecto al Sol se denomina **«afelio»**, con una distancia de 1.017 ua.

Un **año solar** es el tiempo que tarda la Tierra en completar un ciclo alrededor del Sol en su movimiento de traslación. Tiene una duración aproximada de 365 días, 5 horas, 48 minutos y 46 segundos.

En el movimiento de rotación la Tierra gira sobre sí misma alrededor de su eje polar, perpendicular al plano ecuatorial terrestre. El eje polar norte-sur forma un ángulo medio casi constante de 23.45° con la normal al plano de la eclíptica.

Debido a esta oblicuidad, el ángulo formado por el plano ecuatorial y el plano de la eclíptica es variable a la largo del año, y está cambiando de forma continua entre 23.45° y –23.45°, siendo nulo en los equinoccios, máximo en el solsticio de verano y mínimo en el solsticio de invierno. Es el causante de la variación del ángulo de incidencia de los rayos solares sobre la superficie terrestre, lo que da lugar a las estaciones. Este efecto es mucho más acusado que el debido a la variación de la distancia entre el Sol y la Tierra. En el solsticio de verano los rayos inciden más perpendiculares que en el solsticio de invierno

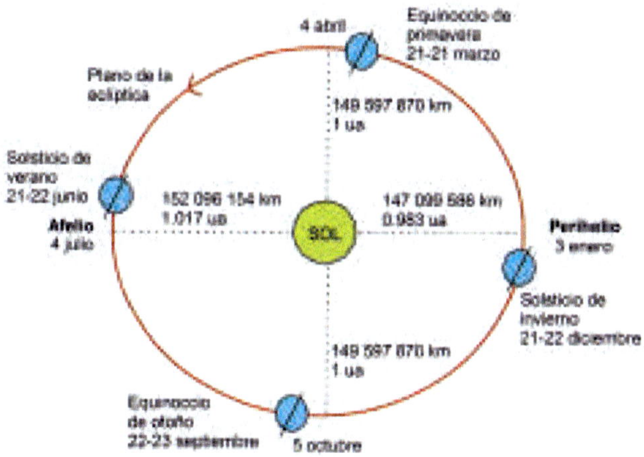

Figura 2.2. *Movimiento de traslación de la Tierra.*

en el hemisferio norte, lo que da lugar a un mayor calentamiento.

2.1.2. Declinación solar

El ángulo formado por el plano ecuatorial y el plano de la eclíptica se denomina **«declinación solar»**, y se puede calcular de forma aproximada mediante la expresión:

$$\delta = 23.45° \cdot \operatorname{sen}\left(360 \cdot \frac{284 + d}{365}\right)$$

δ: declinación, en grados sexagesimales.

d: día del año (1...365, con d = 1, para el día 1 de enero, y d = 365, para el día 31 de diciembre).

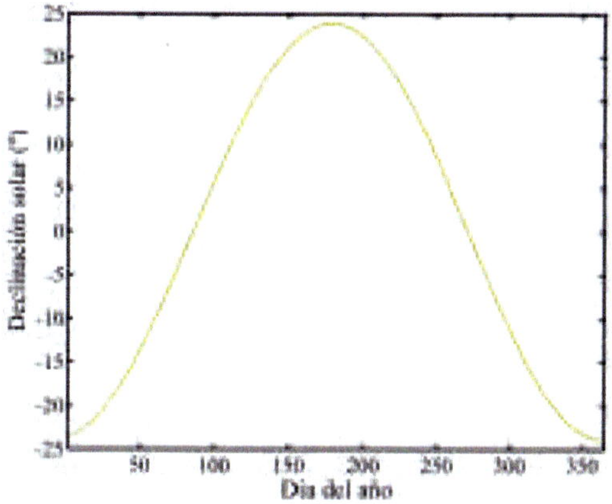

Figura 2.3. *Variación de la declinación solar a lo largo del año.*

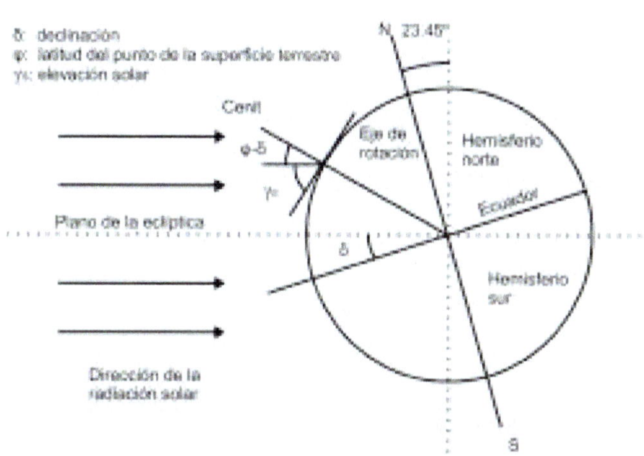

Figura 2.4. *Posición de la Tierra con respecto al Sol en el solsticio de verano.*

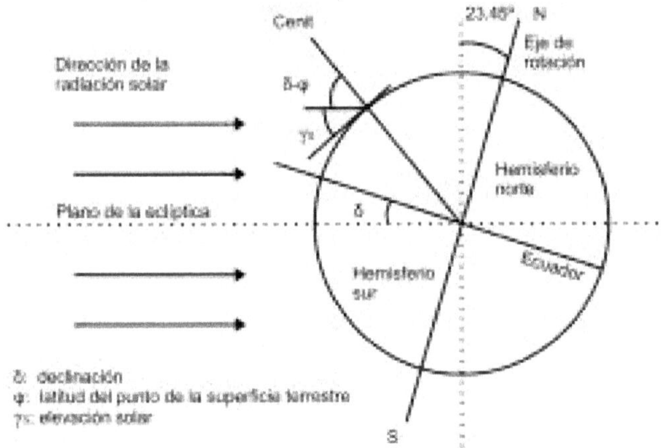

Figura 2.5. *Posición de la Tierra con respecto al Sol en el solsticio de invierno.*

2.2. Coordenadas geográficas de un punto de la superficie terrestre

El movimiento de la Tierra es percibido desde un punto determinado de la superficie terrestre como un movimiento aparente del Sol a lo largo de la esfera celeste. Antes de representar el movimiento aparente del Sol es necesario situar el punto sobre la superficie terrestre que se toma como referencia. La posición de dicho punto viene determinada por las coordenadas geográficas: **latitud** y **longitud**.

Las coordenadas geográficas se expresan en grados sexagesimales con respecto al ecuador y al meridiano de Greenwich. El **ecuador** es una circunferencia definida sobre la superficie terrestre formada por la intersección de esta con un plano perpendicular al eje de rotación de la Tierra que pasa por su centro y la divide en dos partes, el hemisferio norte y el hemisferio sur. El **meridiano de Greenwich**, meridiano cero o primer meridiano, es la semicircunferencia imaginaria que une los polos y pasa por la localidad inglesa de Greenwich. Las semicircunferencias definidas sobre la superficie terrestre por las circunferencias máximas que pasan por los polos de la Tierra se denominan **«meridianos»**. Las circunferencias definidas sobre la superficie terrestre paralelas al ecuador se denominan **«paralelos»**.

2.2.1. Latitud

La latitud (φ) es el arco de meridiano o distancia angular medido desde el ecuador hasta el punto de referencia de la superficie terrestre. La latitud se mide a partir del ecuador de la Tierra, y puede ser latitud norte o latitud sur, según el hemisferio en el que se encuentre el punto en cuestión. La latitud no puede tener nunca un valor superior a 90°. Los puntos situados sobre el ecuador tienen una latitud de 0°. En el polo norte la latitud adopta el valor de 90° N (o 90°) y en el polo sur el valor 90° S (o –90°).

2.2.2. Longitud

La longitud es el arco de ecuador o distancia angular medida desde el meridiano de Greenwich al meridiano del punto de referencia de la superficie terrestre. Se mide de 0° a 180°, y puede ser longitud este o longitud oeste, dependiendo de si el punto se encuentra hacia el este o ha-

Figura 2.6. *Latitud y longitud.*

cia el oeste del meridiano de Greenwich. En el meridiano de Greenwich la longitud es 0°. Los puntos que están en el mismo meridiano tienen la misma longitud.

RECUERDA

El **grado sexagesimal** es una unidad de medida de ángulos. Se puede expresar en notación sexagesimal o en notación decimal. En notación decimal, la latitud de la ciudad de Madrid es de 40.408° N, y la longitud es de 3.687° O. En notación sexagesimal, los valores de latitud y longitud son, respectivamente, 40° 24' 30" N y 3° 41' 15" O.

La notación sexagesimal se compone de grados (°), minutos (') y segundos ("). Un minuto son 60 segundos, y un grado son 60 minutos. Por tanto, un grado son 3600 segundos.

Para convertir un valor de notación sexagesimal a decimal, se suman a los grados los minutos divididos por 60 y los segundos divididos por 3600.

$$40° \, 24' \, 30'' = 40 + 24/60 + 30/3600 = 40.408°$$

$$3° \, 41' \, 15'' = 3 + 41/60 + 15/3600 = 3.687°$$

Para convertir un valor de notación decimal a sexagesimal, se multiplica en primer lugar la parte decimal del valor por 60. La parte entera del resultado son minutos. A su vez, se multiplica la parte decimal de los minutos por 60, de donde resultan los segundos.

$$40.408° \rightarrow 0.408 \cdot 60 = 24.48 \rightarrow 24' \rightarrow 0.48 \cdot 60 = 28.8''$$

$$40.408° = 40° \, 24' \, 28.8''$$

$$3.687° \rightarrow 0.687 \cdot 60 = 41.22 \rightarrow 41' \rightarrow 0.22 \cdot 60 = 13.2''$$

$$3.687° = 3° \, 41' \, 13.2''$$

Actividad propuesta 2.1

Averigua la longitud y latitud de tu localidad en notación decimal y notación sexagesimal.

Tabla 2.1. Latitud y longitud de las capitales de provincia de España

Capital	Latitud y longitud	Capital	Latitud y longitud
A Coruña	43° 22' 12" N / 8° 23' 28" O	Lugo	43° 0' 32" N / 7° 33' 29" O
Albacete	38° 59' 45" N / 1° 51' 20" O	Madrid	40° 24' 30" N / 3° 41' 15" O
Alicante	38° 20' 43" N / 0° 28' 59" O	Málaga	36° 43' 13" N / 4° 25' 11" O
Almería	36° 50' 20" N / 2° 27' 50" O	Melilla	35° 17' 41" N / 2° 56' 32" O
Ávila	40° 39' 21" N / 4° 41' 51" O	Murcia	37° 59' 3" N / 1° 7' 42" O
Badajoz	38° 52' 43" N / 6° 58' 15" O	Ourense	42° 20' 11" N / 7° 51' 49" O
Barcelona	41° 23' 3" N / 2° 10' 34" E	Oviedo	43° 21' 44" N / 5° 50' 37" O
Bilbao	43° 15' 25" / 2° 55' 26" O	Palencia	42° 0' 28" N / 4° 32' 4" O
Burgos	42° 20' 28" N / 3° 42' 15" O	P. de Mallorca	39° 34' 16" N / 2° 39' 6" E
Cáceres	39° 28' 23" N / 6° 22' 16" O	Pamplona	42° 48' 50" N / 1° 38' 42" O
Cádiz	36° 31' 18" N / 6° 17' 2" O	Pontevedra	42° 26' 1" N / 8° 38' 52" O
Castellón	39° 59' 11" N / 0° 2' 12" O	Salamanca	40° 58' 2" N / 5° 39' 55" O
Ceuta	35° 53' 17" N / 5° 18' 24" O	San Sebastián	43° 19' 1" N / 1° 58' 54" O
Ciudad Real	38° 59' 11" N / 3° 55' 52" O	S. C. de Tenerife	28° 27' 46" N / 16° 14' 49" O
Córdoba	37° 52' 46" N / 4° 46' 49" O	Santander	43° 27' 46" N / 3° 48' 17" O
Cuenca	40° 4' 35" N / 2° 7' 53" O	Segovia	40° 56' 59" N / 4° 7' 30" O
Girona	41° 58' 54" N / 2° 49' 26" E	Sevilla	37° 23' 10" N / 5° 59' 33" O
Granada	37° 10' 35" N / 3° 36' 0" O	Soria	41° 45' 47" N / 2° 27' 58" O
Guadalajara	40° 38' 3" N / 3° 9' 43" O	Tarragona	41° 7' 8" N / 1° 15' 30" E
Huelva	37° 15' 36" N / 6° 57' 1" O	Teruel	40° 20' 38" N / 1° 6' 33" O
Huesca	42° 8' 26" N / 0° 24' 30" O	Toledo	39° 51' 25" N / 4° 1' 27" O
Jaén	37° 45' 54" N / 3° 47' 25" O	Valencia	39° 28' 31" N / 0° 22' 32" O
Las Palmas	28° 5' 57" N / 15° 24' 48" O	Valladolid	41° 39' 8" N / 4° 43' 24" O
León	42° 35' 56" N / 5° 34' 1" O	Vitoria	42° 51' 2" N / 2° 40' 21" O
Lleida	41° 36' 54" N / 0° 37' 14" E	Zamora	41° 29' 56" N / 5° 45' 17" O
Logroño	42° 27' 59" N / 2° 26' 44" O	Zaragoza	41° 39' 23" N / 0° 52' 45" O

2.3. Coordenadas polares del Sol

Para determinar la posición del Sol con respecto a un punto de la superficie terrestre se utilizan dos coordenadas: el **acimut o ángulo acimutal** (ψ_S) y la **altitud o elevación solar** (γ_S). En este sistema se toma como referencia el plano del horizonte.

2.3.1. Acimut o ángulo acimutal (ψ_S)

Es el ángulo formado por la proyección del Sol sobre el plano horizonte con la dirección sur (Figura 2.7). Este ángulo se toma positivo si es considerado en el sentido oeste y negativo en el sentido este. Al mediodía el Sol está en el sur y, por tanto, este ángulo vale 0°. El ángulo acimutal a la hora de la salida o puesta del Sol varía cada día a lo largo del año. En España, en verano el Sol sale más alejado del sur (cuadrante norte-este) y en invierno el Sol sale más cercano al sur (cuadrante sur-este). Adopta valores negativos de 0° a –180° hacia el este y valores positivos de 0° a 180° hacia el oeste.

2.3.2. Altura o elevación solar (γ_S)

Es el ángulo que forman los rayos solares con la superficie horizontal (Figura 2.7). Mide la altura del Sol con respecto al plano horizontal del observador. Cuando sale el Sol, la altura solar es cero. En verano el Sol se eleva más sobre el horizonte que en invierno. En España el Sol nunca llega a estar a una altura de 90°. Si φ es la latitud del lugar y δ es la declinación, el valor máximo de la altura solar en el solsticio de verano viene dado por la expresión:

$$\alpha = 90° - \varphi + \delta = 90° - \varphi + 23.45°$$

Mientras que el valor máximo de la altura solar en el solsticio de invierno viene dado por la expresión:

$$\alpha = 90° - \varphi + \delta = 90° - \varphi - 23.45°$$

El **ángulo o distancia cenital** (θ_{zs}) es el ángulo formado por la dirección del Sol y la vertical del lugar. Es el ángulo complementario de la elevación solar.

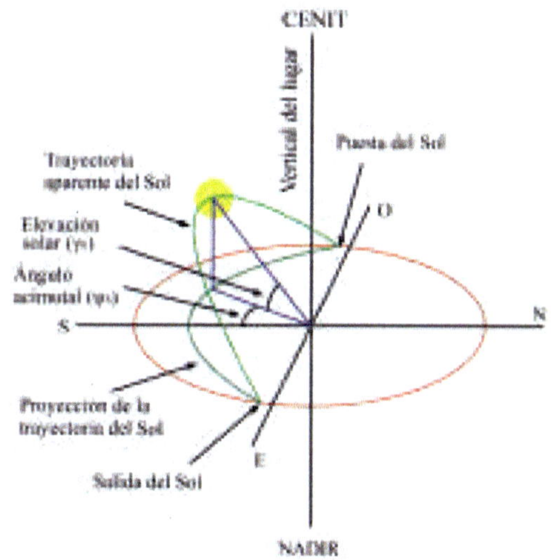

Figura 2.7. *Trayectoria y posición del Sol con respecto a un punto fijo de la superficie terrestre del hemisferio norte.*

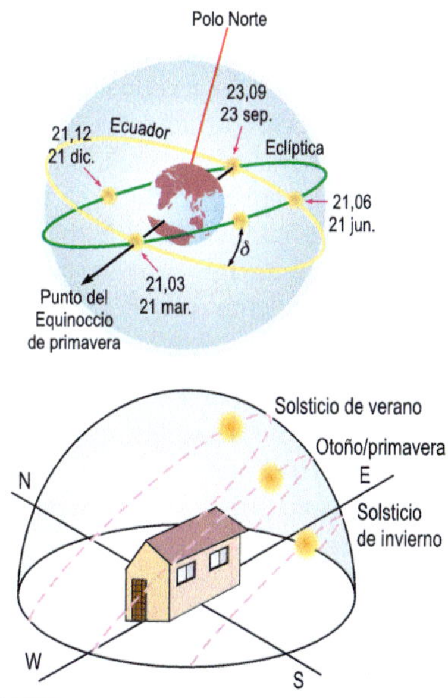

Figura 2.8. *Trayectoria del Sol en distintas épocas del año.*

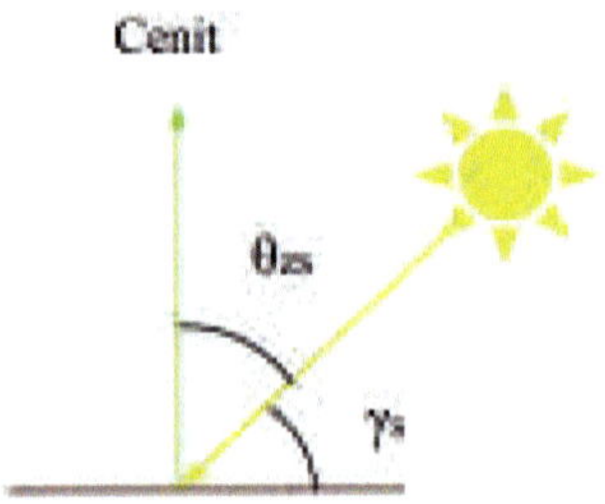

Figura 2.9. *Coordenadas polares del Sol: elevación solar y ángulo cenital.*

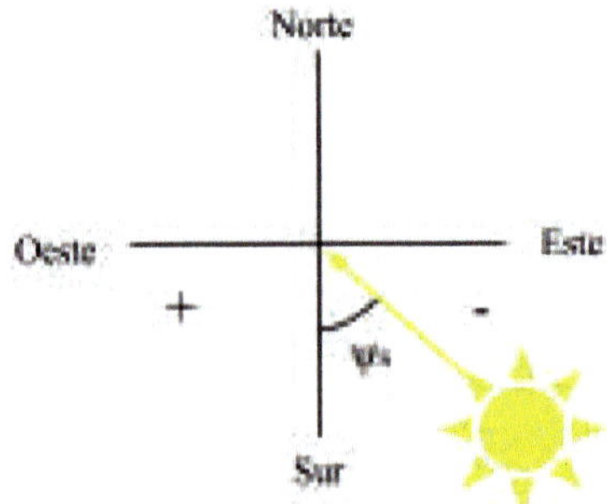

Figura 2.10. *Coordenadas polares del Sol: ángulo acimutal.*

Actividad propuesta 2.2

Determina la máxima elevación del Sol en el solsticio de verano y en el solsticio de invierno en tu localidad.

2.3.3. Hora solar y hora oficial

El **mediodía** es el momento en el que el Sol alcanza su punto más alto. Se denomina **«día solar verdadero»** al tiempo transcurrido entre dos pasos consecutivos del Sol por su punto más alto. Sin embargo, a lo largo del año no todos los días solares verdaderos tienen la misma duración, es decir, no siempre el día solar verdadero tiene una duración de veinticuatro horas. Un día solar verdadero se compone de veinticuatro horas verdaderas. Se denomina **«día solar medio»** al valor promedio de todos los días solares verdaderos, siendo este de veinticuatro horas solares medias, tal como se conoce habitualmente.

Actividad propuesta 2.3

Determinación del sur solar

En la Tierra, el norte y sur geográfico no coinciden exactamente con el norte y sur magnético. Existe entre ambos una pequeña desviación denominada «declinación magnética». Es fácil determinar el norte y el sur magnético mediante una brújula. Sin embargo, para orientar correctamente los módulos fotovoltaicos es necesario determinar el sur geográfico, también denominado «mediodía solar». ¿Cómo se puede determinar el sur geográfico en el hemisferio norte? Mediante los siguientes pasos es posible determinarlo de forma empírica:

1. Clava sobre la superficie horizontal una varilla en posición perpendicular.
2. En el límite de la sombra proyectada por la varilla marca el punto A.
3. Traza el arco sobre la superficie horizontal con centro en O.
4. Cuando la sombra alcance de nuevo al arco, marca el punto B.
5. Halla la bisectriz del ángulo AOB. Esta indica la dirección del sur solar.

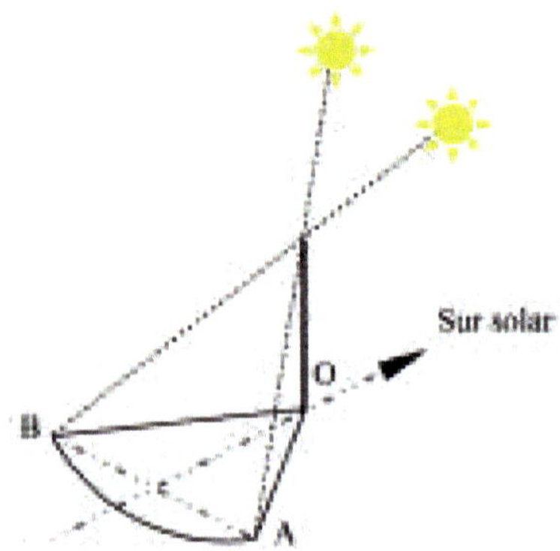

Figura 2.11. *Determinación empírica del sur solar.*

Todos los puntos de la superficie terrestre con la misma longitud geográfica tienen la misma **hora solar media**. En sentido longitud este la hora se adelanta y en sentido longitud oeste la hora se retrasa. En la práctica, la Tierra está dividida en veinticuatro zonas o franjas de 15°, que van del polo norte al polo sur, denominadas **«husos horarios»**, equivalentes a una hora de tiempo. Estas líneas se adaptan a las fronteras de cada país para que todas las zonas de un país no demasiado extenso tengan la misma hora. La **hora legal** viene determinada por la pertenencia a uno de estos husos o franjas. El concepto de **«hora oficial»** está relacionado con el aprovechamiento de las horas de luz y el ahorro energético. En España, la hora oficial está adelantada una hora con respecto a la hora legal entre el último domingo de octubre y el último domingo de marzo, y dos horas entre el último domingo de marzo y el último domingo de octubre.

2.3.4. Cartas solares

Una carta solar es un **gráfico bidimensional** que representa la trayectoria diaria del Sol vista desde un punto de la superficie terrestre. En una misma gráfica se suele representar la trayectoria del Sol en distintas épocas del año. En el eje de abscisas se representan los valores del acimut, mientras que en el eje de ordenadas se representa la altura o elevación solar. Las cartas solares son una herramienta muy útil para determinar las pérdidas por sombras en un generador fotovoltaico.

Dibujo de cartas solares por simulación

En la actualidad ya no es necesario realizar mediciones empíricas de la elevación y el acimut para obtener la carta solar. Es habitual recurrir a programas de simulación como, por ejemplo, la aplicación Solar Radiation Monitoring Laboratory, de la Universidad de Oregón, que se puede manejar desde su sitio web **http://solardat.uoregon.edu/SunChartProgram.php**.

Los pasos a seguir para obtener las cartas solares de un determinado punto de la superficie terrestre son los siguientes:

1. ***Specify location.*** Especificar la localización (longitud y latitud) del lugar en cuestión.

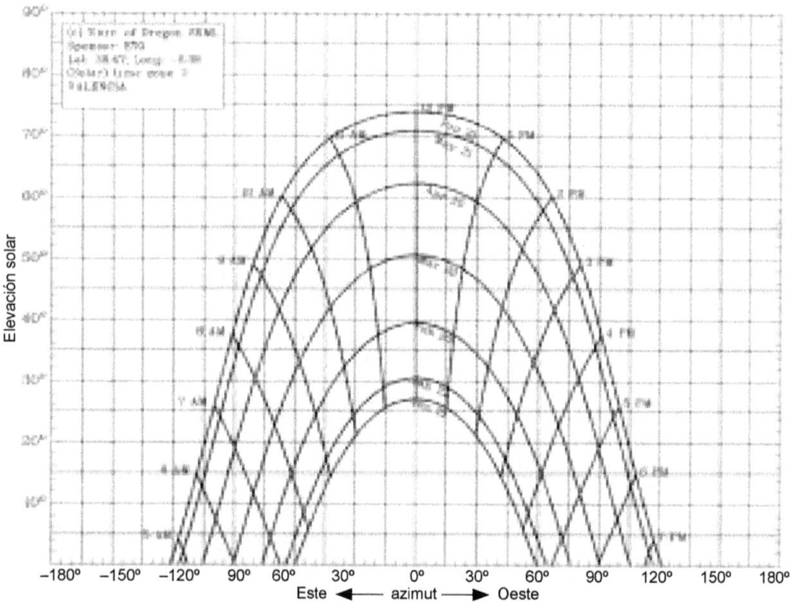

Figura 2.12. *Carta solar de la ciudad de Valencia para distintos días del año, de diciembre a junio.*

La latitud sur y la longitud oeste se deben proporcionar como valores negativos. Los valores expresados en grados, minutos y segundos se deben expresar en grados, incluyendo decimales. Por ejemplo, un ángulo de 1° 30', se puede expresar como 1.5°.

2. ***Specify time zone.*** Especificar la zona horaria del lugar con respecto al UTC (tiempo universal coordinado o *Universal Time Coordinated*). El UTC es el tiempo de la zona horaria de referencia respecto a la cual se calculan todas las otras zonas del mundo. En la Península, Islas Baleares, Ceuta y Melilla, la zona horaria es UTC + 1 y UTC + 2 en verano. En las islas Canarias, la zona horaria es UTC y UTC + 1 en verano.
3. ***Choose data to be plotted.*** Especificar los datos que se desean representar.
4. ***Set chart format parameters.*** Especificar las opciones de representación de los gráficos (parámetros, colores, estilos de línea).
5. ***Specify labeling options.*** Se puede incluir un texto opcional al gráfico, indicando su posición en este.

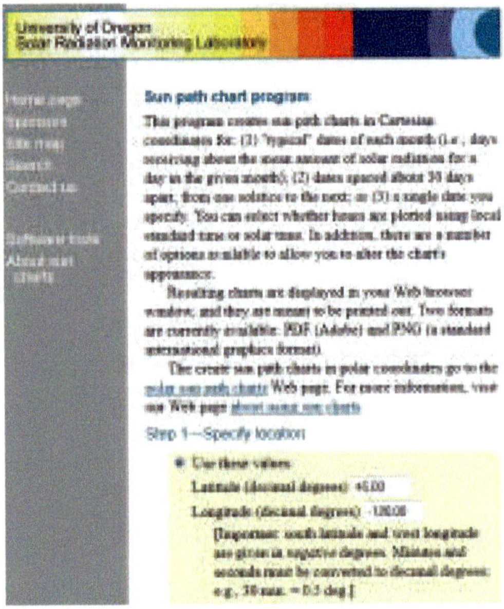

Figura 2.13. *Ventana principal de la aplicación Solar Radiation Monitoring Laboratory, de la Universidad de Oregón, para la obtención de cartas solares.*

6. ***Choose file format for chart.*** Escoger el formato del gráfico (PDF o PNG).
7. ***Enter verification code.*** Se debe incluir un código de verificación que nos ofrece la aplicación.
8. ***Click the "Create Chart" button.*** Hacer clic en el botón de crear gráfico.

Actividad propuesta 2.4

Obtén la carta solar de tu localidad en distintos días del año mediante la aplicación Solar Radiation Monitoring Laboratory. Observa cómo varía la trayectoria del Sol en función de le época del año.

2.4. Posición de una superficie o módulo fotovoltaico

La posición de un módulo fotovoltaico se especifica mediante dos coordenadas angulares: la **orientación o ángulo de acimut** (α) y la **inclinación o ángulo de elevación** (β).

2.4.1. Ángulo de acimut (α)

Es el ángulo formado por la proyección sobre el plano horizontal de la perpendicular a la superficie del módulo y el meridiano del lugar. La orientación sur del módulo fotovoltaico se corresponde con el origen y toma el valor 0°; la orientación oeste vale 90°; la orientación norte vale 180°, y la orientación este vale 270°. También se puede medir con sentido negativo hacia el este y sentido positivo hacia el oeste. De esta forma, la orientación este se corresponde con un ángulo de –90° y la orientación oeste con un ángulo de 90°.

2.4.2. Inclinación o ángulo de elevación (β)

Es el ángulo formado por la superficie del módulo fotovoltaico y el plano horizontal. Su valor es 0° para módulos en posición horizontal y 90° para módulos en posición vertical. En instalaciones fijas este ángulo se determina en función de la latitud del lugar.

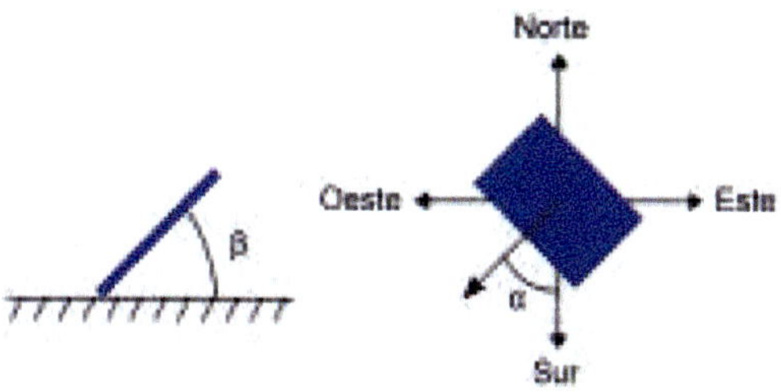

Figura 2.14. *Posición de un módulo fotovoltaico.*

2.5. Posición óptima de un módulo fotovoltaico estático durante todo el año

Un módulo fotovoltaico recibe la mayor cantidad de energía posible cuando los rayos solares inciden sobre este de forma perpendicular. En la mayoría de ocasiones, la posición del módulo fotovoltaico es fija durante todo el año, aunque en algunas aplicaciones se modifica la inclinación del módulo en función de la estación o mes del año para aprovechar mejor la energía del Sol. En instalaciones fotovoltaicas con seguidor solar, este ángulo será variable a lo largo del día para aprovechar al máximo la radiación solar.

Entonces, ¿cuál es la posición óptima de un módulo fotovoltaico en una instalación estática para maximizar la captación anual de energía? En el hemisferio norte, los módulos fotovoltaicos deben estar orientados hacia el sur y, por tanto, el **ángulo de acimut óptimo** vale 0°. Si los módulos están ubicados en el hemisferio Sur, se deben orientar hacia el norte, lo que se corresponde con un ángulo de acimut de 180°.

Para determinar la **inclinación óptima** que garantiza la máxima captación de energía anual se utiliza una expresión que resulta del análisis de los cálculos de la irradiación solar global para distintas inclinaciones en distintas latitudes:

$$\beta_{opt} = 3.7 + 0.69 \cdot |\varphi|$$

β_{opt}: inclinación óptima para maximizar la captación de energía anual, en grados sexagesimales.

φ: latitud del lugar, en grados sexagesimales.

No obstante, la inclinación del módulo fotovoltaico no debe ser menor de 15°, para permitir que la suciedad acumulada sobre su superficie sea retirada por el agua de lluvia.

El Pliego de Condiciones Técnicas de Instalaciones Aisladas de Red del IDAE (Instituto para la Diversificación y Ahorro de la Energía) indica periodos de diseño habituales y la correspondiente inclinación óptima de los módulos fotovoltaicos para conseguir la máxima captación de energía (Tabla 2.2) en función de la latitud (φ). En las instalaciones conectadas a red, el objetivo es conseguir la máxima captación anual de energía; en las instalaciones aisladas con consumo anual constante, el objetivo es garantizar la máxima captación de energía en el mes del año con menor irradiación solar; mientras que en las instalaciones de bombeo de agua, el objetivo es conseguir la máxima captación de energía en verano.

Tabla 2.2. Inclinación óptima en función del periodo de máxima captación de energía (φ = latitud)

Periodo de máxima captación de energía	Inclinación óptima	Ejemplos de instalaciones
Invierno	φ + 10°	Aislada con consumo anual constante
Verano	φ – 20°	Bombeo de agua
Anual	φ – 10°	Conectada a red

Existen algunas bases de datos de radiación solar que también facilitan el dato de la inclinación óptima de los módulos fotovoltaicos para conseguir capturar la máxima cantidad de energía, tanto anual como mensual, en un punto determinado de la superficie terrestre. En el Apartado 2.7 se expone la utilización de la base de datos **PVGIS** (Photovoltaic Geographical Information System), para determinar la inclinación óptima de los módulos fotovoltaicos, así como los datos de radiación solar diaria.

No siempre se utiliza el criterio de máxima captación de energía para determinar la posición óptima de los módulos fotovoltaicos. Es posible que venga impuesta, por ejemplo, por factores físicos, tales como la disposición de un tejado, o por factores relacionados con el consumo variable necesario en distintas épocas del año.

¡! IMPORTANTE

En el caso de instalaciones fotovoltaicas aisladas de red donde el consumo no es constante a lo largo del año, se debe aplicar el **criterio del mes crítico** para determinar el ángulo de inclinación.

¡! IMPORTANTE

En algunas instalaciones la inclinación de los módulos fotovoltaicos no se mantiene fija durante todo el año y se varía en función de la estación o del mes en cuestión. Mediante la aplicación PVGIS se puede obtener el ángulo de inclinación óptimo para cada uno de los meses del año.

Actividad propuesta 2.5

Determinar la posición óptima de un módulo fotovoltaico situado en tu localidad, en función de los siguientes criterios:

a) Maximizar la captación anual de energía.
b) Maximizar la captación de energía en verano.
c) Maximizar la captación de energía en invierno.

Actividad resuelta 2.1

Determina la posición óptima de un módulo fotovoltaico situado en Valencia (latitud 39° 28' 31" N), para los siguientes casos:

a) Maximizar la captación anual de energía.

b) Maximizar la captación de energía en verano.

c) Maximizar la captación de energía en invierno.

Solución:

a) En primer lugar se expresa el valor de la latitud en grados sexagesimales:

$$\varphi = 39 + \frac{28}{60} + \frac{31}{3600} = 39.47^\circ$$

El ángulo de inclinación óptimo resultante para maximizar la captación anual de energía solar es:

$$\beta_{opt} = 3.7 + 0.69 \cdot |39.47| = 30.93^\circ$$

En caso de aplicar la Tabla 2.2, la inclinación óptima obtenida es de:

$$\beta_{opt} = 39.47 - 10 = 29.47^\circ$$

Prácticamente se obtiene el mismo resultado por los dos procedimientos.

b) Si el objetivo es maximizar la captación de energía en verano, entonces el ángulo de inclinación óptimo obtenido a partir de la Tabla 2.2 es:

$$\beta_{opt} = 39.47 - 20 = 19.47^\circ$$

c) Si el objetivo es maximizar la captación de energía en invierno, entonces el ángulo de inclinación óptimo obtenido a partir de la Tabla 2.2 es:

$$\beta_{opt} = 39.47 + 10 = 49.47^\circ$$

2.6. La radiación solar

La **constante solar** es la irradiancia o cantidad de energía procedente del Sol por unidad de tiempo y área, recibida sobre una superficie perpendicular a los rayos incidentes, situada en la parte exterior de la atmósfera a una distancia del Sol igual a la distancia promedio Tierra-Sol. Debido a la trayectoria que sigue la Tierra alrededor del Sol, la distancia entre ambos no se mantiene constante a lo largo del año. Se considera que el valor de la constante solar es 1367 W/m^2, aunque varía ligeramente a causa de la elipticidad de la órbita terrestre.

Durante los meses de enero y diciembre, en los que la distancia es menor, la irradiación solar extraterrestre es máxima, mientras que durante los meses de junio y julio, en los que la distancia es mayor, la irradiación solar extraterrestre es mínima. Su distribución espectral es, aproximadamente: infrarrojo 51 %; luz visible 40 % y ultravioleta 9 %. Una parte importante de la radiación solar extraterrestre es absorbida por distintas partículas y moléculas que componen la atmósfera, de tal forma que la radiación que llega a la superficie terrestre es menor que la radiación extraterrestre. En la Figura 2.15 se representa el espectro de la radiación solar extraterrestre, así como el espectro de la radiación solar recibida sobre la superficie terrestre a nivel del mar, considerando una masa de aire de valor 1.5.

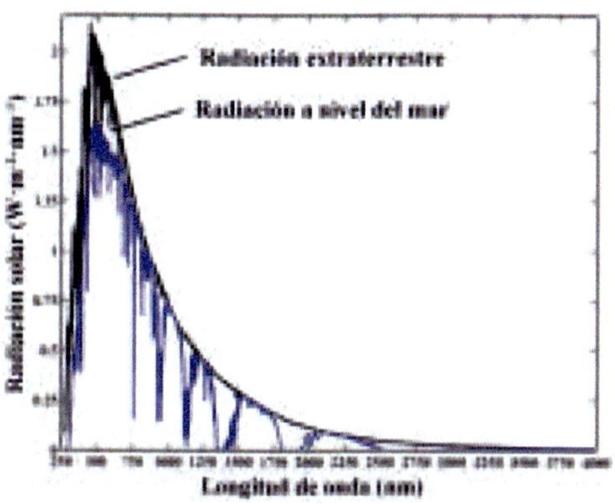

Figura 2.15. *Espectro de la radiación solar extraterrestre y a nivel del mar (AM1.5).*

La radiación solar extraterrestre se define en el exterior de la atmósfera y sobre una superficie perpendicular a los rayos del Sol. Sin embargo, la radiación solar recibida sobre un punto de la superficie terrestre depende de los factores geográficos y astronómicos y del efecto de la atmósfera.

El movimiento de traslación y rotación, así como la declinación de la Tierra con respecto al plano de la eclíptica condicionan la radiación solar recibida en un punto de la superficie terrestre, de tal forma que el ángulo de incidencia de los rayos solares varía a lo largo del año, lo que da lugar a las estaciones. Este ángulo es mayor en verano que en invierno.

2.6.1. Efectos de la atmósfera sobre la radiación solar

La atmósfera terrestre es una capa gaseosa que envuelve a la Tierra debido a la acción de la fuerza de la gravedad. Antes de llegar a la superficie terrestre, la radiación solar debe atravesar la atmósfera, y se somete a los siguientes fenómenos:

- **Reflexión.** Parte de la radiación solar extraterrestre es reflejada y devuelta al espacio debido a la presencia de nubes, moléculas de agua, etc. en la atmósfera.
- **Difracción.** La radiación solar se descompone en distintos trayectos cuando llega a las nubes.
- **Dispersión.** Parte de la radiación solar extraterrestre no llega a la superficie terrestre debido a la presencia en la atmósfera de partículas de polvo y moléculas de agua en suspensión.
- **Absorción.** Parte de la radiación solar extraterrestre es absorbida por la atmósfera (ozono, vapor de agua, etc.).

Debido a estos fenómenos, la radiación solar sufre distintas alteraciones a su paso a través de la atmósfera que disminuyen su intensidad y cambian su espectro en frecuencia. Cuanto mayor es la distancia que deben traspasar los rayos solares a través de la atmósfera, mayores son los efectos de estos fenómenos. La masa de aire es mínima cuando la radiación solar es perpendicular a la superficie terrestre, es decir, cuando el ángulo de la altura solar es de 90°. A su vez, cuanto menor es la altura solar, mayor es la masa de aire.

Masa de aire

La posición relativa del Sol con respecto a un punto de la superficie terrestre determina el valor de la masa de aire que debe atravesar la radiación solar. Cuando la altura del Sol es de 90°, se considera una masa de aire de valor 1 (AM1). La **masa de aire** o factor de masa de aire define cuántas veces mayor es la trayectoria que debe recorrer la radiación solar a través de la atmósfera con respecto a la trayectoria mínima. Cuando el Sol se encuentra cercano a la vertical, la masa de aire se puede calcular en función de la altura solar. En el caso de que la altura solar sea menor de unos 30° se debe tener en cuenta, además, la curvatura de la Tierra y la refracción del aire.

$$AM = \frac{1}{\text{sen}(\gamma_S)} = \frac{1}{\cos(\theta_{ZS})}$$

¡! IMPORTANTE

El valor de la masa de aire varía a lo largo del día, ya que la altura solar también varía. En las condiciones estándar de medida (CEM) de los módulos fotovoltaicos, se considera una masa de aire de valor 1.5, que se corresponde con una altura o elevación solar de $\gamma_S = 41.8°$.

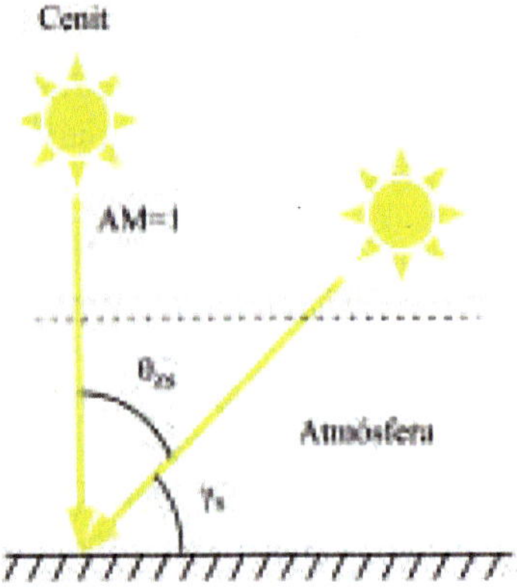

Figura 2.16. *Masa de aire.*

Actividad propuesta 2.6

Determina la altura solar si la masa de aire es de 1.2 en un momento determinado.

2.6.2. Componentes de la radiación solar

Debido a los efectos de dispersión, reflexión, difracción y absorción que tienen lugar en la atmósfera, la radiación solar recibida sobre una superficie o módulo fotovoltaico situado en la superficie terrestre procede de tres componentes:

- **Radiación directa (B).** Es la radiación solar que recibe el módulo fotovoltaico directamente desde el Sol, sin cambiar de dirección. Es la radiación incidente.
- **Radiación difusa (D).** Es la radiación procedente de toda la bóveda de cielo visible desde la superficie (excepto la procedente del disco solar que se corresponde con la radiación directa), como consecuencia de los fenómenos de difracción, reflexión, etc.
- **Radiación de albedo o reflejada (R).** Es la radiación directa y difusa que recibe el módulo fotovoltaico procedente de la reflexión sobre el entorno (suelo u otras superficies próximas).

La suma de las tres componentes constituye la **radiación global (G)**.

$$G = B + D + R$$

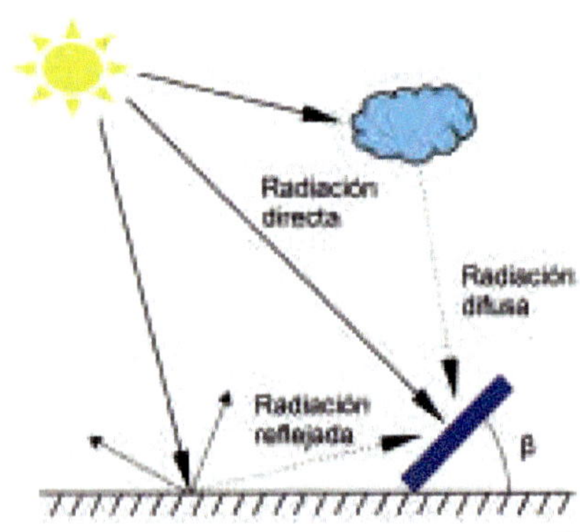

Figura 2.17. *Componentes de la radiación global.*

SABÍAS QUE

La bóveda celeste vista desde la superficie terrestre tiene un color azul. Se trata de la radiación difusa. Si solamente existiera la radiación directa se vería la bóveda celeste de color negro, a excepción del disco solar.

2.6.3. Irradiancia e irradiación solar

La energía generada por el Sol llega a la Tierra en forma de radiación electromagnética. Para cuantificar la potencia y la energía de la radiación solar por unidad de superficie se utilizan, respectivamente, la irradiancia y la irradiación solar.

- **Irradiancia.** Es la potencia de la radiación solar recibida por unidad de superficie. Se mide en vatios por metro cuadrado (W/m^2) o kilovatios por metro cuadrado (kW/m^2).
- **Irradiación.** Es la energía recibida por unidad de superficie durante un tiempo determinado. Se mide en $W{\cdot}h/m^2$, o $kW{\cdot}h/m^2$. La irradiación a lo largo de un día se mide en $W{\cdot}h/m^2$/día, $kW{\cdot}h/m^2$/día. También se suele medir en megajulios por metro cuadrado (MJ/m^2). Entre las distintas unidades se cumplen las siguientes relaciones:

$$1\,W\cdot h = 3600\,J$$

$$1\,kW\cdot h = 3600\,kJ = 3.6\,MJ$$

La irradiancia global se representa mediante la letra G sin subíndices, mientras que la irradiación global se representa mediante la letra G con uno o dos subíndices. El primer subíndice refleja el periodo de tiempo de integración de la irradiación solar: anual (a), mensual (m), diario (d), horario (h). El segundo subíndice representa un valor medio de la irradiación: valor medio anual (a), valor medio mensual (m). Después de la letra G se especifica, entre paréntesis, la posición (α,β) de la superficie sobre la que incide la radiación solar, donde α es el ángulo de acimut y β es la inclinación o elevación de la superficie. Si la superficie se encuentra en posición horizontal, se utiliza el valor 0 entre paréntesis. Algunas de las magnitudes más comunes son:

- **G(0):** irradiancia global sobre una superficie horizontal.
- **G(α,β):** irradiancia global sobre una superficie con una orientación α y un ángulo de inclinación β.
- **G_{dm}(0):** valor diario medio mensual de la irradiación global diaria sobre una superficie horizontal.
- **G_{da}(0):** valor diario medio anual de la irradiación global diaria sobre una superficie horizontal.
- **G_{dm}(α,β):** valor diario medio mensual de la irradiación global diaria sobre una superficie con una orientación α y una inclinación β.
- **$G_{dm}(0,\beta_{ópt})$:** valor diario medio mensual de la irradiación global diaria sobre una superficie orientada hacia el sur y con una inclinación óptima que maximiza la captación anual de energía.
- **$G_{da}(0,\beta_{ópt})$:** valor diario medio anual de la irradiación global diaria sobre una superficie orientada hacia el sur y con una inclinación óptima que maximiza la captación anual de energía.
- **G_a(0):** irradiación global anual sobre una superficie horizontal. Si se considera un año de 365 días, entonces se cumple la relación:

$$G_a(0) = 365 \cdot G_{da}(0)$$

- **G_a(α,β):** irradiación global anual sobre una superficie con una orientación α y una inclinación β. Si se considera un año de 365 días, entonces se cumple la relación:

$$G_a(\alpha,\beta) = 365 \cdot G_{da}(\alpha,\beta)$$

- **$G_a(0,\beta_{ópt})$:** irradiación global anual sobre una superficie orientada hacia el sur y con una inclinación óptima que maximiza la captación anual de energía. Si se considera un año de 365 días, entonces se cumple la relación:

$$G_a(0,\beta_{ópt}) = 365 \cdot G_{da}(0,\beta_{ópt})$$

Actividad propuesta 2.7

El valor diario medio mensual de la irradiación global diaria sobre el plano horizontal en la ciudad de Valencia, en el mes de enero, es de $G_{dm}(0) = 2.52$ kW·h/m²/día.

a) Calcula la irradiación global diaria sobre el plano horizontal medida en MJ/m².
b) Calcula la irradiación global total sobre el plano horizontal recibida en el mes de enero.
c) Calcula la irradiación global total recibida sobre el plano horizontal durante un año.

2.6.4. Hora solar pico (HSP)

Se define el concepto de **«hora solar pico» (HSP)** de un día, referido a una superficie con una orientación α y una inclinación β, como el número de horas de un día con una irradiancia ficticia de 1000 W/m², que tendría la misma irradiación total que la irradiación real de ese día. En la Figura 2.18 se representa un ejemplo de la variación de la irradiancia a lo largo del día, donde, lógicamente, la irradiancia es mayor en las horas centrales del día (mediodía solar). El área que forma la irradiancia con el eje de tiempo es la misma que el área del rectángulo de altura 1000 W/m² y anchura del valor de HSP.

Para obtener las HSP de un día, se divide la irradiación de dicho día, medida en W·h/m², por 1000 W/m². En general, se utiliza el valor medio de la irradiación diaria:

$$HSP_{(\alpha,\beta)} = \frac{G_{dm}(\alpha,\beta)}{1000\,W/m^2}$$

$HSP_{(\alpha,\beta)}$: número de horas solares pico para un módulo fotovoltaico con orientación e inclinación (α,β).

$G_{dm}(\alpha,\beta)$: valor diario medio mensual de la irradiación global sobre el plano del módulo fotovoltaico con una orientación α y una inclinación β, expresada en W/m².

También se puede calcular el valor de HSP referido, por ejemplo, a un mes o a un año, dividiendo el valor de la irradiación de dicho mes o año, expresado en W·h/m², entre 1000 W/m².

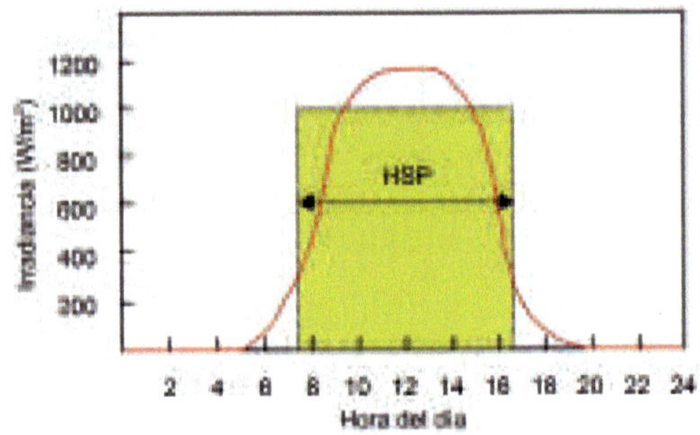

Figura 2.18. *Hora solar pico (HSP).*

Actividad propuesta 2.8

El valor diario medio mensual de la irradiación global sobre el plano horizontal en la ciudad de Valencia, en el mes de enero, es de $G_{dm}(0) = 2.52$ kW·h/m²/día. Calcula el valor de HSP durante un día de enero.

2.7. Determinación de la radiación solar

Se pueden encontrar distintas bases de datos para determinar la radiación solar recibida en distintos lugares del planeta. Sin embargo, hay que tener en cuenta que existe cierta incertidumbre en los datos de la radiación solar en función de la fuente consultada, y pueden diferir ligeramente entre ellos. Una base de datos es el **Atlas de Radiación Solar en España utilizando datos del SAF de Clima de EUMETSAT**, publicado en el año 2012 por la Agencia Estatal de Meteorología, el cual ofrece datos sobre la radiación solar en España. En la Tabla 2.3 se muestra el valor diario medio mensual de la irradiación global sobre una superficie horizontal $G_{dm}(0)$, así como el valor diario medio anual de la irradiación global sobre una superficie horizontal $G_{da}(0)$ para las capitales de provincia de España, según esta base de datos.

Tabla 2.3. Irradiación solar en las capitales de provincia de España, en (kW·h/m^2/día), según el Atlas de Radiación Solar en España publicado por la Agencia Estatal de Meteorología en el año 2012

Capital	$G_{dm}(0)$												$G_{da}(0)$
	Ene	Feb	Mar	Abr	May	Jun	Jul	Ago	Sep	Oct	Nov	Dic	Anual
A Coruña	1.60	2.34	3.62	4.62	5.64	6.36	6.30	5.71	4.39	2.71	1.74	1.34	3.86
Albacete	2.49	3.39	4.72	5.97	6.65	7.65	7.96	6.91	5.51	3.75	2.64	2.11	4.98
Alicante	2.61	3.49	4.70	6.13	6.92	7.65	7.73	6.82	5.45	3.99	2.81	2.27	5.05
Almería	2.84	3.72	4.93	6.52	7.21	7.94	7.89	7.02	5.71	4.15	3.02	2.46	5.29
Ávila	2.13	3.06	4.44	5.45	6.15	7.31	7.72	6.66	5.17	3.37	2.29	1.81	4.63
Badajoz	2.43	3.34	4.80	5.84	6.80	7.84	8.06	7.12	5.61	3.79	2.63	1.98	5.02
Barcelona	2.18	3.14	4.34	5.69	6.47	7.10	7.33	6.12	4.78	3.33	2.31	1.91	4.56
Bilbao	1.56	2.23	3.43	4.30	5.17	5.55	5.49	4.87	4.08	2.72	1.70	1.38	3.54
Burgos	1.69	2.55	4.08	4.96	6.04	7.22	7.42	6.44	4.96	3.05	1.92	1.45	4.31
Cáceres	2.39	3.34	4.79	5.86	6.82	7.81	8.08	7.07	5.54	3.66	2.56	1.98	4.99
Cádiz	2.77	3.71	5.03	6.37	7.29	7.90	7.96	7.11	5.80	4.13	2.96	2.38	5.28
Castellón	2.43	3.34	4.53	5.88	6.52	7.24	7.48	6.38	5.03	3.63	2.55	2.08	4.76
Ceuta	2.57	3.31	4.41	5.97	6.74	7.64	7.61	6.72	5.38	3.69	2.68	2.15	4.91
Ciudad Real	2.36	3.39	4.85	5.92	6.70	7.81	8.09	7.13	5.62	3.80	2.61	2.01	5.03
Córdoba	2.62	3.53	4.91	5.92	6.76	7.85	8.12	7.19	5.70	3.88	2.79	2.23	5.12
Cuenca	2.24	3.18	4.49	5.40	6.26	7.44	7.85	6.83	5.30	3.45	2.38	1.90	4.73
Girona	2.14	3.04	4.27	5.29	5.99	6.56	7.03	5.93	4.71	3.25	2.27	1.86	4.36
Granada	2.77	3.64	4.92	5.98	6.88	7.90	8.07	7.18	5.73	4.05	2.92	2.37	5.20
Guadalajara	2.20	3.17	4.58	5.66	6.54	7.70	7.95	6.96	5.41	3.52	2.34	1.85	4.82
Huelva	2.69	3.63	4.97	6.12	7.01	7.92	8.07	7.20	5.78	4.04	2.92	2.28	5.22
Huesca	2.06	3.25	4.67	5.82	6.68	7.48	7.69	6.58	5.24	3.47	2.33	1.79	4.76
Jaén	2.68	3.57	4.94	6.06	6.86	7.95	8.12	7.18	5.69	3.95	2.82	2.29	5.18
Las Palmas	3.50	4.14	5.03	5.95	6.51	6.22	6.06	6.05	5.64	4.70	3.71	3.24	5.06
León	1.86	2.86	4.28	5.35	6.21	7.39	7.58	6.57	4.99	3.13	2.09	1.56	4.49
Lleida	1.98	3.25	4.73	6.03	6.81	7.60	7.72	6.61	5.29	3.55	2.29	1.64	4.79
Logroño	1.77	2.66	4.07	4.98	5.85	6.80	7.05	6.13	4.76	3.07	1.97	1.54	4.22
Lugo	1.65	2.37	3.64	4.49	5.32	6.27	6.33	5.71	4.35	2.71	1.79	1.40	3.83
Madrid	2.27	3.25	4.65	5.75	6.60	7.74	8.04	7.00	5.47	3.56	2.43	1.87	4.88
Málaga	2.78	3.60	4.85	6.15	7.00	7.87	7.97	7.05	5.76	4.07	2.92	2.36	5.20

(continúa)

Capital	$G_{dm}(0)$												$G_{da}(0)$
	Ene	Feb	Mar	Abr	May	Jun	Jul	Ago	Sep	Oct	Nov	Dic	Anual
Melilla	2.86	3.70	4.82	6.32	6.76	7.29	7.35	6.66	5.55	4.13	3.04	2.57	5.09
Murcia	2.72	3.60	4.80	6.29	6.96	7.73	7.89	6.87	5.51	3.99	2.88	2.35	5.13
Ourense	1.74	2.56	3.82	4.72	5.69	6.80	6.96	6.18	4.66	2.87	1.84	1.44	4.11
Oviedo	1.77	2.43	3.60	4.46	4.99	5.34	5.29	4.80	4.10	2.74	1.87	1.49	3.57
Palencia	1.89	2.96	4.44	5.46	6.38	7.51	7.72	6.74	5.19	3.29	2.14	1.61	4.61
P. Mallorca	2.32	3.13	4.46	5.86	6.68	7.51	7.58	6.63	4.98	3.60	2.50	2.05	4.77
Pamplona	1.62	2.49	3.80	4.58	5.66	6.62	6.86	5.95	4.60	2.96	1.87	1.47	4.04
Pontevedra	1.74	2.53	3.82	4.76	5.77	6.73	6.76	6.05	4.64	2.90	1.88	1.44	4.08
Salamanca	2.08	3.09	4.49	5.56	6.44	7.60	7.82	6.84	5.27	3.43	2.28	1.78	4.72
S. Sebastián	1.53	2.22	3.49	4.39	5.18	5.62	5.59	4.93	4.11	2.59	1.66	1.33	3.55
S. C. de Tenerife	3.47	4.22	5.04	6.11	6.59	7.22	7.60	7.02	5.90	4.79	3.70	3.17	5.40
Santander	1.60	2.34	3.60	4.60	5.33	5.80	5.71	5.04	4.18	2.69	1.69	1.36	3.66
Segovia	2.00	2.90	4.32	5.26	6.09	7.30	7.70	6.67	5.15	3.29	2.16	1.72	4.55
Sevilla	2.72	3.66	5.03	6.14	6.99	7.88	8.10	7.20	5.78	4.02	2.92	2.33	5.23
Soria	1.96	2.92	4.33	5.27	6.12	7.15	7.48	6.43	4.98	3.23	2.16	1.72	4.48
Tarragona	2.26	3.25	4.46	5.76	6.51	7.26	7.44	6.14	4.87	3.42	2.41	1.98	4.65
Teruel	2.31	3.27	4.56	5.63	6.39	7.27	7.59	6.54	5.22	3.57	2.44	1.93	4.73
Toledo	2.38	3.35	4.81	5.94	6.71	7.85	8.09	7.08	5.57	3.72	2.55	1.95	5.00
Valencia	2.52	3.40	4.68	6.07	6.78	7.48	7.68	6.62	5.28	3.78	2.67	2.13	4.92
Valladolid	1.92	3.01	4.47	5.53	6.48	7.55	7.75	6.79	5.26	3.36	2.18	1.64	4.66
Vitoria	1.56	2.32	3.58	4.46	5.40	6.11	6.28	5.49	4.37	2.83	1.79	1.38	3.80
Zamora	1.93	3.06	4.53	5.60	6.53	7.67	7.80	6.85	5.24	3.39	2.21	1.67	4.71
Zaragoza	2.05	3.21	4.66	5.82	6.75	7.56	7.76	6.64	5.25	3.52	2.35	1.79	4.78

Otra de las bases de datos con información sobre la radiación solar es el **Sistema de Información Geográfica Fotovoltaica (Photovoltaic Geographical Information System [PVGIS])**. El acceso a la base de datos se puede realizar desde la siguiente dirección:

http://re.jrc.ec.europa.eu/pvgis/

Figura 2.19. *Ventana principal de la aplicación PVGIS.*

Mediante esta aplicación se pueden consultar los datos de la radiación solar en cualquier lugar de Europa y África. Para consultar los datos de las islas Canarias, se debe seleccionar el icono de África.

En primer lugar se debe elegir el lugar para el cual se desea consultar los datos de la radiación solar (Figura 2.20). Se puede llevar a cabo bien mediante el ratón y usando los controles de desplazamiento y aumento o bien indicando el nombre de la localidad.

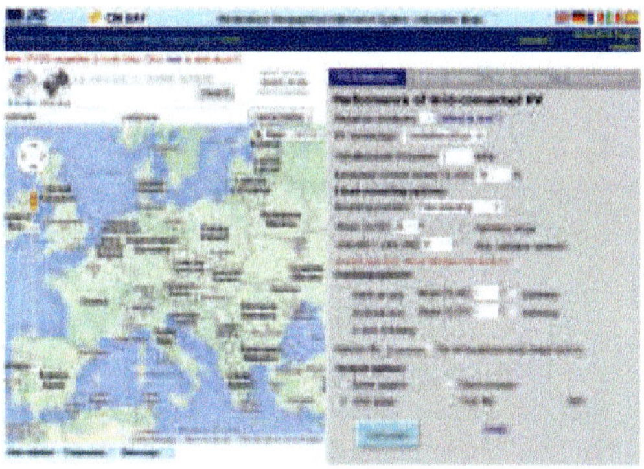

Figura 2.20. *Ventana del mapa de Europa de la aplicación PVGIS.*

En el diseño de las instalaciones solares fotovoltaicas se utiliza el dato de la irradiación diaria mensual. Para ello se debe seleccionar la pestaña *Monthly radiation* (Figura 2.21). Principalmente, los datos de interés que debemos seleccionar a continuación son la irradiación sobre el plano horizontal *(Horizontal irradiation)*, la irradiación sobre una superficie inclinada del ángulo óptimo *(Irradiation at opt. angle)*, la irradiación sobre una superficie inclinada de un determinado ángulo *(Irradiation at chosen angle)* y el ángulo de inclinación óptimo *(Optimal inclination angle)*. A continuación, se pulsa el botón *Calculate* y la aplicación nos devolverá los datos seleccionados.

La aplicación nos indica el ángulo de inclinación óptimo anual que maximiza la captación de energía. Las distintas columnas que aparecen en la Figura 2.22 son la irradiación en el plano horizontal, la irradiación sobre una superficie con el ángulo de inclinación óptimo anual, la irradiación sobre una superficie con el ángulo de inclinación introducido y el ángulo de inclinación óptimo en cada mes del año que maximiza la captación mensual de energía.

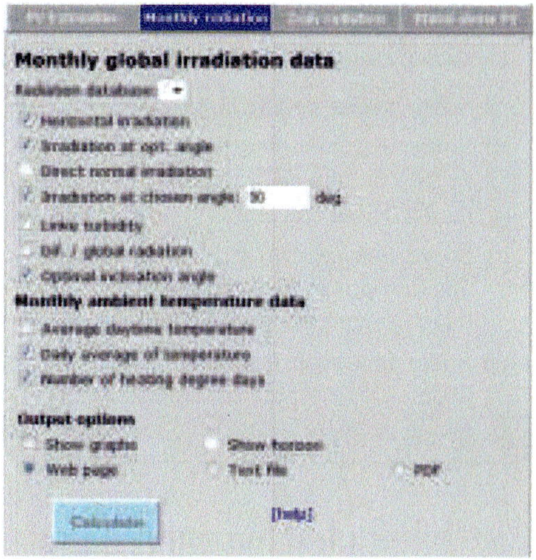

Figura 2.21. *Ventana de la pestaña «Monthly radiation».*

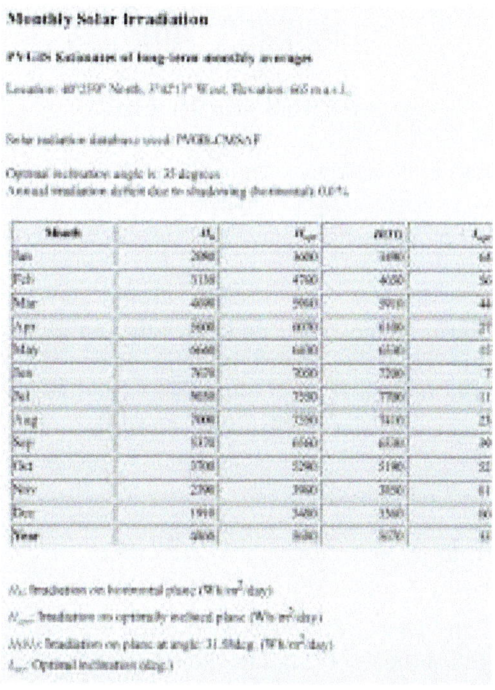

Figura 2.22. *Datos de la irradiación solar para la localidad de Madrid, obtenidos a partir de la aplicación PVGIS.*

Actividad propuesta 2.9

Determina, mediante la aplicación PVGIS, el valor diario medio mensual de la irradiación global para cada mes del año en tu localidad, en los siguientes casos:

a) Sobre una superficie horizontal.
b) Sobre una superficie inclinada con el ángulo óptimo para maximizar la captación de energía anual.
c) Sobre una superficie inclinada con el ángulo óptimo para maximizar la captación de energía en invierno.
d) Sobre una superficie inclinada con el ángulo óptimo para maximizar la captación de energía anual.

2.8. Radiación solar anual sobre una superficie inclinada. Pérdidas de radiación solar

En las instalaciones fotovoltaicas cuyo objetivo es maximizar la captación de energía anual, los módulos fotovoltaicos se disponen con un ángulo de inclinación óptimo $\beta_{ópt}$ y un ángulo acimutal de 0°, en condiciones ideales. El **valor diario medio anual de la irradiación global que recibe una superficie inclinada con el ángulo óptimo** $G_{da}(0,\beta_{ópt})$ se puede determinar a partir del valor diario medio anual de la irradiación global sobre una superficie horizontal $G_{da}(0)$, con la expresión:

$$G_{da}\left(0,\beta_{ópt}\right)=\frac{G_{da}(0)}{1-4.46\cdot10^{-4}\cdot\beta_{ópt}-1.19\cdot10^{-4}\cdot\beta_{ópt}^{2}}$$

Considerando los 365 días al año, la irradiación global anual sobre la superficie inclinada con el ángulo óptimo ($\beta_{ópt}$) es:

$$G_a(0,\beta_{ópt})=365\cdot G_{da}(0,\beta_{ópt})$$

Actividad resuelta 2.2

Determina, para la ciudad de Madrid, el valor diario medio de la irradiación global anual sobre una superficie inclinada con el ángulo óptimo $G_{da}(0,\beta_{opt})$ orientada hacia el sur, así como la irradiación total recibida a lo largo de todo el año $G_a(0,\beta_{opt})$.

Solución:

La latitud de Madrid tiene por valor φ = 40° 24' 30" = 40.41°. El valor medio diario de la irradiación solar en Madrid sobre una superficie horizontal a lo largo del año es $G_{da}(0)$ = 4.88 kW·h/m²/día, y el ángulo óptimo de inclinación de los módulos fotovoltaicos en Madrid para conseguir la máxima captación de energía anual es:

$$\beta_{opt}=3.7+0.69\cdot|40.41|=31.58^{\circ}$$

Por tanto, el valor diario medio de la irradiación global anual sobre una superficie inclinada con el ángulo óptimo resulta:

$$G_{da}\left(0,\beta_{ópt}\right)=$$

$$=\frac{4.88}{1-4.46\cdot10^{-4}\cdot31.58-1.19\cdot10^{-4}\cdot31.58^{2}}=$$

$$=5.63\ kW\cdot h/m^2/día$$

La irradiación global anual recibida sobre una superficie horizontal es:

$$G_a(0)=365\cdot G_{da}(0)=1781.2\ kW\cdot h/m^2$$

La irradiación global anual recibida sobre una superficie inclinada el ángulo óptimo orientada hacia el sur es:

$$G_a(0,\beta_{ópt})=365\cdot G_{da}(0,\beta_{ópt})=$$

$$=2054.95\ kW\cdot h/m^2$$

El valor de HSP durante un año sobre dicha superficie es de 2054.95 horas.

Sin embargo, en los generadores fotovoltaicos tienen lugar pérdidas de radiación solar debidas a una orientación e inclinación del generador fotovoltaico distintas de las óptimas, así como pérdidas debidas a sombras proyectadas por objetos circundantes. Según el Pliego de Condiciones Técnicas de Instalaciones Conectadas a Red del IDAE y el Código Técnico de la Edificación (CTE), las pérdidas de radiación solar causadas por una orientación e inclinación del generador fotovoltaico distintas de las óptimas y por el sombreado no deben ser superiores a los valores indicados en la Tabla 2.4.

La irradiación solar sobre una superficie en una posición diferente de la óptima se obtiene multiplicando la irradiación sobre la superficie en la posición óptima por el factor de irradiación (FI) y por el factor de sombra (FS). El valor diario medio anual de la irradiación global anual viene dado por:

$$G_{da}(\alpha,\beta) = FI \cdot FS \cdot G_{da}\left(0^{\circ},\beta_{opt}\right)$$

Considerando los 365 del año, la irradiación global anual resulta:

$$G_{a}(\alpha,\beta) = 365 \cdot FI \cdot FS \cdot G_{da}\left(0^{\circ},\beta_{opt}\right) = 365 \cdot G_{da}(\alpha,\beta)$$

VOCABULARIO

En el Documento Básico HE Ahorro de Energía del Código Técnico de la Edificación se definen los siguientes conceptos:

- **Integración arquitectónica:** los módulos fotovoltaicos cumplen una doble función: energética y arquitectónica (revestimiento, cerramiento o sombreado) y además sustituyen a elementos constructivos convencionales.
- **Superposición:** los módulos fotovoltaicos se colocan paralelos a la envolvente del edificio sin la doble funcionalidad definida en integración arquitectónica. No obstante, no se acepta en este concepto la disposición horizontal, con el fin de favorecer la autolimpieza de los módulos.

2.8.1. Pérdidas de radiación solar por orientación e inclinación

Cuando el objetivo perseguido es maximizar la captación de energía solar, los módulos fotovoltaicos se deben orientar, en el hemisferio norte, hacia el sur ($\alpha = 0°$) con un ángulo de inclinación óptimo $\beta_{ópt}$. No obstante, esto no es siempre posible, ya que pueden influir otros factores como imperativos físicos, sombras, resistencia al viento, etc. Para considerar estas pérdidas con respecto a la posición óptima (P_{OI}), se utiliza el factor de irradiación (FI). El Pliego de Condiciones Técnicas del IDAE lo define como «el porcentaje de radiación incidente para un generador de orientación e inclinación (α,β) respecto a la correspondiente para una orientación e inclinación óptimas ($\alpha = 0°$, $\beta_{ópt}$)». El factor de irradiación en función de las pérdidas, en tanto por uno, se calcula con la expresión:

$$FI = 1 - P_{OI}$$

Para calcular las pérdidas de radiación solar para una posición (α,β) diferente de la posición óptima se utilizan las expresiones:

$$P_{OI} = 1.2 \cdot 10^{-4} \cdot \left(\beta - \beta_{opt}\right)^2 + 3.5 \cdot 10^{-5} \cdot \alpha^2 \; ; \quad \text{para} \;\; 15° < \beta < 90°$$

$$P_{OI} = 1.2 \cdot 10^{-4} \cdot \left(\beta - \beta_{opt}\right)^2 ; \; \text{para} \;\; \beta \leq 15°$$

α: ángulo de acimut de la superficie, en grados sexagesimales.

β: ángulo de inclinación de la superficie, en grados sexagesimales.

$\beta_{ópt}$: ángulo de inclinación óptimo, en grados sexagesimales.

Tabla 2.4. Valores máximos permitidos de pérdidas en el generador fotovoltaico

	Orientación e inclinación (OI)	Sombras (S)	Total (OI + S)
General	10 %	10 %	15 %
Superposición	20 %	15 %	30 %
Integración arquitectónica	40 %	20 %	50 %

Actividad resuelta 2.3

Determina las pérdidas de radiación solar por orientación e inclinación (P_{OI}), así como el factor de irradiancia (FI) de una instalación fotovoltaica ubicada en Madrid, cuyos módulos fotovoltaicos están inclinados con un ángulo $\beta = 35°$ y están orientados con un ángulo de acimut $\alpha = 30°$.

Solución:

Cuando el objetivo es conseguir la máxima captación de energía anual, el ángulo óptimo de inclinación de los módulos fotovoltaicos en la ciudad de Madrid es de 31.58° (Actividad resuelta 2.2) y el ángulo de acimut 0° (sur). En este caso existen pérdidas de radiación solar debidas a una orientación e inclinación del generador fotovoltaico distintas de las óptimas.

Cuando el ángulo de inclinación es mayor de 15° y menor de 90°, las pérdidas de radiación solar con respecto a la orientación e inclinación óptimas vienen dadas por:

$$P_{OI} = 1.2 \cdot 10^{-4} \cdot (35 - 31.58)^2 + 3.5 \cdot 10^{-5} \cdot 30^2 =$$
$$= 0.0329 = 3.29\ \%$$

Por tanto, el factor de irradiación resultante es:

$$FI = 1 - 0.0329 = 0.9671$$

2.8.2. Pérdidas de radiación solar por sombras

Para considerar las pérdidas de radiación solar por sombras (P_S) que experimentan los módulos fotovoltaicos se utiliza el factor de sombra (FS). Se trata de un porcentaje de pérdidas anual que representa el porcentaje de radiación incidente teniendo en cuenta las sombras, con respecto a la radiación incidente sin sombras. Para obtener dicho valor se utiliza un procedimiento que compara el perfil de obstáculos que afecta al generador fotovoltaico con las trayectorias del Sol a lo largo de un día en distintas épocas del año. Este procedimiento está expuesto en el Pliego de Condiciones Técnicas del IDAE y en el Código Técnico de la Edificación. El factor de sombra FS en función de las pérdidas por sombras es:

$$FS = 1 - P_S$$

Según este procedimiento, los pasos a seguir para calcular las pérdidas por sombras en tanto por cien $P_S(\%)$ son:

1. **Obtención del perfil de obstáculos.** En primer lugar se deben localizar aquellos obstáculos susceptibles de proyectar sombras sobre el generador fotovoltaico, es decir, aquellos que se interponen en la trayectoria entre los rayos del Sol y el generador. Para

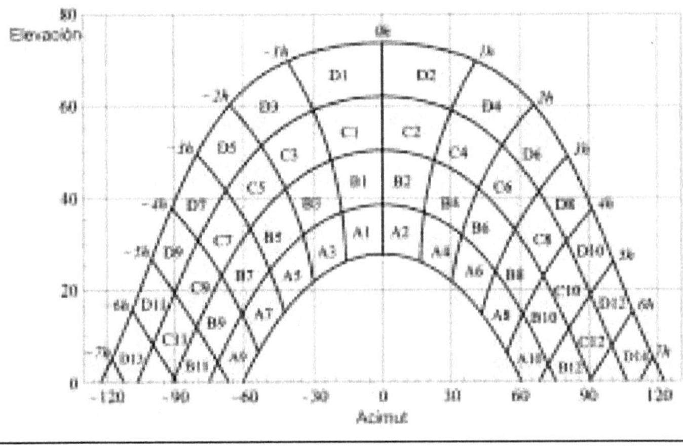

Figura 2.23. *Banda de trayectorias del Sol.* (Fuente: *CTE*).

cada uno de estos obstáculos se obtienen las coordenadas de su posición (ángulo de acimut y ángulo de inclinación) medidas desde el generador.

2. **Representación del perfil de obstáculos.** El perfil de obstáculos se representa sobre el diagrama de la Figura 2.23, que muestra la trayectoria diaria del Sol en distintas épocas del año. Este diagrama es válido para generadores fotovoltaicos ubicados en la península ibérica y las Islas Baleares. Debido a su latitud, para las islas Canarias el diagrama se debe desplazar 12° en sentido vertical ascendente. Las distintas trayectorias del Sol en distintas épocas y las líneas que delimitan la hora solar dividen la banda de de trayectorias del Sol en distintas porciones. Cada una de ellas se identifica mediante una letra y un número.
3. **Selección de la tabla de referencia.** Cada una de las porciones de la figura representa la trayectoria que sigue el Sol, durante una hora, durante varios días del año, contribuyendo cada una de ellas a la irradiación solar global recibida durante todo el año sobre la superficie del generador fotovoltaico en cuestión. Cuando un obstáculo se interpone entre el Sol y el generador fotovoltaico se cubren algunas porciones total o parcialmente, lo que da lugar a una pérdida de irradiación solar. Para el cálculo del factor de sombra anual se debe escoger la tabla más adecuada a la posición del generador fotovoltaico en estudio de entre las que se incluyen en la Tabla 2.5.
4. **Cálculo del factor de sombra**. El valor de las pérdidas por sombras se obtiene sumando las contribuciones de cada una de las porciones total o parcialmente ocultas por el perfil de sombras trazado sobre el diagrama. En las porciones totalmente ocultas se considera un factor de llenado de 1. En las porciones parcialmente ocultas se utiliza el factor de llenado más próximo a los valores 0.25, 0.5, 0.75 y 1. El valor de las pérdidas por sombras es igual a la suma del producto del factor de llenado por el coeficiente dado por la tabla para aquellas porciones ocultas.

   Mediante este procedimiento se obtienen las pérdidas por sombras expresadas en tanto por cien. Se debe convertir a tanto por uno a efectos del cálculo del factor de sombras (FS).

Tabla 2.5. Tablas de referencia para calcular las pérdidas de radiación solar por sombras (Fuente: *CTE)*

	$\beta = 35°$; $\alpha = 0°$				$\beta = 0°$; $\alpha = 0°$				$\beta = 90°$; $\alpha = 0°$				$\beta = 35°$; $\alpha = 30°$			
	A	B	C	D	A	B	C	D	A	B	C	D	A	B	C	D
13	0.00	0.00	0.00	0.00	0.00	0.00	0.00	0.18	0.00	0.00	0.00	0.15	0.00	0.00	0.00	0.10
11	0.00	0.01	0.12	0.44	0.00	0.01	0.18	1.05	0.00	0.01	0.02	0.15	0.00	0.00	0.03	0.06
9	0.13	0.41	0.62	1.49	0.05	0.32	0.70	2.23	0.23	0.50	0.37	0.10	0.02	0.10	0.19	0.56
7	1.00	0.95	1.27	2.76	0.52	0.77	1.32	3.56	1.66	1.06	0.93	0.78	0.54	0.55	0.78	1.80
5	1.84	1.50	1.83	3.87	1.11	1.26	1.85	4.66	2.76	1.62	1.43	1.68	1.32	1.12	1.40	3.06
3	2.70	1.88	2.21	4.67	1.75	1.60	2.20	5.44	3.83	2.00	1.77	2.36	2.24	1.60	1.92	4.14
1	3.17	2.12	2.43	5.04	2.10	1.81	2.40	5.78	4.36	2.23	1.98	2.69	2.89	1.98	2.31	4.87
2	3.17	2.12	2.33	4.99	2.11	1.80	2.30	5.73	4.40	2.23	1.91	2.66	3.16	2.15	2.40	5.20
4	2.70	1.89	2.01	4.46	1.75	1.61	2.00	5.19	3.82	2.01	1.62	2.26	2.93	2.08	2.23	5.02
6	1.79	1.51	1.65	3.63	1.09	1.26	1.65	4.37	2.68	1.62	1.30	1.58	2.14	1.82	2.00	4.46
8	0.98	0.99	1.08	2.55	0.51	0.82	1.11	3.28	1.62	1.09	0.79	0.74	1.33	1.36	1.48	3.54
10	0.11	0.42	0.52	1.33	0.05	0.33	0.57	1.98	0.19	0.49	0.32	0.10	0.18	0.71	0.88	2.26
12	0.00	0.02	0.10	0.40	0.00	0.02	0.15	0.96	0.00	0.02	0.02	0.13	0.00	0.06	0.32	1.17
14	0.00	0.00	0.00	0.02	0.00	0.00	0.00	0.17	0.00	0.00	0.00	0.13	0.00	0.00	0.00	0.22

(continúa)

	$\beta = 90°$; $\alpha = 30°$				$\beta = 35°$; $\alpha = 60°$				$\beta = 90°$; $\alpha = 60°$				$\beta = 35°$; $\alpha = 30°$			
	A	**B**	**C**	**D**	**A**	**B**	**C**	**D**	**A**	**B**	**C**	**D**	**A**	**B**	**C**	**D**
13	0.10	0.00	0.00	0.33	0.00	0.00	0.00	0.14	0.00	0.00	0.00	0.43	0.00	0.00	0.00	0.22
11	0.06	0.01	0.15	0.51	0.00	0.00	0.08	0.16	0.00	0.01	0.27	0.78	0.00	0.03	0.37	1.26
9	0.56	0.06	0.14	0.43	0.02	0.04	0.04	0.02	0.09	0.21	0.33	0.76	0.21	0.70	1.05	2.50
7	1.80	0.04	0.07	0.31	0.02	0.13	0.31	1.02	0.21	0.18	0.27	0.70	1.34	1.28	1.73	3.79
5	3.06	0.55	0.22	0.11	0.64	0.68	0.97	2.39	0.10	0.11	0.21	0.52	2.17	1.79	2.21	4.70
3	4.14	1.16	0.87	0.67	1.55	1.24	1.59	3.70	0.45	0.03	0.05	0.25	2.90	2.05	2.43	5.20
1	4.87	1.73	1.49	1.86	2.35	1.74	2.12	4.73	1.73	0.80	0.62	0.55	3.12	2.13	2.47	5.20
2	5.20	2.15	1.88	2.79	2.85	2.05	2.38	5.40	2.91	1.56	1.42	2.26	2.88	1.96	2.19	4.77
4	5.02	2.34	2.02	3.29	2.86	2.14	2.37	5.53	3.59	2.13	1.97	3.60	2.22	1.60	1.73	3.91
6	4.46	2.28	2.05	3.36	2.24	2.00	2.27	5.25	3.35	2.43	2.37	4.45	1.27	1.11	1.25	2.84
8	3.54	1.92	1.71	2.98	1.51	1.61	1.81	4.49	2.67	2.35	2.28	4.65	0.52	0.57	0.65	1.64
10	2.26	1.19	1.19	2.12	0.23	0.94	1.20	3.18	0.47	1.64	1.82	3.95	0.02	0.10	0.15	0.50
12	1.17	0.12	0.53	1.22	0.00	0.09	0.52	1.96	0.00	0.19	0.97	2.93	0.00	0.00	0.03	0.05
14	0.22	0.00	0.00	0.24	0.00	0.00	0.00	0.55	0.00	0.00	0.00	1.00	0.00	0.00	0.00	0.08

	$\beta = 90°$; $\alpha = 30°$				$\beta = 35°$; $\alpha = 60°$				$\beta = 90°$; $\alpha = 60°$			
	A	**B**	**C**	**D**	**A**	**B**	**C**	**D**	**A**	**B**	**C**	**D**
13	0.00	0.00	0.00	0.24	0.00	0.00	0.00	0.56	0.00	0.00	0.00	1.01
11	0.00	0.05	0.60	1.28	0.00	0.04	0.60	2.09	0.00	0.08	1.10	3.08
9	0.43	1.17	1.38	2.30	0.27	0.91	1.42	3.49	0.55	1.60	2.11	4.28
7	2.42	1.82	1.98	3.15	1.51	1.51	2.10	4.76	2.66	2.19	2.61	4.89
5	3.43	2.24	2.24	3.51	2.25	1.95	2.48	5.48	3.36	2.37	2.56	4.61
3	4.12	2.29	2.18	3.38	2.80	2.08	2.56	5.68	3.49	2.06	2.10	3.67
1	4.05	2.11	1.93	2.77	2.78	2.01	2.43	5.34	2.81	1.52	1.44	2.22
2	3.45	1.71	1.41	1.81	2.32	1.70	2.00	4.59	1.69	0.78	0.58	0.53
4	2.43	1.14	0.79	0.64	1.52	1.22	1.42	3.46	0.44	0.03	0.05	0.24
6	1.24	0.54	0.20	0.11	0.62	0.67	0.85	2.20	0.10	0.13	0.19	0.48
8	0.40	0.03	0.06	0.31	0.02	0.14	0.26	0.92	0.22	0.18	0.26	0.69
10	0.01	0.06	0.12	0.39	0.02	0.04	0.03	0.02	0.08	0.21	0.28	0.68
12	0.00	0.01	0.13	0.45	0.00	0.01	0.07	0.14	0.00	0.02	0.24	0.67
14	0.00	0.00	0.00	0.27	0.00	0.00	0.00	0.12	0.00	0.00	0.00	0.36

Actividad resuelta 2.4

Determina las pérdidas de radiación solar por sombras (P_S) y el factor de sombra (FS) de una instalación fotovoltaica ubicada en Madrid, cuyos módulos fotovoltaicos están inclinados con un ángulo $\beta = 35°$ y están orientados con un ángulo de acimut $\alpha = 30°$, cuyo perfil de obstáculos se representa en la Figura 2.24.

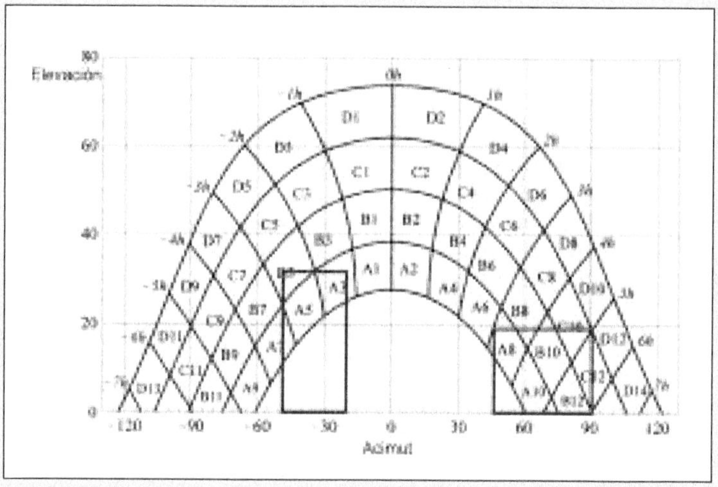

Figura 2.24. *Perfil de obstáculos.*

Solución:

$$P_S(\%) = 0.25 \cdot A7 + A5 + 0.25 \cdot B5 + 0.5 \cdot A3 + 0.75 \cdot A8 + \ldots$$

$$\ldots + A10 + 0.25 \cdot B8 + 0.75 \cdot B10 + B12 + 0.25 \cdot C10 + 0.5 \cdot C12 =$$

$$= 0.25 \cdot 1 + 1.84 + 0.25 \cdot 1.5 + 0.5 \cdot 2.70 + 0.78 \cdot 0.98 + 0.11 + \ldots$$

$$\ldots + 0.25 \cdot 0.99 + 0.75 \cdot 0.42 + 0.02 + 0.25 \cdot 0.52 + 0.5 \cdot 0.10 = 5.45\ \%$$

Las pérdidas por sombras expresadas en tanto por uno son $P_S = 0.0545$. Por tanto, el factor de sombra es igual a FS = 1 – 0.0545 = 0.9455.

¡! IMPORTANTE

La aplicación PVGIS dispone de dos bases de datos para el cálculo de la estimación de la radiación solar. Aunque la versión clásica , Classic PVGIS, sigue estando disponible, es recomendable seleccionar la versión actualizada más reciente, Climate-SAF PVGIS.

Actividad resuelta 2.5

Determina el valor diario medio anual de irradiación solar $G_{da}(\alpha,\beta)$, así como la irradiación anual global $G_a(\alpha,\beta)$ que recibe una instalación fotovoltaica ubicada en Madrid, cuyos módulos fotovoltaicos están inclinados con un ángulo $\beta = 35°$ y están orientados con un ángulo de acimut $\alpha = 30°$, cuyo perfil de obstáculos se representa en la Figura 2.24.

Solución:

Según las Actividades resueltas 2.2, 2.3 y 2.4, el valor diario medio anual de irradiación solar que recibe la instalación en condiciones ideales es:

$$G_{da}(0, \beta_{ópt}) = \frac{4.88}{1 - 4.46 \cdot 10^{-4} \cdot 31.58 - 1.19 \cdot 10^{-4} \cdot 31.58^2} = 5.63\ kW{\cdot}h / m^2 / día$$

El factor de irradiación obtenido es FI = 0.9671 y el factor de sombras es FS = 0.9455. Por tanto, el valor diario medio anual de irradiación global teniendo en cuentas las pérdidas de radiación solar es:

$$G_{da}(\alpha, \beta) = FI \cdot FS \cdot G_{da}(0°, \beta_{opt}) = 0.9671 \cdot 0.9455 \cdot 5.63 = 5.148\ kW{\cdot}h / m^2 / día$$

La irradiación global anual resultante que recibe la instalación es:

$$G_a(\alpha, \beta) = 365 \cdot G_{da}(\alpha, \beta) = 365 \cdot 5.148 = 1879.02\ kW{\cdot}h / m^2$$

El valor de HSP durante un año sobre dicha superficie es de 1879.02 horas.

En la Tabla 2.6 se comparan los valores obtenidos en cada uno de los casos estudiados.

Tabla 2.6. Comparación de los resultados obtenidos

Irradiación solar	Sobre superficie horizontal (β = 0°)	Sobre superficie en la posición óptima (α = 0°, β = 31.58°)	Sobre superficie en la posición específica considerando pérdidas (α = 30°, β = 35°)
Valor medio diario anual	4.88 kW·h/m²	5.63 kW·h/m²	5.148 kW·h/m²
Irradiación global anual	1781.2 kW·h/m²	2054.95 kW·h/m²	1879.02 kW·h/m²

GEOMETRÍA Y RADIACIÓN SOLAR

- SISTEMA TIERRA-SOL
  - El movimiento de la Tierra
  - Declinación solar
- COORDENADAS GEOGRÁFICAS
  - Longitud
  - Latitud
- COORDENADAS POLARES DEL SOL
  - Acimut y elevación
  - Cartas solares
  - Hora solar y hora oficial
- POSICIÓN DE UN MÓDULO FOTOVOLTAICO
- LA RADIACIÓN SOLAR
  - Acimut
  - Inclinación
- DETERMINACIÓN DE LA RADIACIÓN SOLAR
  - Efectos de la atmósfera sobre la radiación solar
  - Componentes de la radiación solar
  - Irradiancia e irradiación solar
  - Hora solar pico (HSP)
- RADIACIÓN SOLAR ANUAL SOBRE UNA SUPERFICIE INCLINADA
  - Pérdidas de radiación solar: factor de irradiación
  - Pérdidas de radiación solar: factor de sombra

De comprobación

2.1. ¿Cuál de las siguientes afirmaciones es verdadera?

a) La declinación solar es siempre de 23.45°.
b) La declinación solar es de 23.45° en el solsticio de verano.
c) La declinación solar es de 23.45° en el solsticio de invierno.
d) La declinación solar es de 23.45 en los equinoccios.

2.2. La máxima elevación del Sol en Córdoba en el solsticio de verano es de:

a) 28.67°.
b) 37.88°.
c) 75.57°.
d) 23.45°.

2.3. La máxima elevación del Sol en Córdoba en el solsticio de invierno es de:

a) 28.67°.
b) 37.88°.
c) 75.57°.
d) 23.45°.

2.4. En el mediodía solar, el ángulo acimutal de la posición del Sol es de:

a) 0°.
b) 90°.
c) –90°.
d) 180°.

2.5. La posición de un módulo fotovoltaico viene especificada por su ángulo de acimut y su inclinación. La orientación o ángulo acimutal óptimo para maximizar la captación de energía del Sol debe ser:

a) Este (–90°).
b) Norte (180°).
c) Sur (0°).
d) Oeste (90°).

2.6. La posición de un módulo fotovoltaico viene especificada por su ángulo de acimut y su inclinación. Cuando el objetivo es maximizar la captación de energía anual, el ángulo de inclinación óptimo debe ser:

a) La latitud del lugar más diez grados.
b) La latitud del lugar menos diez grados.
c) La latitud del lugar.
d) La latitud del lugar menos veinte grados.

2.7. La posición de un módulo fotovoltaico viene especificada por su ángulo de acimut y su inclinación. Cuando el objetivo es maximizar la captación de energía en invierno, el ángulo de inclinación óptimo debe ser:

a) La latitud del lugar más diez grados.
b) La latitud del lugar menos diez grados.
c) La latitud del lugar.
d) La latitud del lugar menos veinte grados.

2.8. La posición de un módulo fotovoltaico viene especificada por su ángulo de acimut y su inclinación. Cuando el objetivo es maximizar la captación de energía en verano, el ángulo de inclinación óptimo debe ser:

a) La latitud del lugar más diez grados.
b) La latitud del lugar menos diez grados.
c) La latitud del lugar.
d) La latitud del lugar menos veinte grados.

2.9. Para conseguir que el agua de lluvia elimine la suciedad depositada sobre los módulos fotovoltaicos, el ángulo de inclinación no debe ser menor de:

a) 5°.
b) 10°.
c) 15°.
d) 20°.

2.10. La irradiancia solar se define como:

a) La potencia de la radiación solar recibida por unidad de superficie. Se mide en vatios hora por metro cuadrado (W·h/m²) o kilovatios hora por metro cuadrado (kW·h/m²).

b) La energía recibida por unidad de superficie durante un tiempo determinado. Se mide en W·h/m², o kW·h/m². También se suele medir en megajulios por metro cuadrado (MJ/m²).

c) La energía recibida por unidad de superficie durante un tiempo determinado. Se mide en W/m² o kW/m². También se suele medir en megajulios por metro cuadrado (MJ/m²).

d) La potencia de la radiación solar recibida por unidad de superficie. Se mide en vatios por metro cuadrado (W/m²) o kilovatios por metro cuadrado (kW/m²).

2.11. El parámetro $G_{dm}(0)$ representa:

a) El valor diario medio mensual de la irradiación global diaria sobre una superficie horizontal.

b) El valor diario medio anual de la irradiación global diaria sobre una superficie horizontal.

c) El valor diario medio anual de la irradiación global diaria sobre una superficie orientada hacia el sur y con una inclinación óptima que maximiza la captación anual de energía.

d) El valor diario medio mensual de la irradiación global diaria sobre una superficie orientada hacia el sur y con una inclinación óptima que maximiza la captación anual de energía.

2.12. El parámetro $G_{da}(0,\beta_{ópt})$ representa:

a) El valor diario medio mensual de la irradiación global diaria sobre una superficie horizontal.

b) El valor diario medio anual de la irradiación global diaria sobre una superficie horizontal.

c) El valor diario medio anual de la irradiación global diaria sobre una superficie orientada hacia el sur y con una inclinación óptima que maximiza la captación anual de energía.

d) El valor diario medio mensual de la irradiación global diaria sobre una superficie orientada hacia el sur y con una inclinación óptima que maximiza la captación anual de energía.

2.13. Según el Código Técnico de la Edificación y el Pliego de Condiciones Técnicas de Instalaciones Conectadas a Red del IDAE, el valor máximo de pérdidas de radiación solar por sombras en una instalación con integración arquitectónica es:

a) 10 %.

b) 15 %.

c) 20 %.

d) 40 %.

De aplicación

2.14. Calcula el valor máximo de elevación solar que alcanza el Sol en la ciudad de Lugo. ¿En qué día del año tendrá lugar?

2.15. Define los conceptos de irradiancia e irradiación solar.

2.16. Determina la posición óptima de un módulo fotovoltaico situado en Sevilla, en función de los siguientes objetivos:

a) Maximizar la captación anual de energía.

b) Maximizar la captación de energía en verano.

c) Maximizar la captación de energía en invierno.

2.17. Determina, para la ciudad de Huesca, el valor diario medio de la irradiación global anual sobre una superficie inclinada con el ángulo óptimo $G_{da}(0,\beta_{ópt})$, así como la irradiación total recibida a lo largo de todo el año $G_a(0,\beta_{ópt})$. Se considera que no hay pérdidas de radiación solar.

2.18. Determina el valor de la masa de aire si la altura solar en un momento determinado es de 50°.

2.19. La irradiación diaria, en un determinado punto sobre la superficie terrestre, es de 5.25 MJ/m^2. Calcula el número de horas solar pico del día en cuestión.

2.20. Averigua, mediante la aplicación PVGIS, el valor diario medio mensual de la irradiación global para cada mes del año en la ciudad de Jaén, en los siguientes casos:

a) Sobre una superficie horizontal.

b) Sobre una superficie inclinada con el ángulo óptimo para maximizar la captación de energía anual.

c) Sobre una superficie inclinada con el ángulo óptimo para maximizar la captación de energía en invierno.

d) Sobre una superficie inclinada con el ángulo óptimo para maximizar la captación de energía en verano.

2.21. Determina la irradiación solar global anual $G_a(\alpha,\beta)$ que recibe una instalación fotovoltaica ubicada en Albacete, cuyos módulos fotovoltaicos están inclinados con un ángulo $\beta = 35°$ y están orientados con un ángulo de acimut $\alpha = 30°$, cuyo perfil de obstáculos se representa en la Figura 2.25.

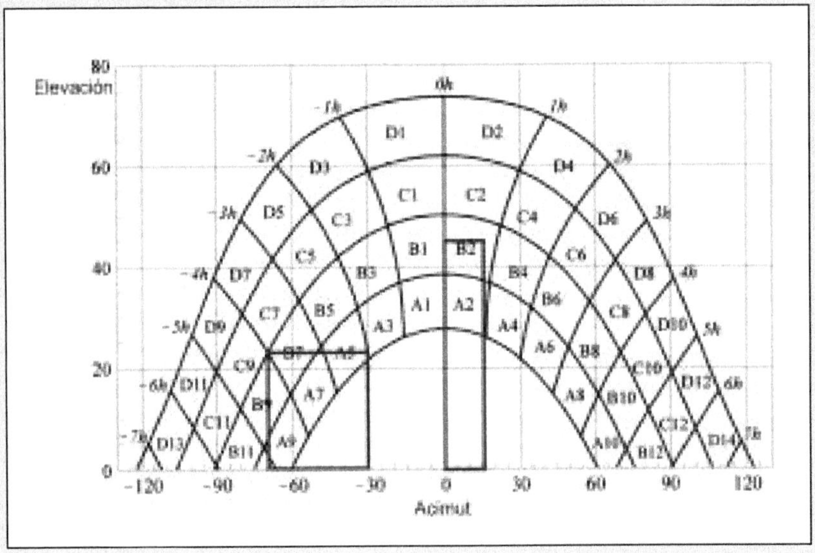

Figura 2.25. *Perfil de obstáculos.*

De aplicación práctica

2.22. **Cartas solares.** Obtén la carta solar de tu localidad de un día determinado, realizando mediciones de la posición del Sol a intervalos regulares del día. Por ejemplo, una medida cada hora. Traza la carta solar y compárala con la carta obtenida a través de la aplicación Solar Radiation Monitoring Laboratory.

2.23. **Sur solar.** Elige un punto del suelo y determina el sur solar. Vuelve a determinar el sur solar en otro día diferente. ¿Coinciden los resultados?

De ampliación

2.24. Utilizando la aplicación Solar Radiation Monitoring Laboratory, de la Universidad de Oregón, consigue las cartas solares de tu localidad para obtener la siguiente información:

a) Elevación máxima del Sol durante el año. Compara el resultado de la carta solar con el resultado de la expresión del Apartado 2.3.2.

b) Elevación mínima del Sol durante el año. Compara el resultado de la carta solar con el resultado de la expresión del Apartado 2.3.2.

c) Posición del Sol el día 20 de enero a las 10 horas (hora solar).

d) Horas de Sol del día 20 de enero.

2.25. Existen distintas bases de datos que ofrecen los valores de la radiación solar. Estas bases de datos utilizan métodos estadísticos para su elaboración y existe cierta dispersión entre los valores que proporcionan. Consulta distintas bases de datos (Atlas de Radiación Solar en España, utilizando datos del SAF de Clima de EUMETSAT; Photovoltaic Geographical Information System [**http://re.jrc.ec.europa.eu/pvgis/**], y NASA [**https://eosweb.larc.nasa.gov/sse/**]) y compara los valores de radiación solar.

2.26. Una instalación solar fotovoltaica ubicada en Santander dispone de unas estructuras soporte que permiten variar la inclinación de los módulos fotovoltaicos. Una de las tareas encargadas al personal de mantenimiento es el ajuste de la inclinación de los módulos fotovoltaicos en función del mes del año. ¿Con qué ángulo inclinarías los módulos fotovoltaicos en cada mes del año para maximizar la captación de energía solar? Utiliza la aplicación PVGIS para obtener esta información.

En las instalaciones solares fotovoltaicas, el componente encargado de transformar la energía solar en energía eléctrica es la célula fotovoltaica o célula solar. Sin embargo, una sola célula suministra niveles bajos de tensión, de intensidad y de potencia. Para aumentar estos niveles, las células fotovoltaicas se asocian eléctricamente y dan lugar a los módulos fotovoltaicos. A su vez, los módulos fotovoltaicos se suelen agrupar para conseguir mayores potencias, tensiones e intensidades y forman los generadores fotovoltaicos.

En la primera parte de esta unidad se estudia el módulo fotovoltaico, sus características técnicas y su comportamiento ante variaciones de la radiación solar y de la temperatura de trabajo. También se analizan los principales criterios para seleccionar los módulos fotovoltaicos. En la segunda parte se estudian las distintas formas de agrupamiento y conexionado de módulos fotovoltaicos que componen el generador fotovoltaico. En la última parte se realiza una estimación aproximada de la energía que puede producir un generador fotovoltaico.

Módulos y generadores fotovoltaicos

3

Contenidos

Objetivos

- Conocer las especificaciones técnicas de los módulos fotovoltaicos.
- Analizar las hojas de características de los módulos fotovoltaicos suministradas por los fabricantes.
- Seleccionar los módulos fotovoltaicos en función de las especificaciones de diseño.
- Configurar el circuito eléctrico y conexionado de los módulos fotovoltaicos que forman el generador fotovoltaico.
- Reconocer y configurar los distintos sistemas de agrupamiento y formas de conexionado de generadores fotovoltaicos.
- Identificar, conocer y seleccionar los dispositivos de protección y maniobra de un generador fotovoltaico.
- Estimar la energía producida por un generador fotovoltaico en función del punto de funcionamiento.

3.1. El módulo fotovoltaico

En las instalaciones solares fotovoltaicas, el componente encargado de transformar la energía solar en energía eléctrica es la célula fotovoltaica o célula solar. Una sola célula proporciona niveles bajos de tensión, de intensidad y de potencia. Por tanto, para aumentar estos niveles, las células fotovoltaicas se asocian y dan lugar a los módulos fotovoltaicos. A su vez, los módulos fotovoltaicos se suelen agrupar para conseguir mayores potencias, tensiones e intensidades y forman los generadores fotovoltaicos.

Una **célula solar** o **célula fotovoltaica** es un componente electrónico capaz de transformar parte de la energía solar que recibe en energía eléctrica. Aproximadamente, su vida útil, funcionando a máximo rendimiento, es de unos treinta años. Está constituida por materiales semiconductores (principalmente silicio), que forman una unión PN. La capa superior de la célula expuesta a la radiación solar es la capa N, mientras que la capa inferior situada en la zona de oscuridad es la capa P.

La célula fotovoltaica absorbe fotones de luz y emite electrones. Para un valor de la irradiancia solar de 1000 W/m^2, una célula fotovoltaica genera una tensión de circuito abierto de unos 0.6 V aproximadamente y una intensidad en cortocircuito que depende de su área de exposición a la radiación solar. En general, para un área de exposición de unos 100 cm^2 la intensidad suele ser de unos 3 A.

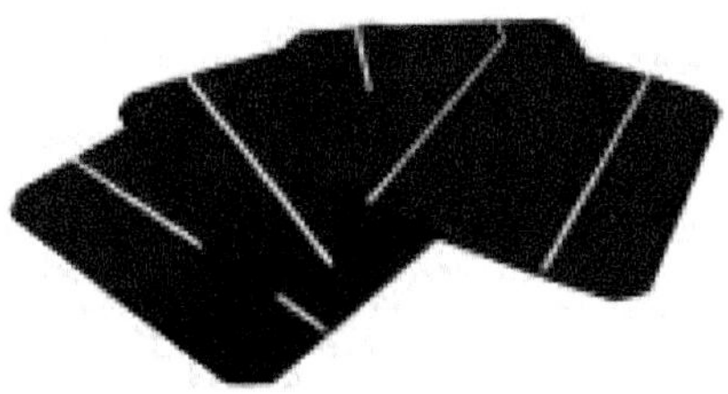

Figura 3.1. *Células fotovoltaicas de silicio monocristalino.*

Tipos de células fotovoltaicas

Las células fotovoltaicas se pueden clasificar en función de la tecnología de fabricación. Los tipos más comunes son:

- **Tecnología cristalina de silicio.** Es la tecnología de fabricación más común. Dentro de esta tecnología, los principales materiales utilizados son:
  - *Silicio monocristalino (Mono c-Si).* Estas células tienen una estructura perfectamente ordenada. Tienen forma cuadrada, con las esquinas redondeadas. Esto se debe a que provienen de lingotes cilíndricos, cortados en rebanadas. En general, se caracterizan por un color azul uniforme. Su rendimiento oscila entre el 15 % y el 18 %.
  - *Silicio policristalino (Multi c-Si).* Tienen un aspecto azulado, pero en su superficie se aprecian regiones diferentes compuestas por cristales distintos que dan lugar a una disminución del rendimiento de la célula. Las células son totalmente cuadradas. Su rendimiento oscila entre el 12 % y el 14 %.
- **Tecnología de capa fina.** Se basa en la acumulación de capas finas de material fotosensible sobre una superficie de bajo coste. Los principales materiales utilizados son:
  - *Silicio amorfo (a-Si).* Tienen un color marrón homogéneo. Una vez montadas en un módulo fotovoltaico no se aprecia conexión visible entre las células. Son menos sensibles a la temperatura, pero también menos eficientes que los módulos de silicio cristalino. Su rendimiento es menor del 10 %. Cuando se confecciona un módulo fotovoltaico con silicio amorfo, no se realiza mediante células independientes, sino que se trata una estructura continua depositada sobre una base.
  - *Teluro de Cadmio (Cd-Te).*
  - *Células multiunión (a-Si/m-Si).*
- **Fotovoltaica de concentración.** Se trata de células fotovoltaicas preparadas para funcionar con luz concentrada. Usan una lente para aumentar la incidencia de la radiación solar sobre las células. Su eficiencia está entre el 20 % y 30 %.
- **Células flexibles.** Son similares a las células de capa fina. El material se deposita sobre un plástico fino, de tal forma que la célula puede

ser flexible. Permite ampliar las posibilidades de integración de los sistemas fotovoltaicos en edificios.

3.1.1. Características constructivas

Normalmente las características de una célula fotovoltaica no son adecuadas para las aplicaciones convencionales, ya que su tensión es del orden de 0.6 V, su intensidad es de unos 3 A y la potencia que suministran está comprendida entre 1 W y 2 W. En la práctica, para obtener niveles de tensión y de intensidad adecuados a cada aplicación específica, es necesario asociar las células fotovoltaicas para conseguir mayores potencias y mayores niveles de tensión y de intensidad.

Un **módulo fotovoltaico** es una asociación eléctrica de células fotovoltaicas, encapsuladas y montadas sobre un soporte. Es habitual clasificar los módulos fotovoltaicos en función del tipo de células utilizadas.

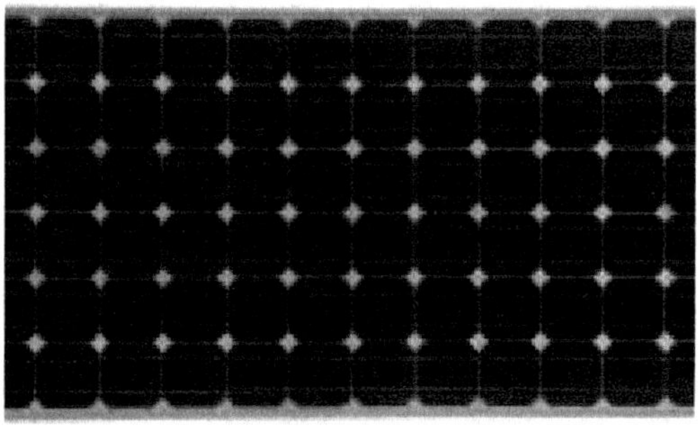

Figura 3.2. *Módulo fotovoltaico de silicio monocristalino.*

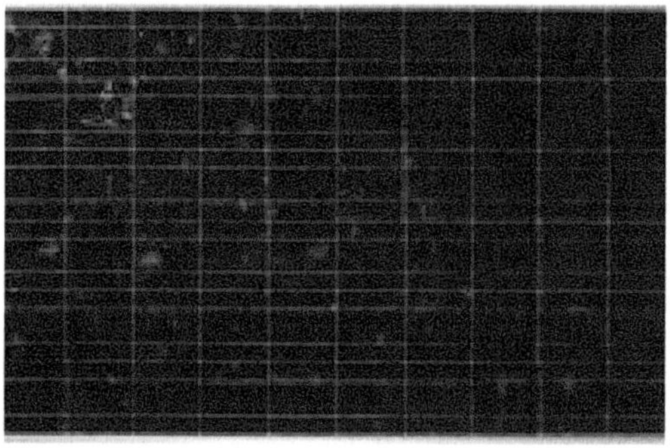

Figura 3.3. *Módulo fotovoltaico de silicio policristalino.*

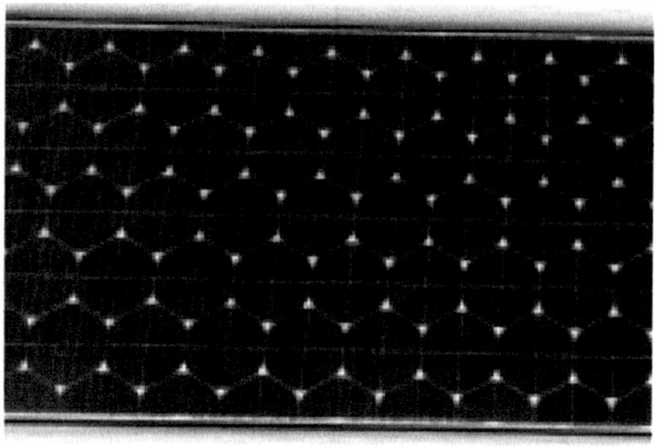

Figura 3.4. *Módulo fotovoltaico de silicio amorfo.*

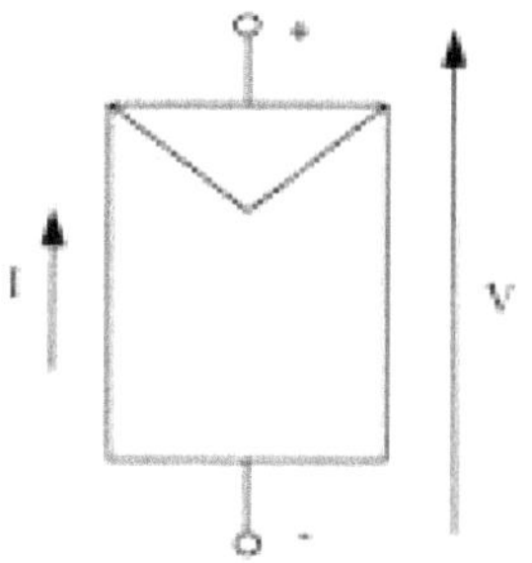

Figura 3.5. *Símbolo del módulo fotovoltaico.*

El módulo fotovoltaico envuelve y protege las células fotovoltaicas frente a los agentes externos, y dota al conjunto de rigidez para su posterior acoplamiento y fijación a las estructuras de soporte. Normalmente está compuesto por las siguientes partes:

- **Cubierta frontal.** Su principal función es proteger a las células fotovoltaicas contra los agentes atmosféricos. Suele estar fabricada con vidrio templado de unos tres o cuatro milímetros de espesor. Debe ser un buen transmisor de la radiación solar y poseer una baja reflexión para aprovechar al máximo la energía solar que incide en el módulo. Además, debe ser impermeable al agua para que no penetre en el interior del módulo. Puesto que la potencia que entregan las células disminuye al aumentar su temperatura, la resistividad térmica de la cubierta debe ser baja para disipar el calor de las células.
- **Encapsulante.** Normalmente está fabricado con un material transparente. Proporciona so-

lidez a las células. El material más utilizado es el EVA (etilvinilacetato).

- **Células fotovoltaicas.** Transforman parcialmente la energía solar en energía eléctrica. Disponen de una rejilla que recoge la intensidad de la célula. Esta intensidad se lleva a dos buses o cintas colectoras, normalmente de aluminio o acero inoxidable, que transportan la corriente hasta la siguiente célula del módulo. Suelen ser redundantes para optimizar la recolección de corriente. A su vez, para realizar la conexión entre células fotovoltaicas, la capa P de una célula se une con la capa N de la siguiente célula por medio de las cintas colectoras.
- **Cubierta posterior.** Fabricada con un material plástico; el más utilizado es el Tedlar®. Protege las células contra los agentes atmosféricos y debe ser impermeable al agua.
- **Marco.** Suele estar fabricado con aluminio anodizado. Proporciona rigidez y resistencia mecánica al módulo fotovoltaico y permite su fijación. Viene preparado de fábrica para su puesta a tierra.
- **Caja de conexiones.** Se encuentra en la parte posterior del módulo. Cuenta con dos bornes de salida, debidamente señalizados: positivo y negativo. También se suelen incluir de fábrica los diodos de paso para evitar el efecto de punto caliente. Debe ser estanca y resistente a la intemperie.

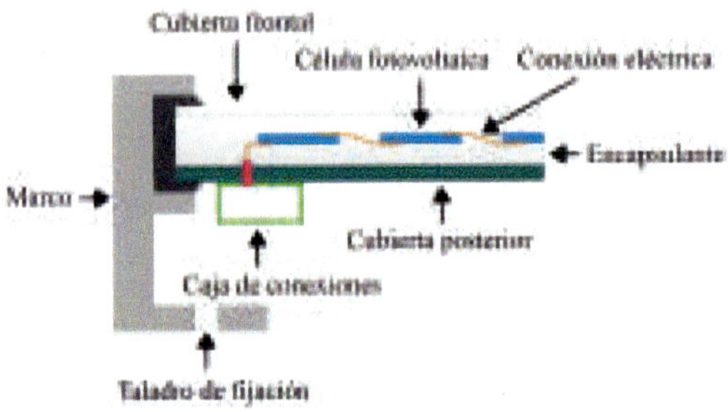

Figura 3.6. *Características constructivas de un módulo fotovoltaico.*

Figura 3.7. *Conexión eléctrica entre células fotovoltaicas mediante cintas colectoras.*

3.1.2. Curvas características de los módulos fotovoltaicos

Para caracterizar el funcionamiento de un módulo fotovoltaico se definen unas condiciones de funcionamiento de laboratorio, denominadas **«condiciones estándar de medida» (CEM)**. Estas condiciones particulares son:

- Irradiancia solar: 1000 W/m^2.
- Incidencia normal.
- Temperatura de la célula: 25 °C.
- Distribución espectral correspondiente a una masa de aire de valor 1.5.

En la Figura 3.8 se presenta la forma de la curva característica intensidad-tensión o curva I-V de un módulo fotovoltaico, mientras que en la Figura 3.9 también se ha incluido la curva que describe la relación entre la potencia eléctrica suministrada por el módulo fotovoltaico y su tensión eléctrica, o curva P-V. Esta relación presenta un punto de máxima potencia (P_{MPP}). Los parámetros I_{MPP} y V_{MPP} representan la intensidad y la tensión del módulo en el punto de funcionamiento de máxima potencia, en condiciones estándar de medida (CEM). Esta potencia eléctrica máxima que puede alcanzar el módulo fotovoltaico viene dada por la relación:

$$P_{MPP} = V_{MPP} \cdot I_{MPP}$$

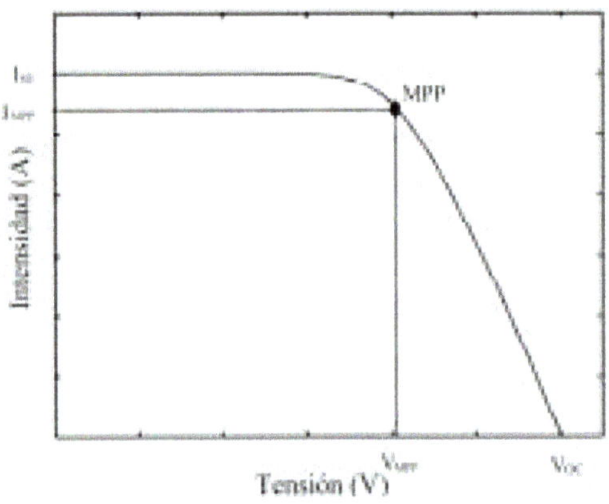

Figura 3.8. *Curva intensidad-tensión de un módulo fotovoltaico en condiciones estándar de medida.*

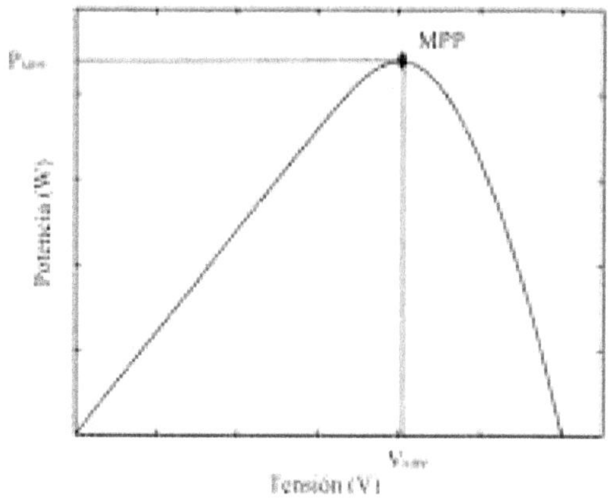

Figura 3.9. *Curva potencia-tensión de un módulo fotovoltaico en condiciones estándar de medida.*

VOCABULARIO *Inglés-español*

- ***Standard Test Conditions (STC):*** condiciones estándar de medida (CEM).
- ***Maximum Power Point (MPP):*** punto de máxima potencia (PMP).

RECUERDA

En corriente continua, las expresiones que relacionan la intensidad, tensión, resistencia y potencia eléctrica son:

$$V = R \cdot I \qquad P = V \cdot I$$

I: intensidad eléctrica. Se mide en amperios (A).
V: tensión eléctrica. Se mide en voltios (V).
R: resistencia eléctrica. Se mide en ohmios (Ω).
P: potencia eléctrica. Se mide en vatios (W).

Actividad propuesta 3.1

Los parámetros eléctricos, en condiciones estándar de medida, de un determinado módulo fotovoltaico son $P_{MPP} = 180$ W; $I_{MPP} = 5.07$ A; $V_{MPP} = 35.52$ V. Calcula el valor de la resistencia de carga que debe conectarse al módulo fotovoltaico para que trabaje en el punto de máxima potencia en condiciones estándar de medida.

3.1.3. Influencia de la irradiancia solar

La potencia eléctrica suministrada por un módulo fotovoltaico depende de la irradiancia solar incidente. Cuanto menor es la irradiancia solar, menor es la potencia que puede entregar el módulo. La máxima potencia que puede entregar el módulo fotovoltaico en función de la irradiancia solar se puede obtener de forma aproximada mediante la expresión:

$$P_{MPP,G} = P_{MPP} \cdot \frac{G}{G_{STC}}$$

$P_{MPP,G}$: máxima potencia del módulo fotovoltaico, para una irradiancia solar G, en W.
P_{MPP}: máxima potencia del módulo fotovoltaico en condiciones estándar de medida, en W.
G: irradiancia solar recibida por el módulo fotovoltaico, en W/m^2.
G_{STC}: irradiancia solar en condiciones estándar de medida (1000 W/m^2).

En las Figuras 3.10 y 3.11 se representa la curva característica I-V y la curva característica P-V de un módulo fotovoltaico en función de la irradiancia solar que recibe, para una temperatura de trabajo de las células de 25 °C. Cuanto menor es la irradiancia solar incidente, menor es la intensidad en cortocircuito y menor es la potencia eléctrica entregada por el módulo. Los fabricantes de módulos fotovoltaicos también suelen suministrar la familia de curvas características del módulo para distintos valores de irradiancia solar, a una temperatura de trabajo de las células de 25 °C.

Bajo las hipótesis planteadas, el valor de la intensidad de cortocircuito ($I_{SC,G}$) es proporcional a la irradiancia solar recibida G, de acuerdo con la siguiente ecuación:

$$I_{SC,G} = I_{SC} \cdot \frac{G}{G_{STC}}$$

$I_{SC,G}$: intensidad en cortocircuito del módulo para una irradiancia G.
I_{SC}: intensidad en cortocircuito en condiciones estándar de medida.
G_{STC}: irradiancia solar en condiciones estándar de medida (1000 W/m^2).

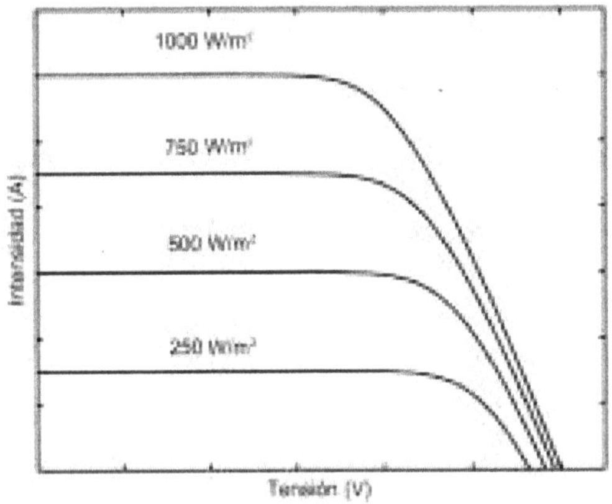

Figura 3.10. *Curva I-V de un módulo fotovoltaico para distintos valores de la irradiancia solar y una temperatura de trabajo de las células de 25 °C.*

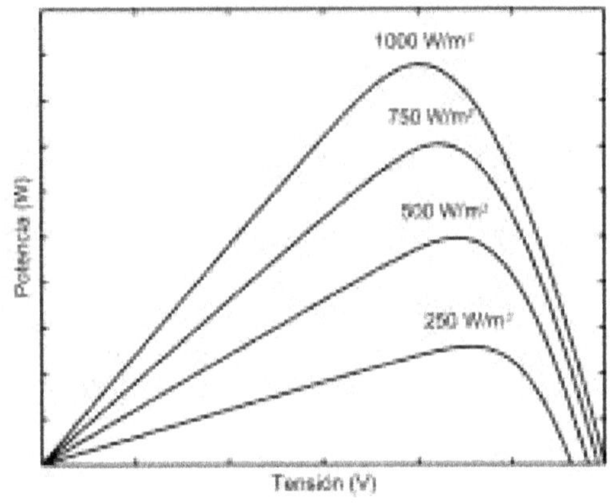

Figura 3.11. *Curva P-V de un módulo fotovoltaico para distintos valores de la irradiancia solar y una temperatura de trabajo de las células de 25 °C.*

Actividad resuelta 3.1

Los parámetros eléctricos de un determinado módulo fotovoltaico en condiciones estándar de medida son P_{MPP} = 180 W; I_{MPP} = 5.07 A; V_{MPP} = 35.52 V. Si la temperatura de trabajo de las células fotovoltaicas es de 25 °C, calcula la potencia máxima que puede suministrar el módulo para los siguientes valores de irradiancia solar:

a) 1000 W/m².
b) 750 W/m².
c) 500 W/m².
d) 250 W/m².

Solución:

a) En este caso, la potencia máxima coincide con el valor P_{MPP} = 180 W.

b) $$P_{MPP,G} = 180 \cdot \frac{750}{1000} = 135\,W$$

c) $$P_{MPP,G} = 180 \cdot \frac{500}{1000} = 90\,W$$

d) $$P_{MPP,G} = 180 \cdot \frac{250}{1000} = 45\,W$$

Actividad propuesta 3.2

Los parámetros eléctricos, en condiciones estándar de medida, de un determinado módulo fotovoltaico son P_{MPP} = 180 W; I_{MPP} = 5.07 A; V_{MPP} = 35.52 V. Si la temperatura de trabajo de las células fotovoltaicas es de 25 °C, calcula la intensidad en cortocircuito (I_{SC}) que puede suministrar el módulo para los siguientes valores de irradiancia solar:

a) 1000 W/m².
b) 750 W/m².
c) 500 W/m².
d) 250 W/m².

3.1.4. Influencia de la temperatura

Las curvas características de los módulos fotovoltaicos también dependen de la temperatura de trabajo de las células. Cuando aumenta la temperatura de trabajo de las células, disminuye la tensión de circuito abierto y aumenta ligeramente la intensidad en cortocircuito del módulo. Los fabricantes de módulos fotovoltaicos también suelen suministrar la familia de curvas características del módulo para distintos valores de temperatura de trabajo, para una irradiancia solar de 1000 W/m². También suelen facilitar los parámetros térmicos de la intensidad en cortocircuito (α), de la tensión de circuito abierto (β) y de la potencia en el punto de máxima potencia (γ), que describen la variación de estos en función de la temperatura, expresados en %/°C con respecto a las condiciones estándar de medida.

Utilizando las siguientes expresiones se puede calcular la intensidad en cortocircuito, la tensión de circuito abierto y la potencia en el punto de máxima potencia, para una temperatura de trabajo diferente de la temperatura en condiciones estándar de medida:

$$P_{MPP,T} = P_{MPP} \cdot \left(1 + \frac{\gamma}{100} \cdot (T - T_{STC})\right)$$

$$I_{SC,T} = I_{SC} \cdot \left(1 + \frac{\alpha}{100} \cdot (T - T_{STC})\right)$$

$$V_{OC,T} = V_{OC} \cdot \left(1 + \frac{\beta}{100} \cdot (T - T_{STC})\right)$$

$P_{MPP,T}$: potencia máxima que puede entregar el módulo fotovoltaico a una temperatura de trabajo T.

P_{MPP}: potencia máxima que puede entregar el módulo fotovoltaico en condiciones estándar de medida.

$I_{SC,T}$: intensidad en cortocircuito a una temperatura de trabajo T.

I_{SC}: intensidad en cortocircuito en condiciones estándar de medida.

$V_{OC,T}$: tensión de circuito abierto a una temperatura de trabajo T.

V_{OC}: tensión de circuito abierto en condiciones estándar de medida.

T: temperatura de trabajo de las células del módulo fotovoltaico.

T_{STC}: temperatura de trabajo de las células del módulo en condiciones estándar de medida (25 °C).

α: coeficiente de temperatura de la intensidad en cortocircuito.

β: coeficiente de temperatura de la tensión de circuito abierto.

γ: coeficiente de temperatura de la potencia máxima.

Las Figuras 3.12 y 3.13 representan la curva característica I-V y la curva P-V de un módulo fotovoltaico en función de la temperatura de las células, para una irradiancia de 1000 W/m². Si aumenta la temperatura de operación, disminuye la tensión en circuito abierto y disminuye también la potencia eléctrica entregada por el módulo. La temperatura de operación de las células es un concepto diferente de la temperatura ambiente. La temperatura de trabajo de las células fotovoltaicas es superior a la temperatura ambiente.

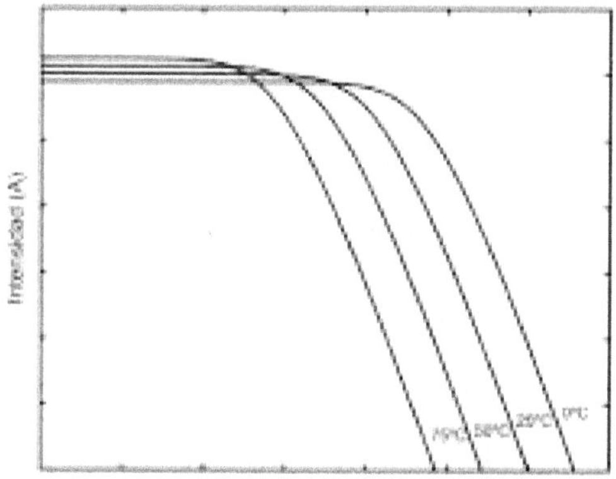

Figura 3.12. *Curva intensidad-tensión de un módulo fotovoltaico para distintos valores de temperatura de trabajo con una irradiancia solar de 1000 W/m².*

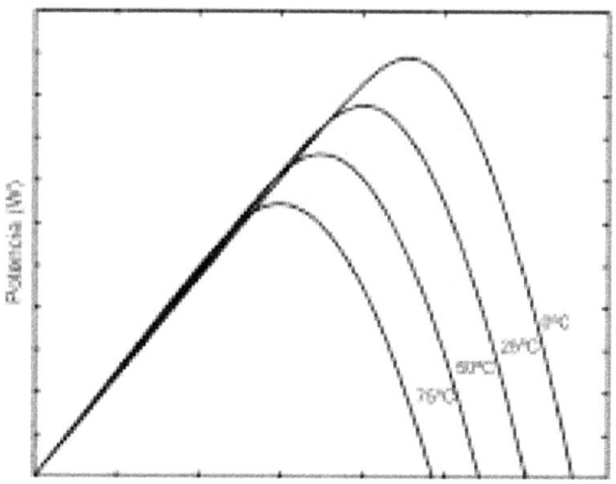

Figura 3.13. *Curva potencia-tensión de un módulo fotovoltaico para distintos valores de temperatura de trabajo con una irradiancia solar 1000 W/m².*

Se denomina **«temperatura de operación nominal de célula» (TONC)** a la temperatura que alcanzan las células del módulo fotovoltaico cuando la temperatura ambiente es de 20 °C, la irradiancia es de 800 W/m² y la velocidad del viento es de 1 m/s. A partir del valor de TONC, proporcionado por el fabricante, de la irradiancia solar y de la temperatura ambiente a la que está sometido el módulo, se puede calcular de forma aproximada la temperatura de trabajo de sus células mediante la expresión:

$$T = T_A + G \cdot \frac{TONC - 20}{800}$$

T: temperatura de funcionamiento de las células del módulo fotovoltaico, en grados centígrados.

T_A: temperatura ambiente, en grados centígrados.

G: valor de la irradiancia solar, en W/m².

VOCABULARIO *Inglés-español*

Nominal Operating Cell Temperature (NOCT): temperatura de operación nominal de célula (TONC).

RECURSOS DIGITALES

El estudio sobre la **influencia simultánea de la temperatura y la irradiación solar** sobre un módulo fotovoltaico, cuya consulta recomendamos para la ampliación de la materia de estudio de la presente unidad, se puede consultar entre los recursos digitales del libro, a los que se puede acceder mediante un sencillo registro desde la pestaña de «Recursos previo registro» de la ficha web de la obra (en **www.paraninfo.es**).

Actividad resuelta 3.2

Un determinado módulo fotovoltaico, con TONC = 47 °C, tiene los siguientes parámetros térmicos: α = 0.08 %/°C; β = –0.32 %/°C; γ = –0.43 %/°C. Los parámetros eléctricos, en condiciones estándar de medida, son P_{MPP} = 180 W; I_{MPP} = 5.07 A; V_{MPP} = 35.52 V. Calcula los valores de P_{MPP}, I_{SC}, V_{OC}, para una irradiancia solar de 1000 W/m² y una temperatura ambiente de 18 °C.

Solución:

En primer lugar se debe calcular la temperatura de funcionamiento de las células del módulo fotovoltaico:

$$T = 18 + 1000 \cdot \frac{47 - 20}{800} = 51.75\,°C$$

Teniendo en cuenta los parámetros térmicos dados por el fabricante, resulta:

$$P_{MPP,51.75} = 180 \cdot \left(1 - \frac{0.43}{100} \cdot (51.75 - 25)\right) = 159.30\,W$$

$$V_{OC,51.75} = 44.12 \cdot \left(1 - \frac{0.32}{100} \cdot (51.75 - 25)\right) = 40.34\,V$$

$$I_{SC,51.75} = 5.40 \cdot \left(1 + \frac{0.08}{100} \cdot (51.75 - 25)\right) = 5.52\,A$$

3.1.5. Parámetros característicos de un módulo fotovoltaico

Un módulo fotovoltaico está caracterizado por sus parámetros eléctricos, parámetros térmicos, características físicas y rango de funcionamiento. Estos datos son facilitados normalmente por los fabricantes.

- **Intensidad en cortocircuito (I_{SC}).** Es la intensidad que circula por el módulo cuando está en cortocircuito y, por tanto, la tensión eléctrica es cero. Es la máxima intensidad que puede proporcionar el módulo en condiciones estándar de medida.
- **Tensión de circuito abierto (V_{OC}).** Es la tensión en bornes del módulo cuando el circuito está abierto y, por tanto, la intensidad eléctrica es cero. Es la máxima tensión que puede proporcionar el módulo en condiciones estándar de medida.
- **Potencia máxima (P_{MPP}).** Es la potencia eléctrica máxima que puede entregar el módulo fotovoltaico en condiciones estándar de medida. El fabricante suele ofrecer este dato con una tolerancia. Esto se debe al hecho de que no todas las células que componen el módulo son idénticas, y la célula con menos prestaciones afecta al comportamiento del resto.

RECURSOS DIGITALES

El estudio sobre la **tolerancia y degradación de potencia** de un módulo fotovoltaico, cuya consulta recomendamos para la ampliación de la materia de estudio de la presente unidad, se puede consultar entre los recursos digitales del libro, a los que se puede acceder mediante un sencillo registro desde la pestaña de «Recursos previo registro» de la ficha web de la obra (en www.paraninfo.es).

- **Tensión en el punto de máxima potencia (V_{MPP}).** Es la tensión del módulo en el punto de trabajo de máxima potencia.
- **Intensidad en el punto de máxima potencia (I_{MPP}).** Es la intensidad que circula por el módulo en el punto de trabajo de máxima potencia.
- **Tensión máxima del sistema.** Este valor de tensión limita el número de módulos que se pueden conectar en serie.
- **Rendimiento o eficiencia (η).** Es el cociente entre la potencia eléctrica máxima que puede entregar el módulo y la potencia luminosa que incide sobre él.

$$\eta = \frac{V_{MPP} \cdot I_{MPP}}{P_L} = \frac{V_{MPP} \cdot I_{MPP}}{Área \cdot Irradiación}$$

- **Factor de forma o de relleno (FF).** Es el cociente entre la potencia eléctrica máxima y el producto de la tensión de circuito abierto (V_{OC}) y la intensidad en cortocircuito (I_{SC}). También se puede ver como el cociente entre el área del rectángulo definido por el producto $I_{MPP} \cdot V_{MPP}$ y el área del rectángulo definido por el producto $I_{SC} \cdot V_{OC}$. Cuanto más se aproxima el valor del factor de forma a uno, más se aproxima la curva V-I al rectángulo de máxima potencia. En los módulos fotovoltaicos reales, el factor de forma toma valores del orden de 0.7 y 0.8.

$$FF = \frac{V_{MPP} \cdot I_{MPP}}{V_{OC} \cdot I_{SC}}$$

- **Intensidad inversa (I_R).** Es el valor máximo de intensidad en sentido inverso que puede soportar un módulo fotovoltaico en régimen permanente.

Los fabricantes proporcionan el valor de la temperatura de operación nominal de célula (TONC) de los módulos fotovoltaicos. También suministran los parámetros térmicos del módulo, expresados en %/°C, para poder obtener la potencia máxima de salida de la célula (P_{MPP}), el valor de la tensión de circuito abierto (V_{OC}) y la intensidad en cortocircuito (I_{SC}) a una temperatura diferente de 25 °C.

- **Coeficiente de temperatura de I_{SC} (α).** Representa la dependencia de la intensidad en cortocircuito con la temperatura del módulo, expresados en %/°C.
- **Coeficiente de temperatura de V_{OC} (β).** Representa la dependencia de la tensión de cir-

cuito abierto con la temperatura del módulo, expresados en %/°C.

- **Coeficiente de temperatura de P** (γ). Representa la dependencia de la potencia máxima con la temperatura del módulo, expresados en %/°C.

Algunos fabricantes también incluyen en la ficha técnica de los módulos los coeficientes de temperatura de la intensidad y de la tensión en el punto de máxima potencia.

Entre las características físicas que normalmente suministran los fabricantes de módulos fotovoltaicos se encuentran:

- **Dimensiones.** Un módulo fotovoltaico tiene forma de cubo. Sus dimensiones son el alto, ancho y largo. Normalmente vienen dadas en mm.
- **Peso.** Peso aproximado del módulo. Suele expresarse en kg.
- **Área.** Es el área o superficie expuesta a la radiación solar. Es el producto del largo por el ancho. La unidad habitual es el m^2.
- **Tipo de célula.** Se indica el tipo de célula utilizada para formar el panel (silicio monocristalino, silicio policristalino o silicio amorfo, entre otros), junto con sus dimensiones.
- **Asociación y número de células.** Indica el número de células utilizadas para formar el módulo, así como su modo de asociación eléctrica.
- **Material del marco.** Material con el que está fabricado el marco del módulo.
- **Caja de conexiones.** Características de la caja de conexiones, con su grado de protección IP.

Dentro los parámetros relativos al rango de funcionamiento, se encuentran:

- **Temperatura.** Establece los límites máximo y mínimo de temperatura ambiente que puede soportar el módulo, expresado en °C.
- **Carga máxima de viento.** Un módulo debe soportar los efectos de la intemperie. Uno de ellos es el efecto del viento. El fabricante suele indicar la máxima velocidad del viento que soporta en panel, en km/h, o bien la máxima presión, en Pa.
- **Carga máxima de nieve.** Un módulo también debe soportar el efecto de la nieve que se deposita sobre él. El fabricante indica el máximo peso que puede soportar, expresado en kg/m^2, o bien la máxima presión, en Pa.

RECUERDA

La **envolvente** es el elemento que proporciona la protección del material contra las influencias externas y la protección en cualquier dirección contra los contactos directos.

El **grado de protección** es el nivel de protección proporcionado por una envolvente contra el acceso a las partes peligrosas, contra la penetración de cuerpos sólidos extraños, contra la penetración de agua o contra los impactos mecánicos exteriores, y que además se verifica mediante métodos de ensayo normalizados.

El **código IP** es un sistema de codificación para indicar los grados de protección proporcionados por la envolvente contra el acceso a partes peligrosas, contra la penetración de cuerpos sólidos extraños, contra la penetración de agua y para suministrar una información adicional unida a la referida protección. El código IP está formado por dos números de una cifra cada uno, situados inmediatamente después de las letras «IP» y que son independientes uno del otro.

VOCABULARIO Inglés-español

- ***Short Circuit Current:*** intensidad en cortocircuito.
- ***Open Circuit Voltage:*** tensión de circuito abierto.
- ***Power in Maximum Power Point:*** potencia en el punto de máxima potencia.
- ***Temperatura Coefficient:*** coeficiente de temperatura.
- ***Maximum Reverse Current:*** intensidad inversa máxima.
- ***Dimensions:*** dimensiones.
- ***Weight:*** peso.
- ***Efficiency:*** rendimiento.
- ***Junction Box:*** caja de conexiones.
- ***Frame:*** marco.

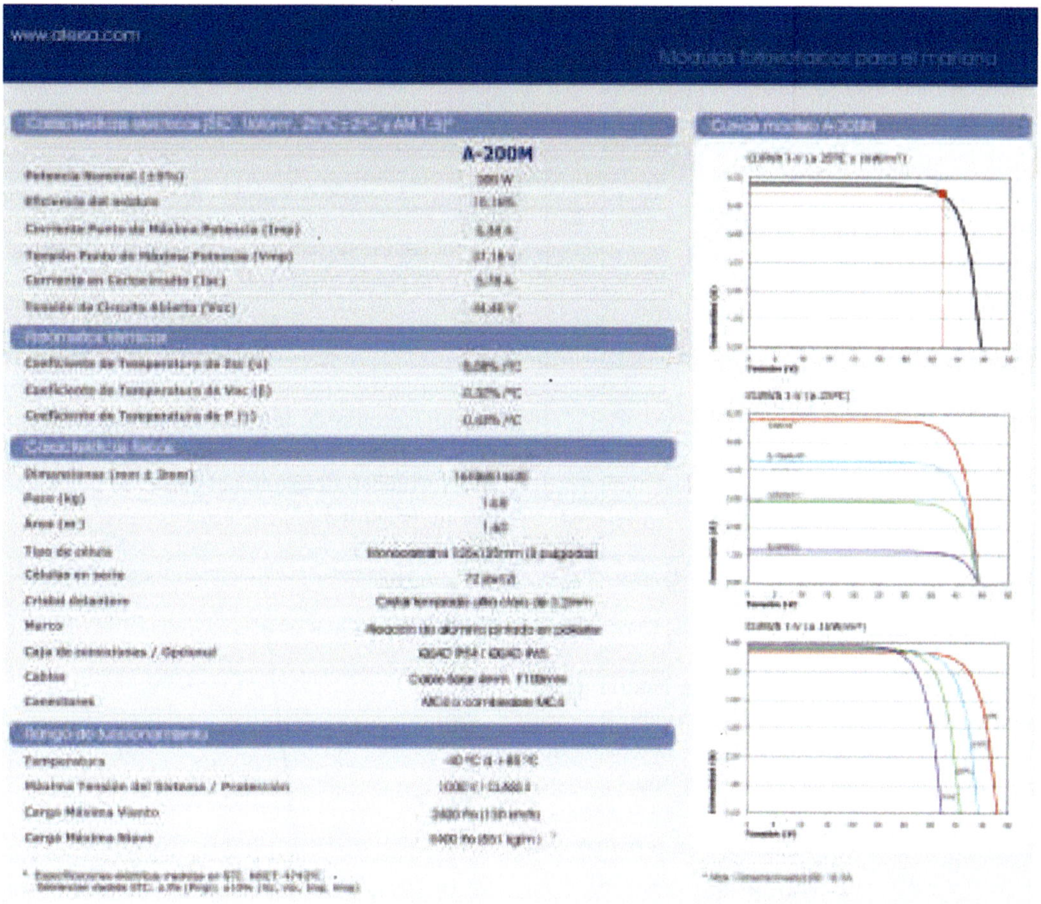

Figura 3.14. *Hoja de características del módulo fotovoltaico A-200M.* (Fuente: *ATERSA.*)

> **Actividad propuesta 3.3**
>
> Calcula el rendimiento del módulo A-200M en condiciones estándar de medida, a partir de sus dimensiones y especificaciones técnicas, y compara el resultado con el dato suministrado por el fabricante.

3.1.6. Punto de funcionamiento de un módulo fotovoltaico

El comportamiento de un módulo fotovoltaico viene definido por su curva característica intensidad-tensión específica para unas determinadas condiciones de irradiancia solar y temperatura. Sin embargo, el punto de funcionamiento dentro de esta curva va a depender de las características de la carga que se conecta en bornes del módulo fotovoltaico.

Cuando se conecta una carga resistiva, el punto de funcionamiento del módulo fotovoltaico es el correspondiente a la intersección entre su curva característica tensión-intensidad y la recta de funcionamiento de la resistencia. Esta recta viene dada por la expresión $I = V/R$, en virtud de la ley de Ohm, donde R es el valor óhmico de la resistencia (Figura 3.15). Para conseguir que el módulo fotovoltaico trabaje en el punto de máxima potencia se debe ajustar el valor óhmico de la resistencia de forma que el punto de intersección coincida con el punto de máxima potencia de la curva del módulo.

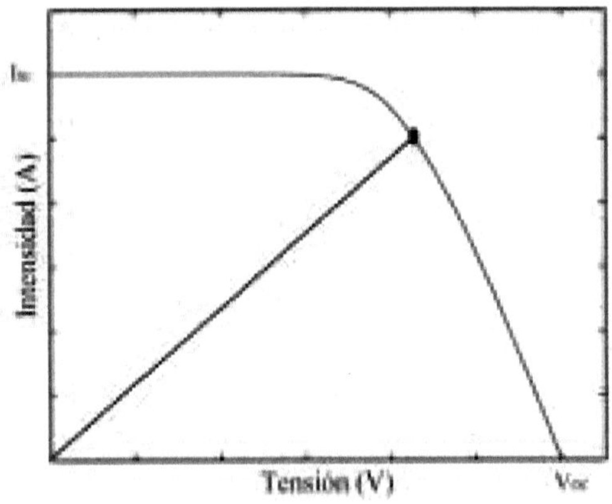

Figura 3.15. *Conexión de una resistencia de carga a un módulo fotovoltaico.*

En el caso de que se conecte una batería ideal de tensión constante (V_{BAT}) y resistencia interna cero a un módulo fotovoltaico, la tensión de funcionamiento del módulo viene impuesta por la tensión de la batería. El punto de funcionamiento del módulo fotovoltaico se corresponde con la intersección de su curva característica tensión-intensidad y la recta de funcionamiento de la batería (Figura 3.16). La potencia que entrega el módulo fotovoltaico es $P = I_{SC} \cdot V_{BAT}$.

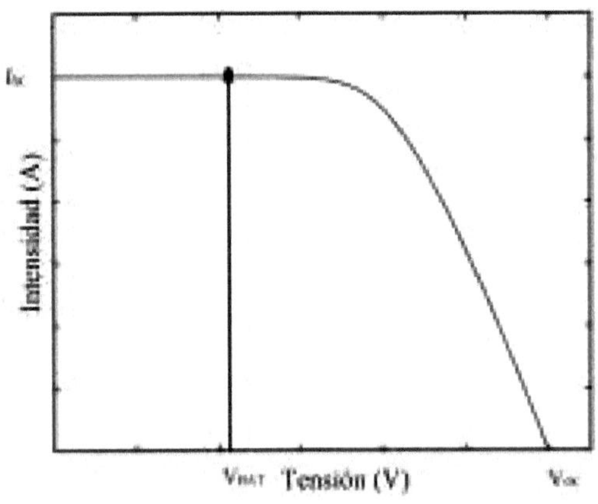

Figura 3.16. *Conexión de una batería ideal a un módulo fotovoltaico.*

Sin embargo, una batería real tiene una tensión y una resistencia interna (R_i) que dependen de diversos factores como, por ejemplo, el estado de carga. La tensión en bornes de la batería real en proceso de carga viene dada por:

$$V = V_{BAT} + I \cdot R_i$$

Y, por tanto, su recta de funcionamiento viene definida por la expresión:

$$I = \frac{V - V_{BAT}}{R_i}$$

La intersección de la recta de funcionamiento de la batería y la curva característica del módulo fotovoltaico determina el punto de funcionamiento (Figura 3.17).

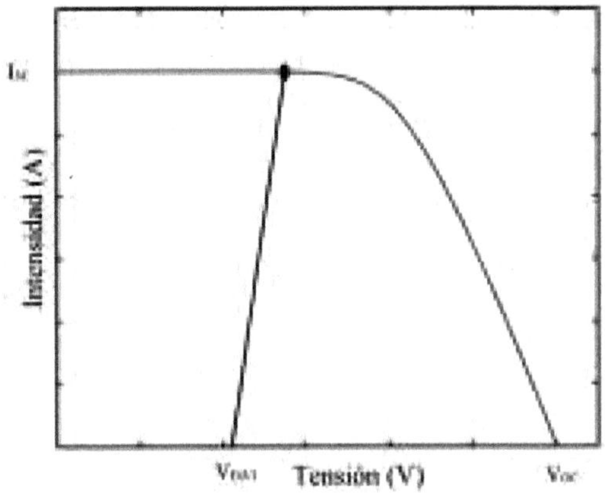

Figura 3.17. *Conexión de una batería real a un módulo fotovoltaico.*

Actividad propuesta 3.4

Se conecta el módulo fotovoltaico A-200M del fabricante ATERSA, en condiciones estándar de medida, a una batería ideal de 24 V. La potencia en el punto de máxima potencia (P_{MMP}) es de 200 W. Determina, a partir de la hoja de características del fabricante (Figura 3.14), la intensidad y potencia que suministra el módulo fotovoltaico. ¿A qué porcentaje de su potencia máxima está trabajando?

3.1.7. Diodos de paso para la protección contra puntos calientes

El fenómeno de **punto caliente** tiene lugar cuando una célula o grupo de células dentro de un módulo fotovoltaico genera menos intensidad que la intensidad de la rama o *string* del módulo en el que se encuentra. También se puede ver como aquella situación en la que la intensidad de un módulo fotovoltaico es superior a la intensidad en cortocircuito de una célula o grupo de células sombreadas, dañadas, defectuosas o con características eléctricas diferentes del resto de células.

El sombreado parcial de un módulo es prácticamente inevitable. Puede darse, simplemente, por el paso de una nube, un pájaro posado o por suciedad. El sombreado de alguna de las células de un módulo fotovoltaico, mientras el resto están iluminadas, puede provocar la inversión de su polaridad pasando a funcionar en el segundo cuadrante, convirtiéndose en una carga eléctrica que consume la energía generada por el resto de células que tenga asociadas en serie.

La temperatura de la célula aumentará y puede llegar a destruirse. Para evitar este fenómeno, se utilizan diodos de paso de protección contra puntos calientes. Estos diodos se conectan de tal manera que quedan inversamente polarizados si todas las células que tienen en paralelo trabajan correctamente, y por tanto el diodo no conduce en esta situación. Si una de las ramas queda sombreada considerablemente, cambia su polaridad y el diodo conectado en paralelo queda polarizado directamente y permite la circulación de la corriente generada por el resto de grupos de células.

El diodo limita la tensión de polarización de la célula sombreada y, por consiguiente, la potencia que disipa. Se utilizan normalmente dos configuraciones para los diodos de paso: **configuración serie** y **configuración redundante** *(overlapping)*.

¡! IMPORTANTE

Un **diodo** es un componente electrónico con dos terminales, formado por una unión PN, que permite la circulación de la intensidad eléctrica en un solo sentido, y la bloquea en el sentido contrario.

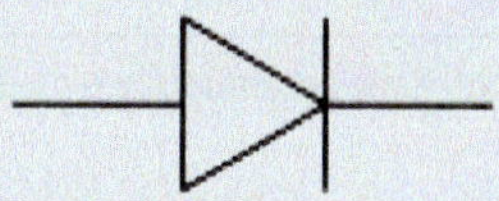

Figura 3.18. *Símbolo del diodo.*

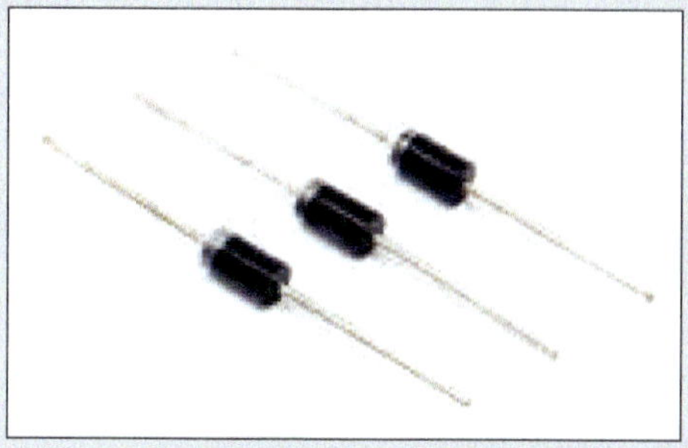

Figura 3.19. *Diodos.*

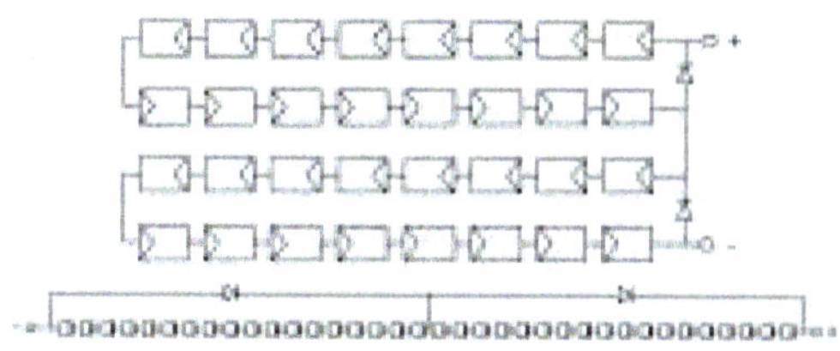

Figura 3.20. *Configuración serie de diodos de paso.*

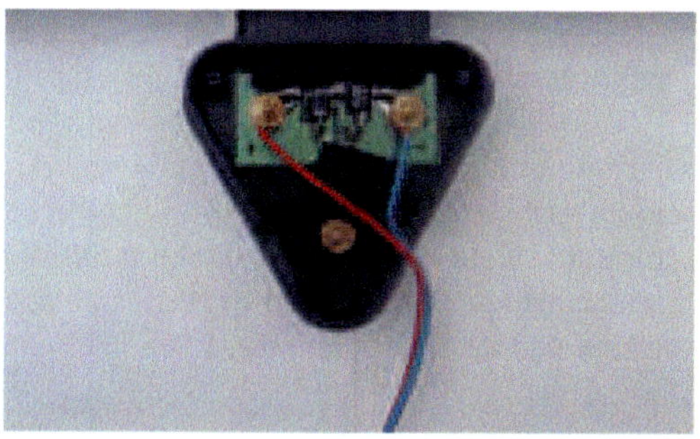

Figura 3.21. *Configuración serie de los diodos de paso en la caja de conexión de un módulo fotovoltaico.*

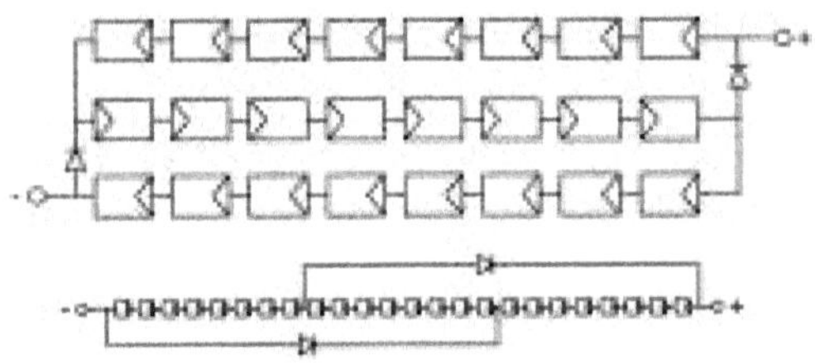

Figura 3.22. *Configuración redundante de diodos de paso (*overlapping*).*

3.1.8. Criterios para la selección de módulos fotovoltaicos

En el mercado existen diversos fabricantes de módulos fotovoltaicos y, a su vez, cada fabricante dispone de una variedad de modelos diferentes. Cuando en una determinada aplicación se debe seleccionar un módulo fotovoltaico es necesario tener en cuenta distintos criterios:

- **Rendimiento o eficiencia.** El rendimiento del módulo es un dato que se debe considerar, sobre todo en aquellas aplicaciones con problemas de espacio. Mayores rendimientos suponen menores superficies del módulo para una misma potencia, aunque su coste es mayor.
- **Tolerancia de potencia máxima.** Los fabricantes ofrecen el valor de la potencia máxima que puede suministrar un módulo fotovoltaico al comienzo de la vida útil del módulo, junto con un valor de tolerancia. Algunos fabricantes ofrecen un margen de tolerancia que puede ser negativo y positivo (por ejemplo, –5 %/+5 %), mientras que otros ofrecen tolerancia negativa nula (por ejemplo, 0 %/+5 %). Por ejemplo, para un módulo con una potencia inicial de 100 W, la potencia mínima garantizada al inicio de su vida útil es diferente si un fabricante nos ofrece una tolerancia de +5 %/–5 %, y otro fabricante nos ofrece una tolerancia de 0 %/+5 %.
- **Punto de trabajo del módulo fotovoltaico.** En una instalación aislada de red que utilice un regulador de carga sin seguimiento del punto de máxima potencia, el módulo fotovoltaico no va a trabajar a su máxima potencia, sino que su punto de funcionamiento lo va a fijar la tensión de la batería. Por tanto, no tiene sentido elegir un módulo fotovoltaico con una tensión V_{MPP} mucho más alta que la tensión de la batería, ya que la potencia real suministrada por el módulo sería considerablemente menor que la máxima que podría conseguir.
- **Presupuesto.** El presupuesto disponible también podría ser un factor que puede condicionar la selección del fabricante y modelo de módulo fotovoltaico.
- **Garantía de potencia.** Con el paso de los años, la potencia máxima que puede proporcionar un módulo fotovoltaico va disminuyendo. Los fabricantes garantizan una potencia mínima en función del tiempo, que puede ser lineal o escalonada. Cuando se selecciona un módulo fotovoltaico, se debe valorar la pérdida de potencia en función del tiempo, así como el valor mínimo garantizado por el fabricante.
- **Garantía de defectos de fabricación.** Otro factor para tener en cuenta es también la cobertura de la garantía ofrecida, así como el límite de tiempo.
- **Características ambientales.** La ubicación de la instalación solar fotovoltaica puede condicionar las características de los módulos fotovoltaicos. En lugares con características meteorológicas adversas, se deben elegir los módulos fotovoltaicos de tal forma que sean capaces de soportar las condiciones ambientales: temperaturas extremas, cargas provocadas por fuertes vientos y por nieve, etc.
- **Asesoramiento técnico y servicio posventa.** Es importante que el fabricante dé facilidades para solucionar cualquier aspecto o duda técnica que pueda surgir de una forma rápida y eficiente. Asimismo, es deseable que se trate de un fabricante consolidado en el mercado, que pueda ofrecer un servicio técnico de reparaciones y una disponibilidad de modelos en *stock* para posibles cambios o sustituciones de módulos fotovoltaicos que pudieran resultar dañados durante su vida útil.

Actividad resuelta 3.3

En las instalaciones solares fotovoltaicas aisladas de red que utilizan un regulador de carga sin seguidor del punto de máxima potencia, la tensión de funcionamiento de los módulos fotovoltaicos viene impuesta por la tensión de las baterías.

Calcula la potencia de funcionamiento de los siguientes módulos fotovoltaicos, en condiciones estándar de medida, cuando trabajan a una tensión fijada por la batería de 12 V.

a) Módulo fotovoltaico A-200 M (P_{MPP} = 200 W, I_{MPP} = 5.38A, V_{MPP} = 37.18 V, I_{SC} = 5.78A)

b) Módulo A-100 M (P_{MPP} = 100 W, I_{MPP} = 5.28 A, V_{MPP} = 18.95 V, I_{SC} = 5.79A)

Solución:

a) Si se utiliza el módulo fotovoltaico A-200 M la potencia que suministra si se conecta a una batería de 12 V (en condiciones estándar de medida) es de:

$$P = 5.78\ A \cdot 12\ V = 69.36\ W$$

Con respecto a los 200 W de potencia máxima que podría suministrar, trabaja al 34.68 % de su potencia máxima. En este caso se debería utilizar un módulo con una tensión más próxima al valor de la batería para aprovechar mejor las prestaciones del módulo.

b) Si se utiliza el módulo A-100 M, la potencia que entrega a la batería de 12 V (en condiciones estándar de medida) es de:

$$P = 5.79\ A \cdot 12\ V = 69.48\ W$$

Tomando como referencia los 100 W de potencia máxima que podría suministrar, trabaja al 69.48 % de su potencia máxima.

Los dos módulos, siendo diferentes sus características, generan prácticamente la misma potencia. Sin embargo, el módulo A-100 M está mejor aprovechado y resultaría mucho más económico.

3.2. El generador fotovoltaico

Normalmente en las instalaciones fotovoltaicas es necesario agrupar módulos fotovoltaicos para satisfacer las necesidades energéticas demandadas. Para aumentar los niveles de tensión, intensidad y potencia de los módulos, estos se asocian eléctricamente y dan lugar a los **generadores fotovoltaicos**. En la composición de los generadores fotovoltaicos, todos los módulos utilizados deben ser del mismo fabricante e igual modelo para evitar las pérdidas por efecto ***mismatch***. Dichas pérdidas se deben a la conexión de módulos fotovoltaicos con características eléctricas ligeramente diferentes, incluso siendo los mismos fabricante y modelo. Si se conectan módulos en serie con diferentes intensidades, el módulo de menor intensidad limitará la corriente de la rama, de tal forma que la potencia del generador fotovoltaico es inferior a la suma de las potencias de cada uno de los módulos que lo componen.

3.2.1. Asociación y conexión de módulos fotovoltaicos

Para conseguir incrementar los niveles de tensión, intensidad y potencia, los módulos fotovoltaicos se pueden asociar en serie, en paralelo o en configuración mixta (serie-paralelo).

Asociación serie

Permite aumentar la tensión y la potencia eléctrica manteniendo el valor de la intensidad. Se denomina **«rama»**, ***«string»*** o **«cadena»** a un conjunto de módulos fotovoltaicos conectados en serie. Si se considera que todos los módulos son idénticos y trabajan en las mismas condiciones, la tensión eléctrica del generador fotovoltaico (V_{GF}) es igual al producto de la tensión de un módulo (V_{MF}) por el número de módulos conectados en serie (N_S). Mientras que la intensidad del generador fotovoltaico (I_{GF}) es igual a la intensidad suministrada por un módulo (I_{MF}).

$$V_{GF} = N_S \cdot V_{MF}$$

$$I_{GF} = I_{MF}$$

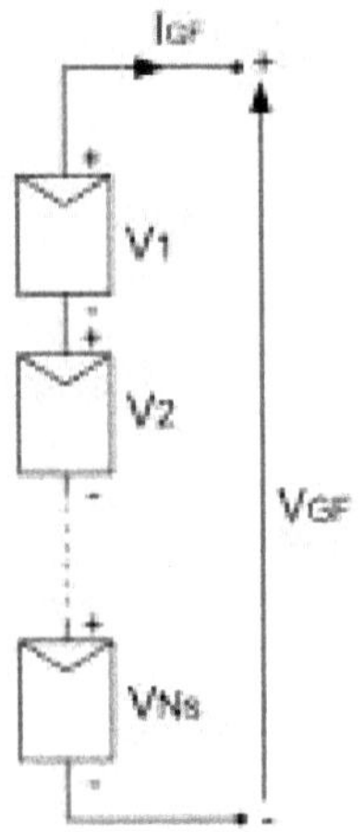

Figura 3.23. *Asociación serie de módulos fotovoltaicos.*

Asociación paralelo

Permite aumentar la intensidad y la potencia eléctrica manteniendo el valor de la tensión. Si se considera que todos los módulos son idénticos y trabajan en las mismas condiciones, la intensidad eléctrica del generador fotovoltaico (I_{GF}) es igual al producto de la intensidad de un módulo (I_{MF}) por el número de módulos conectados en paralelo (N_P). Mientras que la tensión del generador fotovoltaico (V_{GF}) es igual a la tensión suministrada por un módulo (V_{MF}).

$$V_{GF} = V_{MF}$$

$$I_{GF} = N_P \cdot I_{MF}$$

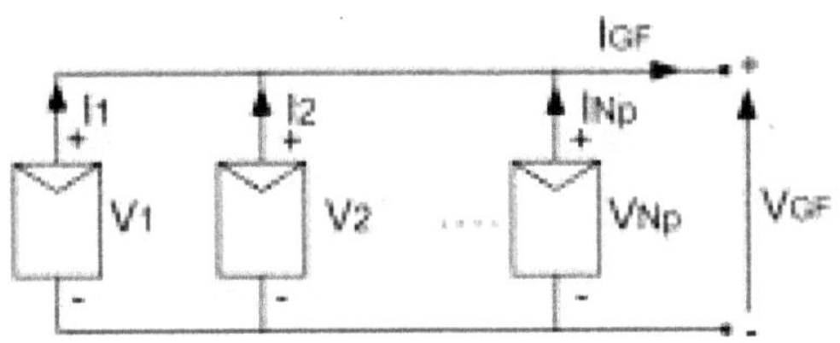

Figura 3.24. *Asociación paralelo de módulos fotovoltaicos.*

Asociación mixta

Combina las asociaciones serie y paralelo, permitiendo aumentar el valor de la intensidad, de la tensión y de la potencia eléctrica. Si se considera que todos los módulos son idénticos y trabajan en las mismas condiciones, la tensión eléctrica del generador fotovoltaico (V_{GF}) es igual al producto de la tensión de un módulo (V_{MF}) por el número de módulos conectados en serie (N_S). Mientras que la intensidad eléctrica del generador fotovoltaico (I_{GF}) es igual al producto de la intensidad de un módulo (I_{MF}) por el número de ramas conectadas en paralelo (N_P).

$$V_{GF} = N_S \cdot V_{MF}$$

$$I_{GF} = N_P \cdot I_{MF}$$

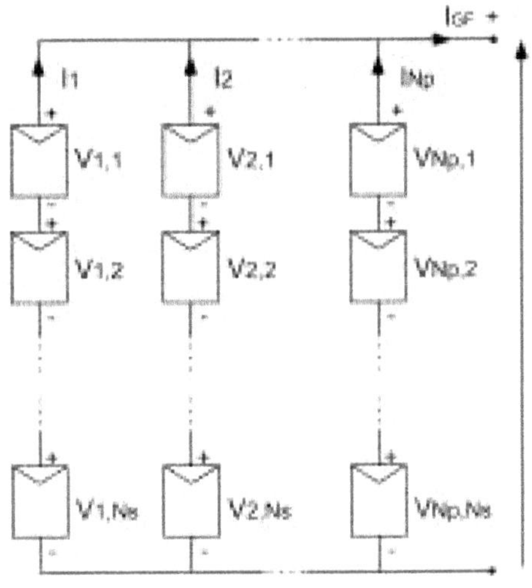

Figura 3.25. *Asociación mixta de módulos fotovoltaicos.*

En los tres casos, la potencia del generador fotovoltaico en condiciones ideales es igual al producto del número total de módulos fotovoltaicos ($N_T = N_S \cdot N_P$) por la potencia de un módulo (P_{MF}).

$$P_{GF} = N_T \cdot P_{MF}$$

Actividad resuelta 3.4

Se desea diseñar un generador fotovoltaico cuya intensidad sea de unos 24 A y tensión de unos 100 V, en condiciones estándar de medida, en el punto de máxima potencia. Para ello se dispone de módulos con las siguientes características en condiciones estándar de medida: $I_{MPP} = 7.98$ A; $V_{MPP} = 26.32$ V; $P_{MPP} = 210$ W. Determina el número de módulos fotovoltaicos necesarios y su asociación. ¿Cuál es la potencia del generador fotovoltaico en el punto de máxima potencia en condiciones estándar de medida?

Solución:

Para conseguir una tensión de 100 V se deben conectar en serie:

$$N_S = \frac{100}{26.32} \approx 4 \ \ módulos$$

El número de ramas paralelo necesarias para obtener una corriente de 24 A es:

$$N_P = \frac{24}{7.98} \approx 3 \ \ ramas$$

En total son necesarios 4 · 3 = 12 módulos fotovoltaicos, agrupados en tres ramas paralelo, con cuatro módulos en serie por rama.

La potencia máxima del generador, en condiciones estándar de medida, es:

$$P_{MPP,GFV} = 4 \cdot 3 \cdot 210 = 2520 \ \ W$$

3.2.2. Sistemas de agrupamiento y formas de conexionado de generadores fotovoltaicos

En el caso de grandes generadores fotovoltaicos, la instalación se divide en **subcampos** compuestos cada uno de ellos por distintas ramas, con un cuadro de distribución para cada subcampo (nivel 1) y un cuadro de distribución general (nivel 2). En la Figura 3.26 se muestra, mediante un esquema unifilar, la configuración de un campo fotovoltaico formado por tres subcampos. Cada subcampo está formado por cuatro ramas o *strings,* con cuatro módulos fotovoltaicos en serie en cada rama. La conexión paralelo entre las ramas de un subcampo se realiza en el cuadro de distribución de subcampo.

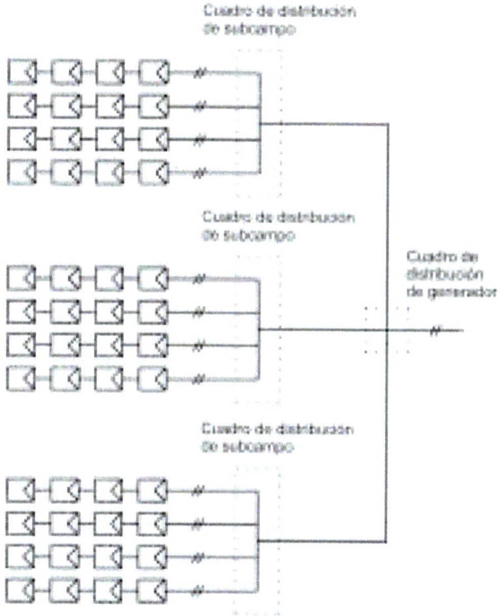

Figura 3.26. *Esquema unifilar de un generador fotovoltaico dividido en subcampos.*

Figura 3.27. *Generador fotovoltaico dividido en subcampos, con un cuadro de distribución para cada subcampo.*

3.2.3. Dispositivos de maniobra y seccionamiento

Es recomendable incluir un dispositivo de desconexión en cada rama para facilitar las tareas de verificación y mantenimiento sin tener que desconectar el resto del generador fotovoltaico, así como también un dispositivo de desconexión de subgrupo y del generador fotovoltaico completo. Se pueden emplear interruptores-seccionadores que permiten maniobrar con carga. Si se han utilizado interruptores magnetotérmicos, estos pueden realizar la función de desconexión. El interruptor-seccionador indicado en los ejemplos presenta un doble interruptor-seccionador para cada una de las líneas positiva y negativa con el objetivo de extinguir el arco eléctrico de corriente continua. Este tipo de arcos eléctricos son más difíciles de extinguir que los arcos de corriente alterna, debido a que la corriente eléctrica se mantiene constante y no pasa por cero.

Figura 3.28. *Dispositivo de maniobra y seccionamiento.* (Fuente: *ABB.*)

3.2.4. Protección contra sobretensiones transitorias

Las instalaciones solares fotovoltaicas están expuestas a la actividad atmosférica y, por tanto, pueden resultar dañadas debido al efecto de las sobretensiones transitorias originadas por los rayos. Un rayo es una descarga eléctrica entre nubes, o entre una nube y tierra.

Figura 3.30. *Descarga eléctrica entre nube y tierra.*

Para proteger la instalación fotovoltaica frente a las sobretensiones transitorias debidas a las descargas indirectas de rayos, además de prestar especial cuidado en el trazado del cableado de la instalación fotovoltaica, se deben instalar **protectores contra sobretensiones (SPD)**. También llamados «descargadores» o «limitadores».

Conceptos técnicos y simbología

- **Seccionador:** dispositivo de conexión capaz de establecer, soportar e interrumpir la corriente en un circuito. Está diseñado para maniobrar sin carga. Cuando está cerrado permite el paso de la intensidad nominal y cuando está abierto garantiza el corte del circuito y evita la formación de arcos eléctricos.
- **Interruptor-seccionador:** dispositivo de conexión que permite abrir y cerrar circuitos bajo tensión, en carga. No resiste las operaciones de maniobra en condiciones de cortocircuito. Su estado, abierto o cerrado, no es visible externamente.

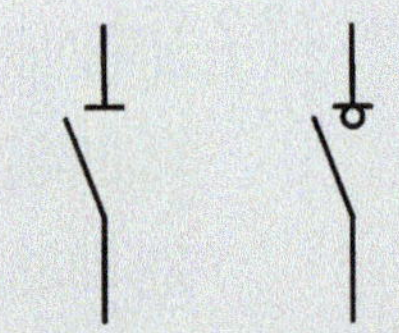

Figura 3.29. *Símbolo de un seccionador y de un interruptor-seccionador.*

RECURSOS DIGITALES

El texto detallado relativo a las **sobretensiones transitorias**, cuya consulta recomendamos para la ampliación de la materia de estudio de la presente unidad, se puede consultar entre los recursos digitales del libro, a los que se puede acceder mediante un sencillo registro desde la pestaña de «Recursos previo registro» de la ficha web de la obra (en **www.paraninfo.es**).

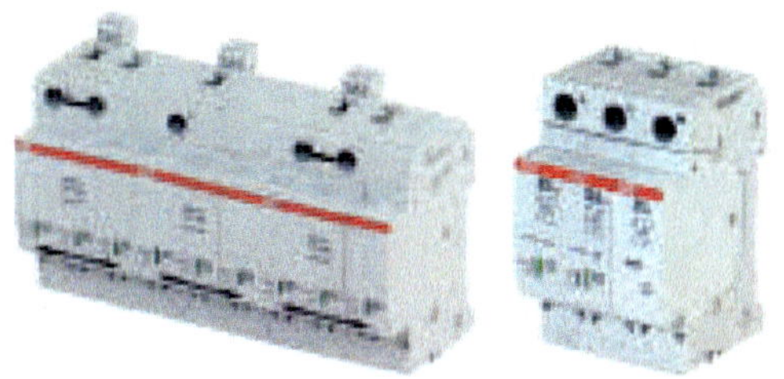

Figura 3.31. *Descargador contra sobretensiones.* (Fuente: *ABB.)*

3.2.5. Protección contra corrientes inversas

Como consecuencia del sombreado o de un fallo, una rama o *string* del generador fotovoltaico puede funcionar como receptor de potencia, absorbiendo y disipando en forma de calor la potencia generada por el resto de ramas conectadas en paralelo, circulando la intensidad en sentido inverso al de funcionamiento normal. Si existen tres o más ramas en paralelo, es necesario insertar dispositivos de protección contra corrientes inversas en cada rama.

Una opción para proteger las ramas contra corrientes inversas es la inserción de un **diodo de bloqueo** en serie con cada rama (Figura 3.37). Sin embargo, un diodo no es en realidad un dispositivo de protección contra sobreintensidades. Además, en condiciones normales de funcionamiento los diodos consumen potencia debido a la caída de tensión de 0.6 V a 0.7 V.

Otra solución es la utilización de **fusibles** (Figura 3.38). A diferencia de los diodos, los fusibles son dispositivos de protección y son capaces de desconectar una rama en caso de sobreintensidades. Deben poseer unas curvas características de disparo adecuadas para proteger circuitos de módulos fotovoltaicos (fusibles gPV).

En lugar de fusibles también se pueden utilizar **interruptores magnetotérmicos** específicos para instalaciones fotovoltaicas, capaces de extinguir los arcos eléctricos de corriente continua (Figura 3.39).

RECURSOS DIGITALES

El texto detallado sobre la **protección de *strings* contra corrientes inversas y la selección de fusibles gPV**, cuya consulta recomendamos para la ampliación de la materia de estudio de la presente unidad, se puede consultar entre los recursos digitales del libro, a los que se puede acceder mediante un sencillo registro desde la pestaña de «Recursos previo registro» de la ficha web de la obra (en **www.paraninfo.es**).

Figura 3.32. *Fusibles cilíndricos.* (Fuente: *ABB.)*

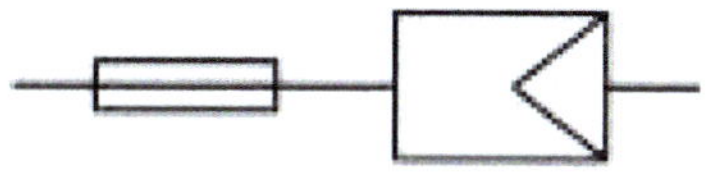

Figura 3.33. *Símbolo de un fusible tipo gPV.*

Figura 3.34. *Base portafusibles seccionable.* (Fuente: *ABB.)*

Figura 3.35. *Interruptor magnetotérmico.* (Fuente: *ABB.)*

En las Figuras 3.36, 3.37, 3.38 y 3.39, se muestran distintos ejemplos de agrupación de ramas, donde se ha incluido un interruptor-seccionador para desconectar el grupo de módulos, además de las protecciones contra corrientes inversas y cortocircuitos y las protecciones contra sobretensiones transitorias.

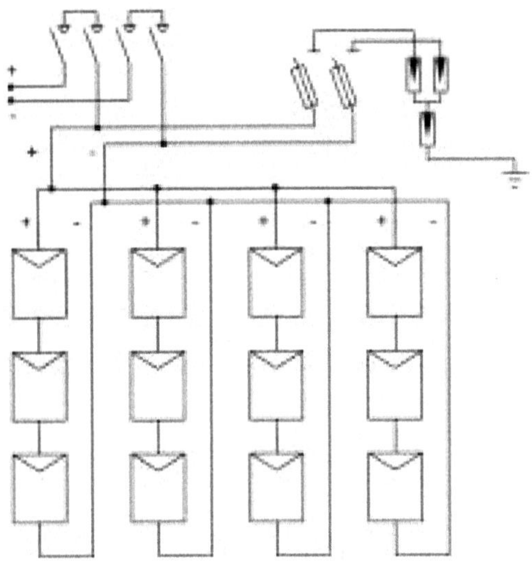

Figura 3.36. *Conexión de ramas en paralelo sin dispositivos de protección. Ventajas: montaje sencillo. Inconvenientes: los módulos no están protegidos contra las corrientes inversas ni cortocircuitos.*

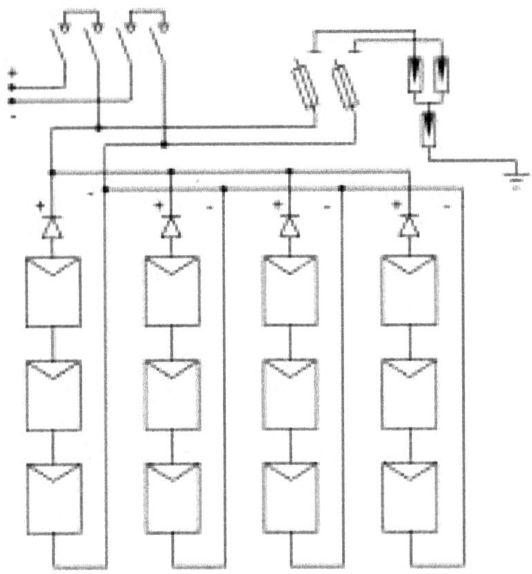

Figura 3.37. *Conexión de ramas en paralelo con diodos de bloqueo. Ventajas: protegen contra corrientes inversas. Inconvenientes: no son dispositivos de protección contra sobreintensidades; dan lugar a una pérdida de potencia.*

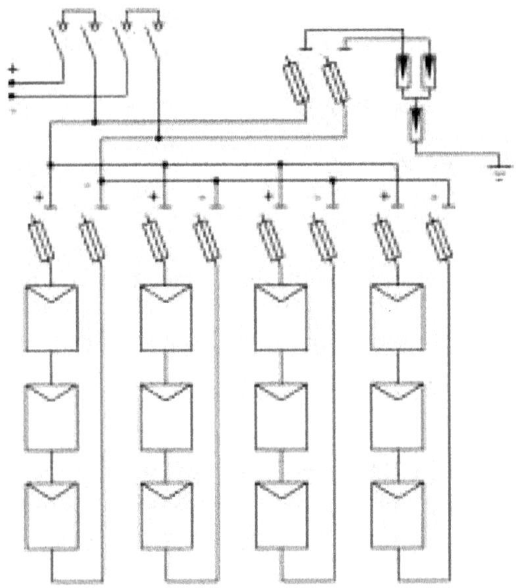

Figura 3.38. *Ejemplo de conexión de ramas en paralelo con fusibles de protección. Ventajas: bajo coste; protegen contra sobrecorrientes y contra corrientes inversas (a partir de un valor mínimo de corriente inversa). Inconvenientes: se deben sustituir después de cada actuación.*

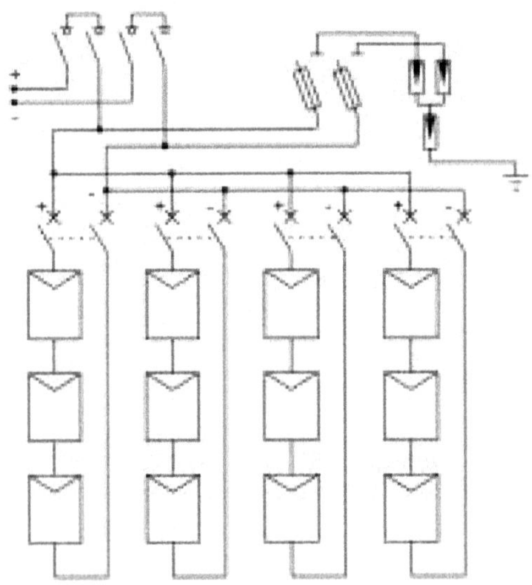

Figura 3.39. *Ejemplo de conexión de ramas en paralelo con interruptores magnetotérmicos. Ventajas: protegen contra sobrecorrientes y contra corrientes inversas (a partir de un valor mínimo de corriente inversa); no se sustituyen después de cada actuación; permiten desconectar cada rama. Inconvenientes: coste.*

Figura 3.40. *Cuadro prefabricado para aplicaciones fotovoltaicas.* (Fuente: *ABB.)*

RECUERDA

Un **fusible** es un dispositivo de protección contra sobreintensidades que abre el circuito en el que está instalado por la fusión de uno o varios de sus elementos, cortando la corriente cuando sobrepasa un determinado valor durante un tiempo suficiente.

Un **interruptor magnetotérmico** es un aparato mecánico de conexión capaz de establecer, mantener e interrumpir intensidades de servicio o de establecer e interrumpir, en condiciones predeterminadas, intensidades anormalmente elevadas, tales como las corrientes de cortocircuito.

3.3. Estimación de la energía producida por un generador fotovoltaico

La energía producida por un generador fotovoltaico se mide en W·h. En algunas ocasiones, cuando la tensión del sistema es conocida, también se puede medir en A·h. Es posible cambiar de una unidad a otra mediante la expresión:

$$E(W \cdot h) = V_N \cdot Q(A \cdot h)$$

E: energía, en W·h.
V_N: tensión nominal del sistema, en V.
Q: energía, en A·h.

En este punto se analiza la estimación de la energía de salida del generador fotovoltaico, sin tener en cuenta las posibles pérdidas que pueden ocurrir en otros componentes o elementos de la instalación conectados a su salida (regulador, inversor, cableado AC, etc.). En la unidad dedicada a las instalaciones conectadas a red, se introducirá la definición del «coeficiente de rendimiento» o «PR» *(Performance Ratio)*, donde se incluyen las pérdidas totales.

La potencia que genera un módulo fotovoltaico depende de su punto de funcionamiento. Sin embargo, es muy complicado conocer exactamente *a priori* la energía que va a suministrar un módulo o generador fotovoltaico, ya que existen una serie de incertidumbres y pérdidas difícilmente cuantificables con precisión antes del inicio de la vida útil del sistema.

Una de estas **incertidumbres** se encuentra en los datos de la irradiación solar, ya que esta información es variable en función de la base de datos consultada.

En un generador fotovoltaico también tienen lugar una serie de **pérdidas** que afectan a la cantidad de energía generada. Algunas de estas pérdidas son:

- **Pérdidas debidas a la tolerancia de la potencia nominal de los módulos fotovoltaicos.** Los fabricantes de módulos fotovoltaicos garantizan que la potencia real de un módulo fotovoltaico, en condiciones estándar de medida, se encuentra dentro de una banda marcada por su tolerancia en torno a su potencia nominal. Normalmente, el margen de tolerancia puede ser negativo y positivo; por ejemplo, –5 %/+5 %. Algunos fabricantes ofrecen tolerancia negativa nula; por ejemplo, 0 %/+5 %.

- **Pérdidas por degradación de potencia en el tiempo.** Los módulos fotovoltaicos sufren, a lo largo del tiempo de funcionamiento, una degradación progresiva de la potencia entregada con respecto a su potencia inicial. Normalmente la mayor degradación de potencia tiene lugar en los primeros meses de funcionamiento. Una vez estabilizados, la tasa de degradación de potencia en los años posteriores es menor que en el periodo inicial.
- **Pérdidas por *mismatch*.** Son pérdidas energéticas debidas a la asociación de módulos fotovoltaicos con parámetros ligeramente diferentes, ya que en la práctica todos los módulos fotovoltaicos utilizados para configurar un generador no son exactamente iguales, aunque sean de la misma marca y modelo. Existe una dispersión de parámetros. Por ejemplo, si se conectan en serie módulos fotovoltaicos con diferentes corrientes, el módulo de menor corriente limitará la corriente de la rama. Debido a estas pérdidas, la potencia de un generador fotovoltaico es inferior a la suma de las potencias de los módulos fotovoltaicos que lo componen. O igual en el mejor de los casos.
- **Pérdidas por aumento de la temperatura de trabajo.** Los fabricantes ofrecen la potencia nominal de los módulos en condiciones estándar de medida. Es decir, a una temperatura de trabajo de las células de 25 °C. No se debe confundir esta temperatura con la temperatura ambiente, pues se trata de conceptos diferentes. Sin embargo, la potencia de un módulo fotovoltaico disminuye conforme aumenta la temperatura de trabajo de sus células, circunstancia esta modelada por el coeficiente de temperatura de potencia α. Esta temperatura de funcionamiento depende de distintos factores, tales como irradiancia solar, temperatura ambiente, velocidad del viento, posición y montaje de los módulos fotovoltaicos, ventilación, etc.
- **Pérdidas por suciedad.** La acumulación de polvo y suciedad en la superficie de los módulos fotovoltaicos ocasiona una disminución de potencia del generador. La acumulación uniforme da lugar a una disminución de la tensión y corriente entregada. Sin embargo, la suciedad localizada, tales como las hojas de árboles, puede dar lugar a la formación de puntos calientes.
- **Pérdidas angulares y espectrales.** La potencia nominal de los módulos fotovoltaicos está especificada para las condiciones estándar de medida. En estas condiciones estándar, la incidencia solar es normal en la superficie y la distribución espectral se corresponde para una masa de aire de 1.5. Sin embargo, durante el funcionamiento normal de los módulos, estas condiciones no se satisfacen durante todo el periodo de operación.

Para modelar el rendimiento de los módulos fotovoltaicos teniendo en cuenta estas pérdidas se introduce un factor de rendimiento η. Normalmente suele adoptar un valor de 0.8 o 0.9.

A continuación se realiza una estimación de la energía producida por un generador fotovoltaico cuando funciona en el punto de máxima potencia y cuando funciona a una tensión fijada, por ejemplo, por una batería.

Figura 3.41. *Las tareas de limpieza de los módulos fotovoltaicos son imprescindibles cuando la acumulación de polvo y suciedad ocasiona pérdidas considerables de potencia.*

3.3.1. Punto de funcionamiento: punto de máxima potencia

La estimación de la energía que produce un generador fotovoltaico funcionando en el punto de máxima potencia, a lo largo de un determinado periodo de tiempo, se puede calcular de forma aproximada con la expresión:

$$E(W \cdot h) = P_{MPP,GFV} \cdot HSP \cdot \eta$$

E: energía generada, en W·h.

HSP: tiempo equivalente medido en horas solar pico, obtenido a partir de la irradiación recibida durante el periodo de tiempo considerado.

η: índice de rendimiento que modela las pérdidas en el generador fotovoltaico.

$P_{MPP,GFV}$: potencia del generador fotovoltaico en el punto de máxima potencia.

Actividad resuelta 3.5

Calcula la energía generada por un módulo fotovoltaico A-200M durante un día de enero, instalado en Madrid, trabajando en el punto de máxima potencia, en los siguientes casos:

a) El módulo está instalado en posición horizontal.

b) El módulo está orientado hacia el sur, con un ángulo de inclinación de 31°.

Solución:

a) La potencia máxima (P_{MPP}) del módulo es de 200 W y la irradiación diaria media en enero en Madrid es de 2080 W·h/m². Por tanto, el valor de HSP es 2.08 horas. Considerando un rendimiento de 0.8, la energía generada durante un día de enero es de:

$$E(W \cdot h) = 200 \cdot 2.08 \cdot 0.8 = 332.8\, W \cdot h$$

b) En este caso, la irradiación diaria media en enero es de 3490 W·h/m². Por tanto, el valor de HSP es 3.49 horas. Considerando un rendimiento de 0.8, la energía generada durante un día de enero es de:

$$E(W \cdot h) = 200 \cdot 3.49 \cdot 0.8 = 558.4\, W \cdot h$$

RECUERDA

Se define el concepto de **«hora solar pico» (HSP)** de un determinado periodo de tiempo, referido a una superficie con una orientación α y una inclinación β, como el número de horas de dicho periodo con una irradiancia ficticia de 1000 W/m², que tendría la misma irradiación total que la irradiación real de ese periodo de tiempo. Se obtiene dividiendo el valor de la irradiación en W·h/m², entre 1000 W/m².

Actividad resuelta 3.6

Calcula la energía anual generada por un módulo fotovoltaico A-200M, instalado en Madrid, trabajando en el punto de máxima potencia. El módulo está orientado hacia el sur, inclinado con el ángulo óptimo para maximizar la captación de energía anual. Se considera un rendimiento de 0.8.

Solución:

Según la Actividad resuelta 2.2, el ángulo óptimo para maximizar la captación de energía anual es de 31.58°. Y la irradiación solar anual recibida en esta posición es de 2054.95 kW·h/m². Por tanto, el valor de HSP es 2054.95 horas. La energía generada durante un año es 328 792 W·h.

$$E(W \cdot h) = 200 \cdot 2054.95 \cdot 0.8 = 328\,792\; W \cdot h$$

3.3.2. Punto de funcionamiento: tensión impuesta

Cuando un módulo o generador fotovoltaico se conecta directamente a una batería, su punto de funcionamiento dentro de la curva I-V y P-V viene impuesto por la tensión de la batería. A partir de la curva característica se puede determinar la intensidad que suministra el módulo o generador. En el caso general de que la tensión de la batería sea notablemente inferior a la tensión en el punto de máxima potencia (V_{MPP}) (Figura 3.16), la intensidad suministrada se puede aproximar a la intensidad en cortocircuito ($I_{SC,GFV}$). Entonces, la energía generada, medida en A·h, se puede estimar con la expresión:

$$Q(A \cdot h) = I_{SC,GFV} \cdot HSP \cdot \eta$$

Q: energía generada, en A·h.

HSP: tiempo equivalente medido en horas solar pico, obtenido a partir de la irradiación recibida durante el periodo de tiempo considerado.

η: índice de rendimiento que modela las pérdidas en el generador fotovoltaico.

$I_{SC,GFV}$: intensidad en cortocircuito del generador fotovoltaico.

Actividad resuelta 3.7

Calcula la energía generada por un módulo fotovoltaico A-200M durante un día de enero, instalado en Madrid, trabajando a una tensión fijada por una batería de 24 V, en los siguientes casos:

a) El módulo está instalado en posición horizontal.

b) El módulo está orientado hacia el sur, con un ángulo de inclinación de 31°.

Solución:

a) A partir de la curva I-V, cuando el módulo trabaja a 24 V, la intensidad que circula se corresponde aproximadamente con la intensidad en cortocircuito (I_{SC}). La intensidad en cortocircuito del módulo es de 5.78 A y la irradiación diaria media en enero en Madrid es de 2080 W·h/m². Por tanto, el valor de HSP es 2.08 horas. Considerando un rendimiento de 0.8, la energía generada durante un día de enero es de:

$$Q(A \cdot h) = 5.78 \cdot 2.08 \cdot 0.8 = 9.62\ A \cdot h$$

Multiplicando por la tensión de funcionamiento (24 V), se obtiene la energía en W·h:

$$E(W \cdot h) = 24 \cdot 9.62 = 230.83\ W \cdot h$$

b) En este caso, la irradiación diaria media en enero es de 3490 W·h/m². Por tanto, el valor de HSP es 3.49 horas. Considerando un rendimiento de 0.8, la energía generada durante un día de enero es de:

$$Q(A \cdot h) = 5.78 \cdot 3.49 \cdot 0.8 = 16.14\ A \cdot h$$

Multiplicando por la tensión de funcionamiento (24 V), se obtiene la energía en W·h:

$$E(W \cdot h) = 24 \cdot 16.14 = 387.36\ W \cdot h$$

Actividad propuesta 3.5

Calcula la energía producida durante un día de enero por un generador fotovoltaico, compuesto por veinte módulos fotovoltaicos A-200M, agrupados en cuatro ramas paralelo, con cinco módulos en serie por rama, trabajando en el punto de máxima potencia. La instalación se ubica en Madrid. Los módulos están orientados hacia el sur, inclinados con el ángulo óptimo para maximizar la captación de energía anual. Se considera un rendimiento de 0.8.

Actividad resuelta 3.8

Calcula la energía anual generada por un módulo fotovoltaico A-200M (P_{MPP} = 200 W, I_{MPP} = 5.38 A, V_{MPP} = 37.18 V, I_{SC} = 5.78 A), instalado en Madrid, que trabaja a una tensión fijada por una batería de 24 V. El módulo está orientado hacia el sur, inclinado con el ángulo óptimo para maximizar la captación de energía anual. Se considera un rendimiento de 0.8.

¿Y en el caso de conectar tres módulos en paralelo?

Solución:

Según la Actividad resuelta 2.2, el ángulo óptimo para maximizar la captación de energía anual es de 31.58°. Además, la irradiación solar anual recibida en esta posición es de 2054.95 kW·h/m^2. Por tanto, el valor de HSP es 2054.95 horas. La energía generada durante un año es 9502.09 A·h.

$$Q(A \cdot h) = 5.78 \cdot 2054.95 \cdot 0.8 = 9502.09\ A \cdot h$$

Multiplicando por la tensión de funcionamiento (24 V) se obtiene la energía en W·h:

$$E(W \cdot h) = 24 \cdot 9502.09 = 228\,050.13\ W \cdot h$$

En caso de conectar tres módulos fotovoltaicos en paralelo, la intensidad del generador fotovoltaico es de 5.78 A · 3 = 17.34 A. Resultando una energía generada de 28 506.26 A·h.

$$Q(A \cdot h) = 17.34 \cdot 2054.95 \cdot 0.8 = 28\,506.26\ A \cdot h$$

$$E(W \cdot h) = 24 \cdot 28\,506.26 = 684\,150.24\ W \cdot h$$

MAPA CONCEPTUAL

MÓDULOS Y GENERADORES FOTOVOLTAICOS

- **EL MÓDULO FOTOVOLTAICO**
  - Características constructivas
  - Curvas características
  - Influencia de la irradiancia solar
  - Influencia de la temperatura
  - Influencia simultánea de la irradiancia solar y temperatura
  - Parámetros característicos de un módulo FV
  - Punto de funcionamiento de un módulo FV
  - Diodos de paso para la protección contra puntos calientes
  - Criterios para la selección de módulos fotovoltaicos
- **EL GENERADOR FOTOVOLTAICO**
  - Asociación y conexión de módulos fotovoltaicos
  - Sistemas de agrupamiento y formas de conexionado
  - Protección de *strings* contra corrientes inversas
  - Dispositivos de maniobra y seccionamiento
  - Protección contra sobretensiones transitorias
  - Protección contra corrientes inversas
- **ESTIMACIÓN DE LA ENERGÍA PRODUCIDA POR UN GENERADOR FOTOVOLTAICO**
  - En el punto de máxima potencia
  - Con una tensión impuesta

De comprobación

3.1. Una célula fotovoltaica expuesta a una irradiancia solar de 1000 W/m², con un área de exposición de unos 100 cm²:

a) Genera una tensión de unos 0.6 V en circuito abierto y una intensidad de unos 3 A en cortocircuito.

b) Genera una tensión de unos 6 V en circuito abierto y una intensidad de unos 3 A en cortocircuito.

c) Genera una tensión de unos 0.6 V en circuito abierto y una intensidad de unos 0.3 A en cortocircuito.

d) Genera una tensión de unos 6 V en circuito abierto y una intensidad de unos 0.3 A en cortocircuito.

3.2. En condiciones estándar de medida:

a) La irradiancia solar es de 1000 W/m², la temperatura ambiente de 25 °C y la masa de aire 1.5.

b) La irradiancia solar es de 1000 W/m², la temperatura de las células de 25 °C y la masa de aire 1.0.

c) La irradiancia solar es de 1250 W/m², la temperatura ambiente de 25 °C y la masa de aire 1.5.

d) La irradiancia solar es de 1000 W/m², la temperatura de las células de 25 °C y la masa de aire 1.5.

3.3. Si se realiza un cortocircuito entre los terminales positivo y negativo de un módulo fotovoltaico que recibe una irradiancia solar de 1000 W/m²:

a) El módulo fotovoltaico se destruye inmediatamente.

b) El módulo fotovoltaico funciona en el punto de máxima potencia.

c) La potencia que genera el módulo fotovoltaico es nula.

d) La intensidad eléctrica que circula es nula.

3.4. Si se deja funcionar en circuito abierto un módulo fotovoltaico que recibe una irradiancia solar de 1000 W/m²:

a) El módulo fotovoltaico se destruye inmediatamente.

b) El módulo fotovoltaico funciona en el punto de máxima potencia.

c) La potencia que genera el módulo fotovoltaico es nula.

d) La intensidad eléctrica que circula es nula.

3.5. Se denomina temperatura de operación nominal de célula (TONC) a la temperatura que alcanzan las células del módulo fotovoltaico cuando:

a) La temperatura ambiente es de 20 °C, la irradiancia solar es de 800 W/m² y la velocidad del viento es de 1 m/s.

b) La temperatura ambiente es de 20 °C, la irradiancia solar es de 1000 W/m² y la velocidad del viento es de 1 m/s.

c) La temperatura ambiente es de 25 °C, la irradiancia solar es de 1000 W/m² y la velocidad del viento es de 1 m/s.

d) La temperatura ambiente es de 25 °C, la irradiancia solar es de 1000 W/m² y la velocidad del viento es de 1.5 m/s.

3.6. Cuando se conecta un módulo fotovoltaico directamente a una batería real. El punto de funcionamiento del módulo fotovoltaico viene condicionado por:

a) La capacidad de la batería.

b) La tensión y resistencia interna de la batería.

c) La resistencia interna de la batería.

d) La tensión de la batería.

3.7. Elige la respuesta correcta:

a) La asociación paralelo de módulos fotovoltaicos permite aumentar la tensión y la potencia eléctrica, manteniendo el valor de la intensidad.

b) La asociación mixta de módulos fotovoltaicos permite aumentar la tensión y la potencia eléctrica, manteniendo el valor de la intensidad.

c) La asociación serie de módulos fotovoltaicos permite aumentar la tensión y la potencia eléctrica, manteniendo el valor de la intensidad.

d) La asociación mixta de módulos fotovoltaicos permite aumentar la intensidad y la potencia eléctrica, manteniendo el valor de la tensión.

3.8. Normalmente es necesario proteger las ramas o *strings* del generador fotovoltaico contra corrientes inversas si se dispone de:

a) Más de una rama de módulos fotovoltaicos.

b) Más de dos ramas de módulos fotovoltaicos.

c) Más de tres ramas de módulos fotovoltaicos.

d) Más de cuatro ramas de módulos fotovoltaicos.

3.9. Para proteger las ramas o *strings* contra corrientes inversas se pueden utilizar:

a) Diodos.

b) Fusibles.

c) Interruptores magnetotérmicos.

d) Cualquiera de los dispositivos anteriores.

3.10. Las pérdidas por *mismatch* son pérdidas energéticas debidas a:

a) La asociación eléctrica de módulos fotovoltaicos con parámetros ligeramente diferentes.

b) La acumulación de polvo y suciedad sobre la superficie de los módulos fotovoltaicos.

c) La degradación de la potencia del módulo fotovoltaico con el paso del tiempo.

d) La variación de la temperatura de trabajo de las células fotovoltaicas con respecto a las condiciones estándar de medida.

De aplicación

3.11. Se utiliza un módulo fotovoltaico, con las siguientes características, para alimentar directamente una carga resistiva: P_{MPP} = 95 W; I_{MPP} = 5.16 A; V_{MPP} = 18.43 V; I_{SC} = 5.64 A; V_{OC} = 21.98 V. Calcula el valor de la resistencia de carga que debe conectarse al módulo fotovoltaico para que trabaje en el punto de máxima potencia en condiciones estándar de medida.

3.12. Un determinado módulo fotovoltaico, con TONC = 47 °C, tiene los siguientes parámetros térmicos: α = 0.08 %/°C; β = –0.32 %/°C; γ = –0.43 %/°C. Los parámetros eléctricos, en condiciones estándar de medida, son P_{MPP} = 95 W; I_{MPP} = 5.16 A; V_{MPP} = 18.43 V; I_{SC} = 5.64 A; V_{OC} = 21.98 V. Calcula la potencia máxima (P_{MPP}), la intensidad en cortocircuito (I_{SC}) y la tensión de circuito abierto (V_{OC}), para una irradiancia solar de 1000 W/m^2 y una temperatura ambiente de 32 °C.

3.13. Se desea diseñar un generador fotovoltaico cuya tensión sea de unos 80 V y su potencia de unos 1400 W, en condiciones estándar de medida en el punto de máxima potencia. Para ello se dispone de módulos fotovoltaicos con las siguientes características en condiciones estándar de medida: I_{MPP} = 8.31 A; V_{MPP} = 27.74 V; P_{MPP} = 230 W. Determina el número de módulos fotovoltaicos necesarios y su asociación. Para el generador diseñado, calcula la tensión, intensidad y potencia máxima en el punto de máxima potencia, en condiciones estándar de medida.

3.14. Un generador fotovoltaico está formado por 32 módulos fotovoltaicos, con ocho ramas paralelo y cuatro módulos en serie en cada rama. Los parámetros eléctricos del módulo son

P_{MPP} = 250 W; I_{MPP} = 8.45 A; V_{MPP} = 29.53 V; I_{SC} = 8.91 A; V_{OC} = 37.60 V. Los parámetros térmicos: α = 0.04 %/°C; β = –0.32 %/°C; γ = –0.43 %/°C; TONC = 47 °C. Calcula la potencia, intensidad y tensión del generador fotovoltaico en condiciones estándar de medida, en el punto de máxima potencia.

3.15. Realiza una estimación de la energía anual producida por un generador fotovoltaico, compuesto por ocho módulos fotovoltaicos conectados en paralelo. Los parámetros eléctricos del módulo son P_{MPP} = 95 W; I_{MPP} = 5.16 A; V_{MPP} = 18.43 V; I_{SC} = 5.64 A; V_{OC} = 21.98 V. La instalación se ubica en Almería. Los módulos están orientados hacia el sur, inclinados con el ángulo óptimo para maximizar la captación de energía anual. Se considera un rendimiento de 0.8.

a) Trabajando en el punto de máxima potencia.

b) Conectado a una batería de 12 V.

De aplicación práctica

3.16. Obtención de la curva I-V y P-V de un módulo fotovoltaico. En este caso práctico se pretende comprobar las variaciones de tensión, intensidad y potencia que suministra un módulo fotovoltaico en función del punto de funcionamiento. Para ello, orienta y coloca el módulo fotovoltaico en una posición fija, tanto en acimut como en inclinación. Conecta una resistencia variable cuyo rango varíe desde 0 ohmios hasta un valor relativamente elevado. Modifica el valor de la resistencia variable y mide la intensidad y tensión en diversos puntos de funcionamiento. Calcula la potencia que genera el módulo fotovoltaico en cada uno de los puntos de funcionamiento. Dibuja la curva I-V y la curva P-V. Compara las curvas obtenidas con las curvas proporcionadas del fabricante. ¿Son similares? Recuerda que las curvas que facilita el fabricante se han obtenido en condiciones estándar de medida.

3.17. Asociación de módulos fotovoltaicos. Con esta actividad se pretende medir la tensión e intensidad generadas por dos módulos fotovoltaicos del mismo modelo en función de su asociación eléctrica. Para ello, en primer lugar se debe fijar la posición de los módulos. Después mide la tensión en circuito abierto y la intensidad de cortocircuito de cada módulo fotovoltaico. Conecta los módulos en serie y mide la tensión en circuito abierto y la intensidad de cortocircuito del sistema montado. Conecta los módulos en paralelo y mide la tensión en circuito abierto y la intensidad de cortocircuito del sistema montado. Compara las medidas realizadas.

3.18. Influencia de la orientación en un módulo fotovoltaico. Mediante esta práctica se pretende comprobar la influencia de la orientación de un módulo fotovoltaico, tanto en la inclinación como en el acimut, sobre la corriente de cortocircuito generada por el módulo.

a) Influencia de la inclinación. Cortocircuita el módulo fotovoltaico. Orienta el módulo hacia el sur. Una vez orientado, mide con un amperímetro la intensidad que proporciona el módulo, para distintas inclinaciones, partiendo desde el plano horizontal hasta los 90°. Anota las medidas de la intensidad en cortocircuito cada 10°.

b) Influencia del acimut. Cortocircuita el módulo fotovoltaico. Coloca el módulo orientado hacia el sur, con una determinada inclinación óptima que se debe mantener fija. Gira el módulo, en el sentido de las agujas del reloj, desde –180° a 180°, manteniendo la inclinación inicial. Anota las medidas de la intensidad en cortocircuito cada 30°.

3.19. Influencia de la temperatura de operación de las células de un módulo fotovoltaico. En esta actividad práctica se pretende observar la influencia de la temperatura sobre el comportamiento de un módulo fotovoltaico. Para ello cortocircuita el módulo fotovoltaico. Orienta y coloca el módulo fotovoltaico en una posición fija, tanto en acimut como en inclinación. Mide inmediatamente la corriente en cortocircuito. Mide nuevamente la corriente en cortocircuito después de quince minutos de exposición al Sol. Compara las dos medidas realizadas.

De ampliación

3.20. Busca las hojas de características de dos módulos fotovoltaicos de distinto fabricante que tengan la misma potencia máxima. Compara las especificaciones técnicas de los dos módulos fotovoltaicos, tecnología de células, rendimiento, tolerancias, rango de temperaturas, garantía ofrecida, precio, etc.

3.21. Busca las hojas de características de interruptores-seccionadores, dispositivos de protección contra sobretensiones, fusibles gPV e interruptores magnetotérmicos para aplicaciones fotovoltaicas. Analiza las especificaciones técnicas que proporcionan los fabricantes para estos dispositivos.

3.22. La aplicación Sistema de Información Geográfica Fotovoltaica (Photovoltaic Geographical Information System [PVGIS]) también dispone de una opción que permite estimar la energía generada por un sistema fotovoltaico *(PV Estimation)*. Estudia el funcionamiento de esta aplicación y utilízala sobre un caso particular.

Las instalaciones solares fotovoltaicas aisladas de red son instalaciones autónomas que gestionan por sí mismas la generación y el consumo de energía. Pueden ser instalaciones cuya única fuente de energía sea la radiación solar o bien pueden combinarse con otras fuentes de energía complementarias, tales como la energía eólica o bien con un grupo electrógeno. En la mayoría de ocasiones estas instalaciones necesitan de un sistema de almacenamiento de energía, ya que posiblemente existirán situaciones en las que la demanda de energía sea superior a la energía generada, así como de un inversor para convertir la corriente continua en corriente alterna para alimentar receptores que así lo requieran.

Instalaciones solares fotovoltaicas aisladas de red

4

Contenidos

Objetivos

- Identificar las distintas configuraciones de instalaciones solares fotovoltaicas aisladas de red.
- Determinar y seleccionar el sistema de acumulación de energía.
- Determinar y seleccionar el regulador de carga.
- Determinar y seleccionar el inversor.
- Determinar y seleccionar el convertidor CC/CC.
- Conocer las distintas configuraciones de instalaciones solares fotovoltaicas aisladas de red con apoyo energético.

4.1. Introducción a las instalaciones solares fotovoltaicas aisladas de red

Una instalación solar fotovoltaica autónoma o aislada de red tiene por finalidad la generación de energía eléctrica a partir de la radiación solar para satisfacer la demanda energética de cargas eléctricas no conectadas a red. Algunas de las aplicaciones de las instalaciones solares fotovoltaicas aisladas de red son:

- Electrificación rural: viviendas de uso temporal o permanentes, postas sanitarias, etc.
- Alumbrado: alumbrado público, carteles de publicidad, etc.
- Señalización: faros y boyas marinas, faros, señalización viaria en carreteras, etc.
- Aplicaciones agrícolas y ganaderas: bombeo de agua, electrificación de cercas, control de riego, invernaderos, etc.
- Telecomunicaciones: repetidores de radio y televisión, radiotelefonía, etc.
- Actividades de ocio: refugios y albergues de montaña, barcos, caravanas, etc.

Estas instalaciones necesitan de un **sistema de acumulación de energía** por si hay situaciones en las que la demanda energética de las cargas es superior a la energía generada. Cuando esto ocurre, la energía que produce el generador fotovoltaico es almacenada en el sistema de acumulación o batería, y se consigue de esta forma disponer de energía durante la noche, así como durante aquellos momentos en los que la radiación solar disponible no es suficiente para generar la energía demandada por las cargas.

El **regulador de carga** controla los procesos continuos de carga y descarga. Se trata de un dispositivo electrónico que evita la sobrecarga y sobredescarga del sistema de acumulación, y alarga de esta forma su vida útil, desconectando las cargas o consumos en caso necesario. Existen reguladores de carga con seguidor del punto de máxima potencia (MPPT) que consiguen que el módulo o generador fotovoltaico funcione en el punto de máxima potencia de su curva característica intensidad-tensión.

La energía suministrada por el generador fotovoltaico y el sistema de acumulación es en corriente continua. Cuando se desea alimentar cargas que funcionan en corriente alterna, es necesario disponer de un **inversor** que transforme la corriente continua en corriente alterna. Puede ser preciso utilizar también un **convertidor CC/CC** que transforme una tensión de entrada en corriente continua en otra tensión diferente, también en corriente continua, en función de las especificaciones técnicas de los receptores eléctricos alimentados.

Las configuraciones más habituales de las instalaciones solares fotovoltaicas aisladas se pueden clasificar en:

- Instalaciones sin inversor.
- Instalaciones con inversor conectado en la salida del regulador de carga.
- Instalaciones con inversor conectado directamente en el sistema de acumulación.
- Instalaciones solares fotovoltaicas híbridas.

Figura 4.1. *Instalación solar fotovoltaica aislada de red para alimentar una señal de tráfico.*

4.1.1. Instalaciones sin inversor

Esta configuración se utiliza cuando todas las cargas o consumos eléctricos se alimentan en corriente continua. En esta disposición todos los consumos se conectan en la salida del regulador de carga, el cual desconecta las cargas como medida de protección contra sobredescargas cuando la batería o sistema de acumulación alcanza la profundidad máxima de descarga permitida.

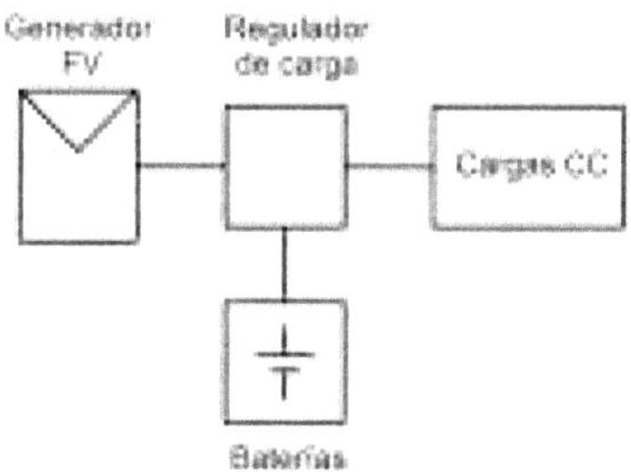

Figura 4.2. *Instalación solar fotovoltaica aislada de red sin inversor.*

En algunas instalaciones es necesario alimentar una **carga o consumo eléctrico prioritario** con respecto al resto de cargas eléctricas. Para adjudicar este sentido de prioridad esta carga se conecta directamente a la batería. Cuando el regulador desconecta las cargas como medida de protección contra sobredescargas de la batería, la carga prioritaria continúa alimentándose. Ante esta situación, la batería se debe recargar lo antes posible para evitar una descarga profunda, o incluso una descarga total.

A ser posible, es recomendable que esta carga prioritaria entre en un estado de muy bajo consumo cuando se da esta situación. Por ejemplo, un frigorífico podría considerarse como una carga con alta prioridad.

4.1.2. Instalaciones con inversor conectado en la salida del regulador de carga

Cuando existen consumos que se alimentan a partir de corriente alterna es necesario incluir en la instalación un inversor que convierta la corriente continua en corriente alterna. Para conseguir que sea efectiva la protección del regulador de carga contra sobredescargas de la batería, el inversor debe considerarse como una carga eléctrica más y conectarse, por tanto, en la salida de consumos de corriente continua del regulador de carga. Uno de los inconvenientes de esta configuración es que el regulador de carga debe ser capaz de soportar simultáneamente la corriente demandada por el inversor, incluyendo las sobreintensidades de arranque solicitadas por los receptores, así como la corriente demandada por los consumos de corriente continua. Esta configuración puede dar lugar a un sobredimensionado excesivo del regulador de carga.

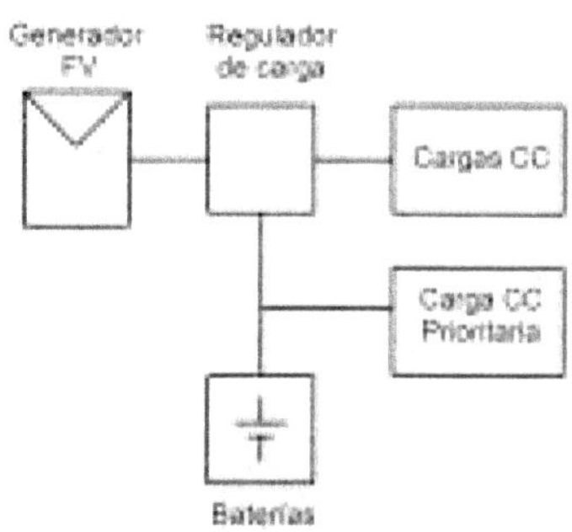

Figura 4.3. *Instalación solar fotovoltaica aislada de red sin inversor con carga prioritaria.*

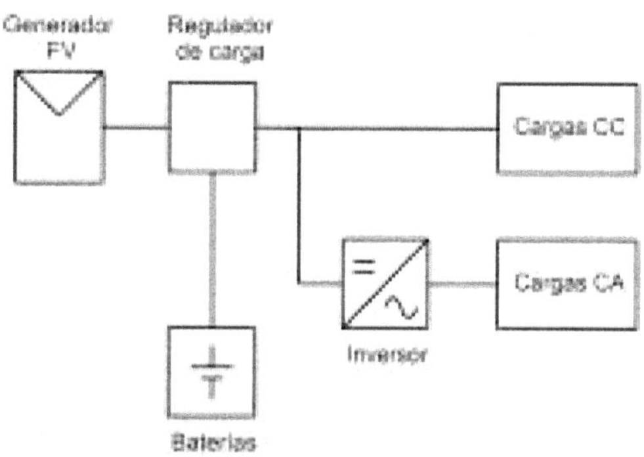

Figura 4.4. *Instalación solar fotovoltaica aislada de red con inversor conectado en la salida del regulador.*

4.1.3. Instalaciones con inversor conectado directamente en el sistema de acumulación

Otra opción es la conexión directa del inversor a la batería. Mediante esta configuración, la corriente demandada por el inversor es proporcionada directamente por el sistema de acumulación sin pasar y sin estar controlada por el regulador de carga. Tiene el inconveniente de la pérdida de eficacia de la protección contra sobredescargas de la batería que realiza el regulador, puesto que, aunque el regulador desconecte los consumos de corriente continua cuando la batería alcanza la profundidad máxima de descarga, el inversor continúa extrayendo energía de la batería.

Los inversores suelen incorporar una protección contra baja tensión de entrada y se desconectan cuando la tensión alcanza un determinado límite inferior preestablecido. Más bien se trata de una autoprotección del inversor y no de una protección contra sobredescargas del sistema de acumulación. Además, en la mayoría de los inversores este límite inferior de tensión de desconexión no es ajustable y viene fijado de fábrica.

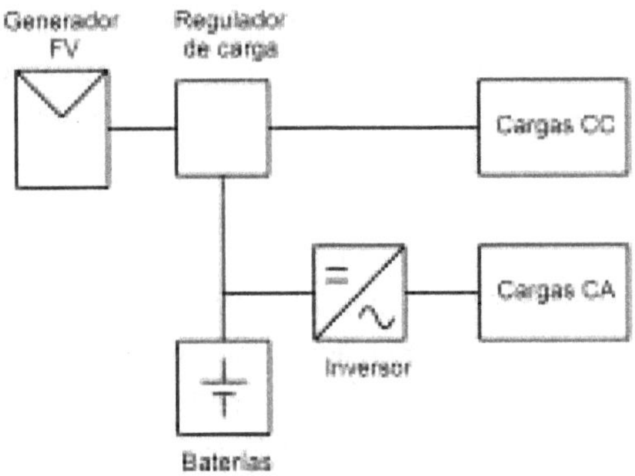

Figura 4.5. *Instalación solar fotovoltaica aislada de red con inversor conectado en la batería.*

4.1.4. Instalaciones solares fotovoltaicas híbridas

Las instalaciones generadoras aisladas no siempre obtienen la energía exclusivamente de la radiación solar. También pueden combinarse con otras fuentes de energía como, por ejemplo, un aerogenerador o un grupo electrógeno. Las configuraciones para estos sistemas se pueden clasificar en función del tipo de bus utilizado:

- Bus de corriente continua.
- Bus de corriente alterna.

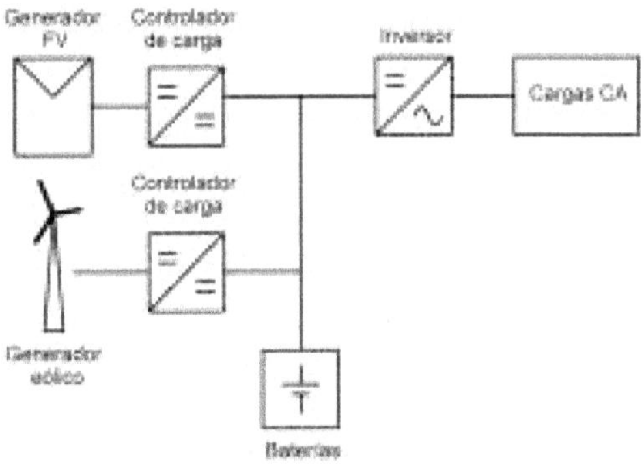

Figura 4.6. *Instalación solar fotovoltaica híbrida con bus de corriente continua.*

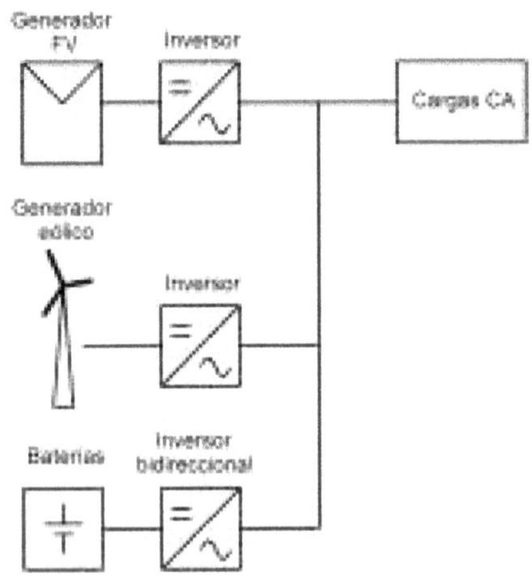

Figura 4.7. *Instalación solar fotovoltaica híbrida con bus de corriente alterna.*

4.2. Sistema de acumulación de energía

En la mayoría de ocasiones los periodos de producción de energía eléctrica a partir de la energía solar no coinciden en el tiempo con los periodos de consumo de la energía eléctrica. Es necesario, por tanto, un sistema de almacenamiento de energía que permita la alimentación de las cargas o receptores cuando la energía suministrada por el generador fotovoltaico sea insuficiente. Para ello se utilizan las **baterías** o acumuladores. Una batería es un dispositivo capaz de transformar la energía química en energía eléctrica, y viceversa.

En las instalaciones fotovoltaicas aisladas, las baterías o acumuladores cumplen los siguientes objetivos:

- Almacenar energía para aquellos periodos de tiempo en los que la energía eléctrica producida por el generador fotovoltaico es insuficiente para abastecer la demanda de las cargas.
- Proporcionar intensidades de arranque elevadas para algunos tipos de receptores, tales como motores eléctricos.
- Estabilizar y fijar la tensión nominal de trabajo de la instalación. Los valores típicos de las baterías en las instalaciones solares fotovoltaicas aisladas son 12 V, 24 V, y 48 V.

Una batería suele estar formada por la asociación en serie de **elementos**, también denominados «vasos» o «celdas». Un elemento está formado por dos electrodos, uno positivo y otro negativo de distinto material, inmersos en una disolución electrolítica, de tal forma que entre ambos electrodos se establece una diferencia de potencial o tensión eléctrica. En estos elementos tiene lugar una reacción química reversible que transforma energía química en energía eléctrica y viceversa.

En instalaciones solares fotovoltaicas de baja potencia se suelen utilizar baterías de tipo **monoblock**. Se trata de baterías compactas y robustas que ocupan poco espacio y se instalan rápidamente. En instalaciones de gran potencia es recomendable emplear elementos o vasos individuales y posteriormente conectarlos en serie o paralelo, para obtener así las tensiones y capacidades necesarias. La principal ventaja de la segunda opción es la facilidad de sustitución de un vaso o elemento en caso de avería.

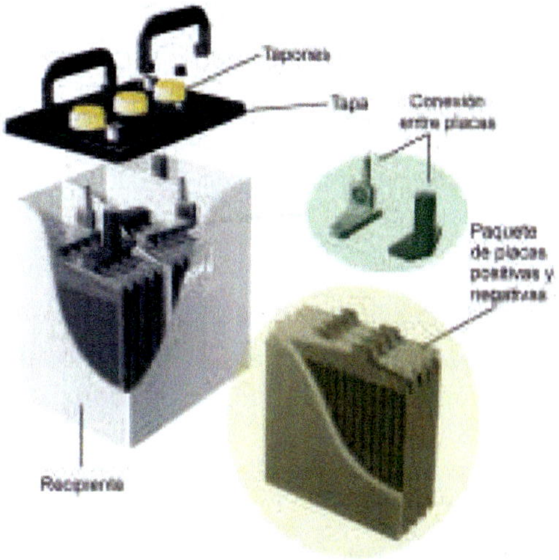

Figura 4.8. *Constitución de un acumulador.*

El **ciclo** o ciclado de una batería se refiere a los procesos de carga y descarga. Durante el proceso de carga la batería funciona como receptor, absorbiendo intensidad eléctrica (régimen de carga), mientras que durante el proceso de descarga la batería funciona como generador, suministrando intensidad (régimen de descarga). Un ciclo es un proceso de descarga seguido de un proceso de carga.

4.2.1. Tipos de baterías

En general las baterías se clasifican en **primarias** o **secundarias**. Las baterías primarias son no recargables, mientras que las secundarias son recargables. En las instalaciones fotovoltaicas se utilizan las baterías recargables, las cuales se cargan con la energía eléctrica producida por el generador fotovoltaico. Se clasifican en función de la tecnología de fabricación.

Baterías de plomo-ácido

En las baterías de plomo-ácido la placa positiva de cada elemento está construida con dióxido de plomo y la placa negativa con plomo. El electrolito está formado por una solución diluida de ácido sulfúrico. La reacción química global que tiene lugar en la batería es:

$$PbO_2 + Pb + 2H_2SO_4 \Leftrightarrow 2PbSO_4 + 2H_2O$$

El sentido de la reacción depende de si se trata de un proceso de carga o de descarga. Durante la carga se enriquece en ácido y durante la descarga se empobrece.

En función de su aplicación, las baterías de plomo-ácido se clasifican en:

- **Baterías de arranque.** Se utilizan en automoción y están diseñadas para suministrar intensidades elevadas durante periodos de tiempo muy cortos. Están preparadas para ciclos poco profundos.
- **Baterías de tracción.** Se utilizan en vehículos eléctricos. Están diseñadas para ciclos muy profundos.
- **Baterías estacionarias.** Están diseñadas para trabajar en regímenes lentos de carga y descarga. Se utilizan en instalaciones fotovoltaicas y sistemas de alimentación ininterrumpida (SAI).

Figura 4.9. *Elemento o vaso estacionario de plomo-ácido, de 2 V de tensión.* (Fuente: *ATERSA.*)

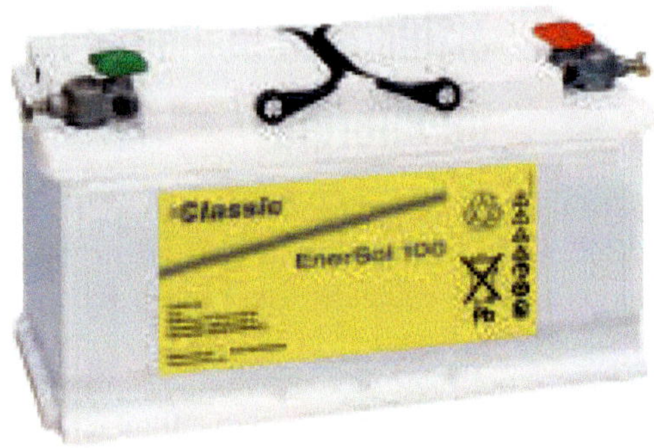

Figura 4.10. *Batería monoblock estacionaria, de 12 V y 90 A·h.* (Fuente: *ATERSA.*)

Baterías de electrolito inmovilizado

Se trata de un tipo especial de batería de plomo-ácido, pero en este caso el electrolito está inmovilizado. A su vez, se pueden clasificar en baterías AGM *(Absorvent Glass Mat)* y baterías de gel.

En las baterías AGM el electrolito está en forma cristalina. En general las baterías AGM son más adecuadas para suministrar corrientes elevadas de arranque que las baterías de gel. En las baterías de gel el electrolito está gelificado, de tal forma que no precisan mantenimiento y tienen mayor vida útil que las baterías AGM.

Baterías de níquel-cadmio

Estas baterías se caracterizan por su larga vida útil y su bajo mantenimiento, pero su precio es bastante elevado con respecto a las baterías de plomo-ácido. La placa positiva está construida con hidróxido de níquel y la negativa con cadmio. El electrolito es una solución de hidróxido potásico. La reacción química global que tiene lugar en una batería de níquel-cadmio es:

$$Cd + 2NiO(OH) + 2H_2O \Leftrightarrow$$
$$\Leftrightarrow Cd(OH)_2 + 2Ni(OH)_2$$

RECURSOS DIGITALES

El estudio sobre **el modelo eléctrico de una batería, el fenómeno de gaseo y sulfatación**, cuya consulta recomendamos para la ampliación de la materia de estudio de la presente unidad, se puede consultar entre los recursos digitales del libro, a los que se puede acceder mediante un sencillo registro desde la pestaña de «Recursos previo registro» de la ficha web de la obra (en **www.paraninfo.es**).

4.2.2. Características técnicas

- **Tensión nominal.** Es la tensión eléctrica de la batería. Su valor nominal suele ser de 2 V, 6 V, 12 V, etc. La tensión de la salida de la batería no se mantiene constante, sino que depende del estado de carga de la batería y de la temperatura.
- **Capacidad nominal (C).** Es la máxima cantidad de energía eléctrica que se puede extraer de una batería partiendo de un estado inicial de carga máxima, hasta que se alcance un valor determinado de tensión de corte de sobredescarga. Se mide en amperios hora (A·h). La capacidad de descarga se obtiene como el producto de la intensidad de descarga ($I_{DESCARGA}$) por el tiempo de descarga ($t_{DESCARGA}$):

$$C_T = I_{DESCARGA} \cdot t_{DESCARGA}$$

La capacidad también se puede expresar en vatios hora (W·h), multiplicando la expresión anterior por la tensión nominal de la batería (V_B):

$$C_T = I_{DESCARGA} \cdot t_{DESCARGA} \cdot V_B$$

La capacidad de las baterías se debe diseñar teniendo en cuenta las características del generador fotovoltaico. Una baja capacidad de la batería puede dar lugar a cortes en el suministro de energía hacia los consumos. Si la capacidad de las baterías es elevada con respecto a la potencia del generador fotovoltaico se corre el riesgo de que en cada ciclo las baterías no lleguen a cargarse completamente. Por el contrario, un exceso de potencia del generador fotovoltaico con respecto a la capacidad de las baterías puede dar lugar a un desaprovechamiento de energía solar en caso de que las baterías se carguen rápidamente.

La capacidad de una batería depende del régimen de descarga. Con intensidades de descarga reducidas, se obtiene más capacidad que con intensidades de descarga elevadas. En la Figura 4.11 se representa un ejemplo de la variación de la capacidad de una batería en función de la intensidad de descarga.

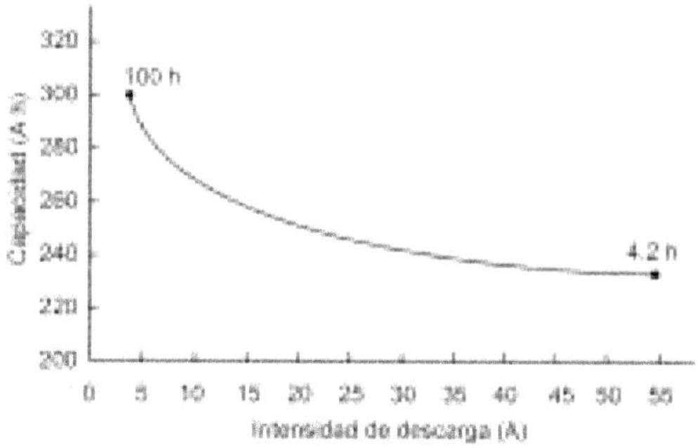

Figura 4.11. *Variación de la capacidad de una batería en función del régimen de descarga.*

- **Tensión de corte.** Es la tensión que alcanza la batería una vez se ha descargado.
- **Vida útil.** Es el número de ciclos (procesos de carga y descarga) que es capaz de desarrollar una batería. El envejecimiento de una batería depende de la cantidad de ciclos que ha sufrido.
- **Profundidad de descarga (PD).** Es la cantidad de energía, expresada en tanto por ciento, que ha sido extraída de una batería durante un proceso de descarga con respecto a su capacidad a plena carga. La vida útil de una batería depende de la profundidad de descarga.
- **Capacidad disponible o capacidad útil.** Es la capacidad o cantidad de energía que se puede extraer de una batería sin superar la profundidad máxima de descarga permitida.

$$C_{UTIL} = C \cdot PD$$

- **Estado de carga.** Es la cantidad de energía almacenada en la batería en un momento determinado, expresado en tanto por cien, con respecto a la capacidad nominal. Es el cociente entre la capacidad almacenada y la capacidad nominal a plena carga.

$$SOC = \frac{C_{ALMACENADA}}{C_{NOMINAL}}$$

- **Autodescarga.** Es la pérdida de energía o capacidad cuando no hay ninguna carga conectada a la batería, es decir, en circuito abierto. La autodescarga aumenta con la temperatura.
- **Rendimiento energético.** Es la relación entre la energía suministrada por la batería durante un proceso de descarga y la energía necesaria para recargarla hasta alcanzar su estado de carga inicial. Debido a las pérdidas internas, la batería no puede entregar toda la energía utilizada para su carga.

VOCABULARIO Inglés-español

- ***Depth of Discharge (DOD):*** profundidad de descarga (PD).
- ***State of Charge (SOC):*** estado de carga.

Actividad resuelta 4.1

Una batería estacionaria de 12 V tiene una capacidad C_{100} = 220 A·h. Calcula:

a) La intensidad de proporciona la batería en un proceso de descarga total que dura 100 horas.

b) La energía que se ha extraído de la batería si se ha realizado un proceso de descarga con una profundidad del 30 %.

c) La capacidad útil de la batería después de la descarga del 30%.

d) El estado de carga (SOC) después de la descarga del 30%.

Solución:

a) $I_{DESCARGA} = \frac{C_{100}}{t_{DESCARGA}} = \frac{220}{100} = 2.2\ A$

b) $220 \cdot 0.30 = 66\ A \cdot h$

c) $C_{UTIL} = 220 - 66 = 154\ A \cdot h$

d) $SOC = \begin{cases} \frac{154}{220} \\ 1 - 0.3 \end{cases} = 0.70 = 70\ \%$

Actividad resuelta 4.2

Una batería estacionaria con una capacidad C_{120} = 245 A·h alimenta a una serie de cargas eléctricas que consumen 75 A·h/día. *A priori* se ha establecido una profundidad de descarga máxima del 70 %.

a) Calcula el estado de carga y la profundidad de descarga después de uno, dos y tres días de funcionamiento sin recargarse.

b) Con este diseño y estos consumos, ¿se ha superado la profundidad de descarga máxima? ¿Se ha realizado correctamente el diseño?

Solución:

a) En el momento inicial, la batería se encuentra cargada con 245 A·h. El estado de carga es SOC = 1, y la profundidad de descarga PD = 0.

Al finalizar el primer día, se han consumido 75 A·h. Por tanto, la carga almacenada es:

$$C_{ALMACENADA} = 245 - 75 = 170\ A \cdot h$$

El estado de carga es:

$$SOC = \frac{170}{245} = 0.694 = 69.4\ \%$$

Y la profundidad de descarga resulta:

$$PD = 1 - SOC = 1 - 0.694 = 0.306 = 30.6\ \%$$

Después del segundo día, la carga almacenada, el estado de carga y la profundidad de descarga son:

$$C_{ALMACENADA} = 170 - 75 = 95\ A \cdot h$$

$$SOC = \frac{95}{245} = 0.387 = 38.7\ \%$$

$$PD = 1 - SOC = 1 - 0.387 = 0.613 = 61.3\ \%$$

Y después del tercer día, la carga almacenada, el estado de carga y la profundidad de descarga son:

$$C_{ALMACENADA} = 95 - 75 = 20\ A \cdot h$$

$$SOC = \frac{20}{245} = 0.082 = 8.2\ \%$$

$$PD = 1 - SOC = 1 - 0.082 = 0.918 = 91.8\ \%$$

b) En principio se había planteado una profundidad de descarga máxima del 70 %. Sin embargo, después del tercer día, la profundidad de descarga es notablemente superior. Por tanto, no se ha realizado correctamente el diseño. Si se desea mantener el valor diario de los consumos, es necesario aumentar la capacidad nominal de la batería.

4.2.3. Tipos de carga de la batería

En los sistemas fotovoltaicos se suelen utilizar cuatro métodos de carga de las baterías:

- **Carga normal o carga profunda.** En este tipo de carga se permite la entrada de intensidad en la batería hasta alcanzar el punto de tensión final de carga. Se utiliza este tipo de carga para llevar a la batería hasta un valor cercano al 90 %-95 % de su capacidad total.
- **Carga de absorción.** En esta etapa se completa el proceso de carga de la batería hasta su capacidad total.
- **Carga de flotación.** Su objetivo es conservar el estado de plena carga de la batería mediante la inyección de una corriente de flotación.

La carga de flotación también se aplica aun cuando la batería no esté en operación, para compensar de esta forma las pérdidas por autodescarga.

- **Carga de igualación o ecualización.** Este tipo de carga se realiza periódicamente y se utiliza cuando hay diferencias entre los estados de carga de cada uno de los elementos o vasos que componen la batería. Se inyecta corriente en la batería para conseguir que todos sus elementos queden igualados y con la máxima carga. También se realiza cuando el estado de carga de la batería ha sido bajo durante un determinado periodo de tiempo.

4.2.4. Factores que afectan a la vida útil

Las baterías son uno de los componentes más caros de las instalaciones fotovoltaicas. La vida útil de una batería depende de dos factores principales: las especificaciones de diseño y las condiciones reales de trabajo. Las especificaciones de diseño definen las características de fábrica de la batería, pero las condiciones de operación van a condicionar la vida útil de las baterías. El tiempo de vida de una batería se suele expresar en función del **número de ciclos**.

El número de ciclos en la vida de una batería depende de la **profundidad de descarga** a la que es sometida. Las descargas profundas acortan su vida útil, mientras que las descargas superficiales o poco profundas la alargan. Normalmente, cuando se diseñan las instalaciones fotovoltaicas se suele limitar la profundidad máxima de descarga a valores del 70 %-80 %. Es habitual que el fabricante de la batería facilite una gráfica donde se presenta la vida útil en función de la profundidad de descarga.

La **temperatura de operación** también afecta considerablemente a la vida útil. En general, el funcionamiento a altas temperaturas aumenta la capacidad pero reduce la vida útil, mientras que las bajas temperaturas disminuyen la capacidad y aumentan la vida útil, con el inconveniente del riesgo de congelación del electrolito. En las hojas de características técnicas se refleja el rango de temperatura idóneo de funcionamiento.

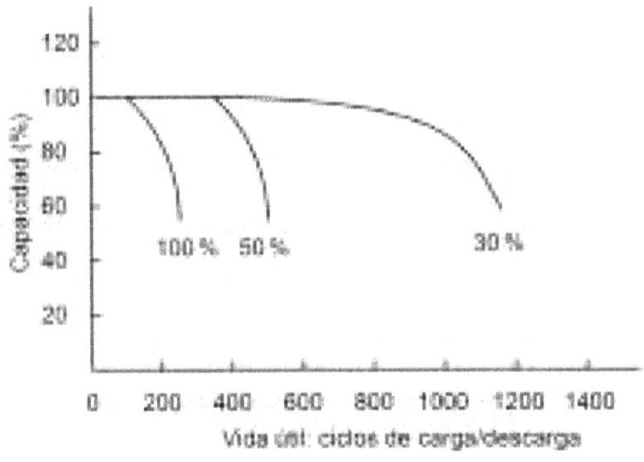

Figura 4.12. *Vida útil de una batería en función de la profundidad de descarga.*

Otro factor importante es el **mantenimiento** de las baterías. Se debe vigilar el nivel del electrolito de forma que las placas se encuentren siempre sumergidas. Las baterías de plomo-ácido con el electrolito accesible se rellenan periódicamente con agua destilada. Las estancas sin mantenimiento no se rellenan, pero su vida útil suele ser más corta. Asimismo, los terminales de conexión se deben mantener limpios y sin corrosión, lo que evita calentamientos y caídas de tensión no deseados.

Actividad propuesta 4.1

Consigue la hoja de características de una batería estacionaria para instalaciones solares fotovoltaicas aisladas de red y analiza sus especificaciones técnicas.

4.2.5. Asociación de elementos y baterías

En muchas aplicaciones es necesario asociar las baterías o elementos individuales para conseguir unos determinados valores de tensión eléctrica y capacidad nominal. Se deben asociar baterías o elementos de las mismas características.

Figura 4.13. *Asociación eléctrica y montaje de elementos sobre una bancada para conseguir las tensiones y capacidades necesarias.* (Fuente: *ATERSA.*)

Asociación serie

Permite aumentar la tensión y la potencia eléctrica manteniendo el valor de la capacidad nominal. Si se considera que todos los vasos o elementos son idénticos y trabajan en las mismas condiciones, la tensión eléctrica del sistema de acumulación (V_{SA}) es igual al producto de la tensión de un vaso (V_E) por el número de vasos conectados en serie (N_S). Mientras que la capacidad del sistema de acumulación (C_{SA}) es igual a la capacidad de un vaso (C_E).

$$V_{SA} = N_S \cdot V_E$$

$$C_{SA} = C_E$$

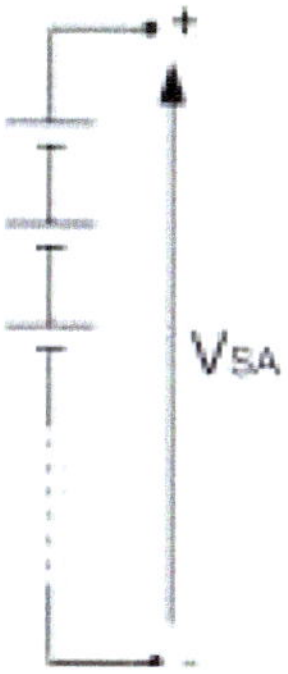

Figura 4.14. *Asociación serie de elementos.*

Actividad propuesta 4.2

Determina la capacidad y tensión de un sistema formado por cuatro elementos de 2 V y 245 A·h conectados en serie.

Asociación paralelo

Permite aumentar la capacidad y la potencia eléctrica manteniendo el valor de la tensión. Si se considera que todos los vasos o elementos son idénticos y trabajan en las mismas condiciones, la capacidad del sistema de acumulación (C_{SA}) es igual al producto de la capacidad de un vaso (C_E) por el número de vasos conectados en paralelo (N_P). Mientras que la tensión del sistema de acumulación (V_{SA}) es igual a la tensión suministrada por un vaso (V_E).

$$V_{SA} = V_E$$

$$C_{SA} = N_P \cdot C_E$$

Figura 4.15. *Asociación paralelo de elementos.*

Actividad propuesta 4.3

Determina la capacidad y tensión de un sistema formado por cuatro elementos de 2 V y 245 A·h conectados en paralelo.

Asociación mixta

Combina las asociaciones serie y paralelo, lo que permite aumentar el valor de la capacidad, de la tensión y de la potencia eléctrica. Si se considera que todos los vasos o elementos son idénticos y trabajan en las mismas condiciones, la tensión eléctrica del sistema de acumulación (V_{SA}) es igual al producto de la tensión de un vaso (V_E) por el número de vasos conectados en serie (N_S). Mientras que la capacidad del sistema de acumulación (C_{SA}) es igual al producto de la capacidad de un vaso (C_E) por el número de ramas conectadas en paralelo (N_P).

$$V_{SA} = N_S \cdot V_E$$

$$C_{SA} = N_P \cdot C_E$$

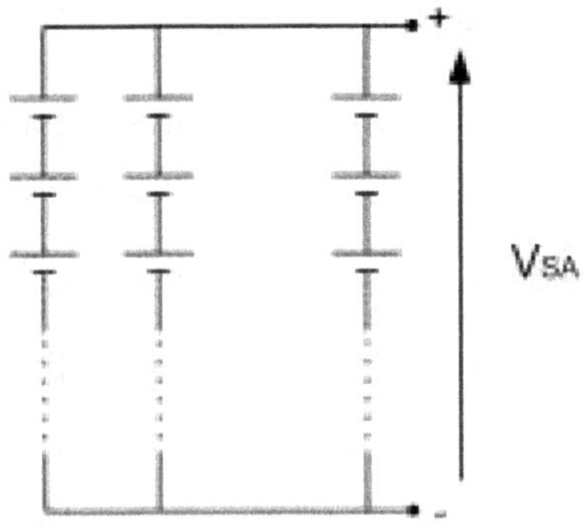

Figura 4.16. *Asociación mixta de elementos.*

Actividad propuesta 4.4

Determinar la capacidad y tensión de un sistema formado por veinticuatro elementos de 2 V, 245 A·h. Se conectan doce elementos en serie en cada rama, con dos ramas en paralelo.

Actividad resuelta 4.3

Determina el tipo y número de elementos o vasos necesarios, así como su forma de conexión, para conseguir un sistema de acumulación de 12 V, con una capacidad C_{120} de 780 A·h. Para ello se dispone de tres posibles modelos de celdas A, B y C, de tensión 2 V, con capacidades nominales para un régimen de descarga de 120 horas (C_{120}), de valores 245 A·h, 300 A·h y 367 A·h, respectivamente.

Solución:

El número de vasos necesarios que se deben colocar en serie en cada rama es:

$$N_S = \frac{12}{2} = 6$$

El número de ramas necesarias que se deben colocar en paralelo, para cada modelo de elemento, es:

$$N_{P,A} = \frac{780}{245} = 3.18 \approx 4 \qquad N_{P,B} = \frac{780}{300} = 2.6 \approx 3 \qquad N_{P,C} = \frac{780}{367} = 2.12 \approx 3$$

Si se consideran tres ramas paralelo con elementos de tipo A, no se alcanza el valor de capacidad especificado. Si se consideran cuatro ramas, la capacidad resultante es de $4 \cdot 245 = 980$ A·h, con un total de $6 \cdot 4 = 24$ elementos.

Para celdas de tipo B, si se escogen dos ramas paralelo tampoco se alcanza el valor de capacidad deseado. Si se escogen tres, la capacidad resultante es de $3 \cdot 300 = 900$ A·h, con un total de $6 \cdot 3 = 18$ elementos.

Y para vasos de tipo C, si se escogen dos ramas paralelo, tampoco se alcanza el valor de capacidad especificado. Sería necesario considerar tres ramas, donde la capacidad resultante sería de $3 \cdot 367 = 1101$ A·h, con un total de $6 \cdot 3 = 18$ elementos.

Si entre los criterios de diseño se encuentran utilizar el mínimo número de elementos y conseguir un valor de capacidad que supere al valor deseado lo mínimo posible, la solución idónea es la utilización de 18 elementos de tipo B conectados en tres ramas en paralelo, con seis vasos en serie por cada rama.

4.2.6. Configuración y dimensionado del sistema de acumulación

La capacidad nominal necesaria de las baterías se calcula en función de la profundidad de descarga máxima diaria (PD_D) y la profundidad de descarga máxima estacional (PD_E) permitidas. Se debe seleccionar la mayor de las capacidades calculadas. La profundidad de descarga máxima diaria se fija en un valor en torno al 15 %-25 % y la profundidad de descarga máxima estacional se fija en torno al 70 %-80 %.

La batería debe ser capaz de suministrar una energía diaria media (L_{MD}) sin descargarse más de la profundidad de descarga máxima diaria permitida. Por tanto, la capacidad nominal de la batería en función de profundidad de descarga máxima diaria se puede determinar mediante la expresión:

$$C_D = \frac{L_{MD}}{PD_D \cdot V_N}$$

C_D: capacidad nominal de la batería en función de la profundidad de descarga máxima diaria, en A·h.

L_{MD}: energía diaria media demandada por las cargas, en W·h.

PD_D: profundidad de descarga máxima diaria, en tanto por uno.

V_N: tensión nominal, en V.

En el caso de que la instalación no disponga de energía solar durante varios días, la energía debe ser suministrada por la batería, sin permitir una descarga mayor de la profundidad de descarga máxima estacional permitida. Es necesario, por tanto, especificar los días de autonomía de la instalación (D_{AUT}). La capacidad nominal de la batería en función de profundidad de descarga máxima estacional se determina mediante la expresión:

$$C_E = \frac{L_{MD} \cdot D_{AUT}}{PD_E \cdot V_N}$$

C_E: capacidad nominal de la batería en función de la profundidad de descarga máxima estacional, en A·h.

L_{MD}: energía diaria media demandada por las cargas, en W·h.

D_{AUT}: días de autonomía.

PD_E: profundidad de descarga máxima estacional, en tanto por uno.

V_N: tensión nominal, en V.

La capacidad nominal (C_N) del sistema de acumulación debe cumplir la relación:

$$C_N \geq \max(C_D, C_E)$$

Para asegurar una adecuada recarga de las baterías, la capacidad nominal del acumulador, en A·h, no excederá en 25 veces la corriente de cortocircuito en condiciones estándar de medida del generador fotovoltaico (Pliego de Condiciones Técnicas del IDAE).

$$C_N \leq 25 \cdot I_{SC,GF}$$

Actividad resuelta 4.4

Una instalación solar fotovoltaica aislada de red alimenta una serie de receptores que demandan una energía media diaria, incluyendo pérdidas, de 1020 W·h. Determina la capacidad nominal del sistema de acumulación, para una autonomía de tres días, con una profundidad de descarga máxima diaria del 25 % y una profundidad de descarga máxima estacional del 70 %. La tensión nominal de la instalación es de 12 V y la intensidad en cortocircuito del generador fotovoltaico es de 17.37 A.

(continúa)

Solución:

En primer lugar se calcula la capacidad nominal en función de la profundidad de descarga máxima diaria:

$$C_D = \frac{1020}{0.25 \cdot 12} = 340\ A \cdot h$$

A continuación se calcula la capacidad nominal en función de la profundidad de descarga máxima estacional:

$$C_E = \frac{1020 \cdot 3}{0.7 \cdot 12} = 364.28\ A \cdot h$$

La capacidad nominal (C_N) del sistema de acumulación debe ser mayor de:

$$C_N \geq \max(340, 364.28) = 364.28\ A \cdot h$$

Según la recomendación del IDAE:

$$C_N \leq 25 \cdot 17.37 = 434.25\ A \cdot h$$

Por tanto, la capacidad del sistema de acumulación debe cumplir la relación:

$$364.28\ A \cdot h \leq C_N \leq 434.25\ A \cdot h$$

¡! IMPORTANTE

La capacidad de las baterías depende de la temperatura de operación. Normalmente los fabricantes suministran los datos de la capacidad nominal de las baterías para una temperatura de operación de 25 °C. En caso de que la batería vaya a funcionar a otras temperaturas que difieran considerablemente de 25 °C, se debe aplicar un factor de corrección por temperatura (F_T):

$$C_D = \frac{L_{MD} \cdot F_T}{PD_D \cdot V_N} \qquad C_E = \frac{L_{MD} \cdot D_{AUT} \cdot F_T}{PD_E \cdot V_N}$$

4.2.7. Selección de elementos y baterías

En el mercado se pueden encontrar diversos fabricantes de elementos individuales y baterías monoblock, y a su vez cada fabricante dispone de una variedad de modelos diferentes. Cuando en una determinada aplicación se deben seleccionar los elementos o baterías es necesario tener en cuenta una serie de criterios:

- **Tensión nominal de la instalación.** En general, si predominan las cargas o consumos en corriente continua se debe determinar una tensión nominal de la instalación capaz de alimentar las cargas con necesidades de tensión más elevadas. En caso de existir cargas en corriente alterna, la tensión nominal debe ser compatible con la tensión de entrada del inversor. Cuanto mayor es la tensión nominal, menor es la intensidad de corriente que circula por los conductores para una misma potencia y, por tanto, menor es la caída de tensión en las líneas. Por consiguiente, menor es la sección necesaria de los conductores. Sin embargo, a mayor tensión, mayor es el riesgo para los usuarios de la instalación. Las tensiones más usuales son 12 V, 24 V, 48 V, y 120 V. De forma orientativa también se puede determinar la tensión nominal de la instalación en función de la potencia demandada por las cargas (Tabla 4.1).

Tabla 4.1. Tensión nominal de la instalación en función de la potencia demandada

Potencia demandada	Tensión nominal de la instalación
P < 1500 W	12 V
1500 W ≤ P ≤ 5000 W	24 V, 48 V
P > 5000 W	48 V, 120 V

- **Capacidad y días de autonomía.** Además de la tensión nominal, el otro factor que va a condicionar la selección y configuración del sistema de acumulación es la capacidad nominal, la cual va a depender de los consumos diarios que se deben satisfacer, de los días de autonomía requeridos y de la profundidad de descarga máxima fijada. El coste económico de las baterías es considerable, y asignar un número de días de autonomía demasiado alto repercutirá en un aumento significativo del precio. El Pliego de Condiciones Técnicas de Instalaciones Solares Fotovoltaicas Aisladas de Red del IDAE fija la autonomía mínima de la instalación en tres días. De forma orientativa se puede establecer la autonomía de la instalación en función de la climatología y el uso según la Tabla 4.2.

Tabla 4.2. Días de autonomía de la instalación en función de la climatología y uso de la instalación

Inviernos	Instalación doméstica	Instalación crítica
Muy nubosos	5	10
Variables	4	8
Soleados	3	6

En lugares con inviernos muy nubosos es necesario incrementar el número de días de autonomía para cubrir la demanda energética de las cargas en estos periodos.

- **Elementos independientes/baterías monoblock.** Las principales ventajas de los sistemas de acumulación formados por la asociación de elementos independientes son su facilidad de sustitución en caso de fallo o avería, así como una mayor capacidad de reserva de electrolito, lo cual repercute en un bajo mantenimiento. Entre sus inconvenientes cabe citar el espacio ocupado y el tiempo necesario para su montaje e instalación. Por su parte, las baterías monoblock ocupan poco espacio, se instalan rápidamente y, a su vez, son muy robustas y compactas. En cambio, si se avería un elemento se debe sustituir la batería completa. La capacidad de reserva de electrolito es menor, por lo que la reposición de electrolito debe ser más frecuente.
- **Autodescarga.** Las baterías pierden energía aunque no alimenten ninguna carga. Esta es una de las características que se debe tener en cuenta a la hora de elegir una batería. Menores valores de autodescarga implican un mayor coste de la batería. Hay que llegar a un compromiso entre el valor de autodescarga de la batería y su coste económico.
- **Rendimiento.** Es la relación entre la energía suministrada por la batería durante un proceso de descarga y la energía necesaria para recargarla hasta alcanzar su estado de carga inicial. Mayores rendimientos representan menos pérdidas de energía, aunque el coste económico es mayor.
- **Efectos de la temperatura y posibilidad de congelación.** La ubicación del sistema de acumulación puede condicionar su funcionamiento. Es conveniente comparar el rango recomendado de temperaturas de funcionamiento de las baterías con la temperatura que van a soportar en función de su ubicación.
- **Posición de montaje.** Normalmente, las baterías y elementos de plomo-ácido con electrolito líquido se deben montar en una posición determinada para conseguir que este cubra las placas por completo, y también para evitar el vertido de líquidos. En cambio, las baterías y elementos con electrolito inmovilizado pueden funcionar en cualquier posición.
- **Dimensiones y peso.** Es necesario prestar atención a las dimensiones de los elementos y baterías, ya que se debe reservar un lugar

cuyo espacio disponible sea suficiente para albergar estos componentes. Otro factor muy importante es también su peso y se deben prever los medios adecuados para su transporte. Por ejemplo, el peso de un elemento de 2 V y 350 A·h puede llegar a ser de unos 16 kg-20 kg.

- **Mantenimiento.** En las baterías de plomo-ácido con electrolito líquido se debe vigilar el nivel del electrolito, el cual se debe reponer para mantenerlo entre un nivel mínimo y un nivel máximo fijado por el fabricante. En cambio, en las baterías con electrolito inmovilizado no hay que reponerlo. Sin embargo, independientemente del tipo seleccionado, existen otras tareas que se deben realizar en ambos casos, tales como la limpieza y el ajuste de los terminales de conexión para evitar caídas de tensión y calentamientos.
- **Vida útil.** La vida útil de las baterías no se mide en años, sino en número de ciclos de carga/descarga. Al igual que ocurre con otras especificaciones técnicas, se debe alcanzar un equilibrio entre el coste y la vida útil que nos ofrece el fabricante. La profundidad máxima de descarga de trabajo de la batería también va a condicionar su vida útil.
- **Presupuesto.** El presupuesto disponible también podría ser un factor que condicione la selección del fabricante y modelo de los elementos o baterías. Hay que alcanzar un compromiso entre coste y especificaciones técnicas.
- **Garantía de defectos de fabricación.** Otro factor a tener en cuenta es también la cobertura de la garantía ofrecida por el fabricante, así como el límite de tiempo.

Actividad propuesta 4.5

Consigue la hoja de características de una batería estacionaria para instalaciones solares fotovoltaicas aisladas de red y analiza sus especificaciones técnicas.

4.3. El regulador de carga

Un regulador de carga es un dispositivo electrónico que realiza la gestión de un sistema fotovoltaico aislado o autónomo. Se encarga de controlar los procesos de carga y descarga de la batería o sistema de acumulación de energía, evitando la sobrecarga y sobredescarga y desconectando las cargas o consumos en corriente continua (CC) en caso necesario. Algunos reguladores incorporan un sistema de seguimiento del punto de máxima potencia (MPPT) para conseguir que el módulo o generador fotovoltaico funcione en el punto de máxima potencia de su curva característica intensidad-tensión.

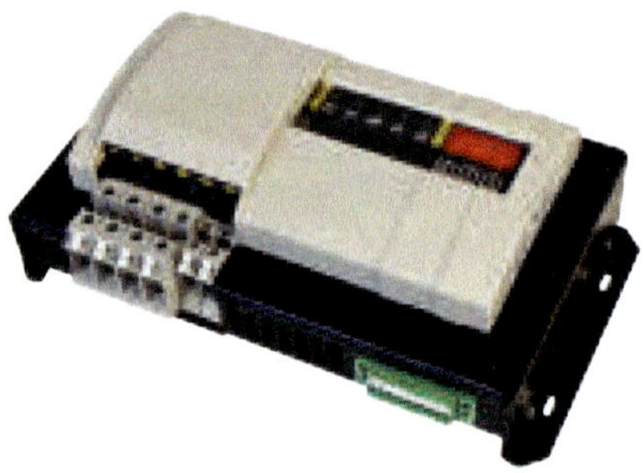

Figura 4.17. *Regulador de carga.* (Fuente: *ATERSA.*)

4.3.1. Funcionamiento del regulador de carga

En la Figura 4.18 se muestra un ejemplo de la conexión de un regulador de carga en un sistema fotovoltaico aislado con baterías. El sistema de generación formado por los módulos fotovoltaicos convierte la energía solar en energía eléctrica de corriente continua. Cuando la irradiancia solar es suficiente, la energía producida por el generador fotovoltaico se utiliza para alimentar las cargas o consumos CC, mientras que el exceso de energía se utiliza para cargar las baterías. Cuando la irradiancia solar es insuficiente para alimentar los consumos CC, la energía necesaria para hacerlo es suministrada por las baterías. El regulador controla el proceso de carga de las baterías, evitando la sobrecarga. Si se sigue aplicando corriente a una batería que se encuentra totalmente cargada, aparece el fenómeno de gaseo y pérdida de electrolito, lo que reduce su vida útil. Por otro lado, un aumento excesivo de la energía consumida por las cargas, así como largos periodos de tiempo con baja irradiancia solar pueden dar lugar a una producción de energía insuficiente para recargar las baterías. Estos fenómenos originan descargas profundas que reducen la vida útil de las baterías.

Para evitarlo, el regulador de carga desconecta los consumos cuando la profundidad de descarga de la batería alcanza un valor umbral prefijado. Normalmente los reguladores están configurados por defecto para un determinado tipo de batería y capacidad.

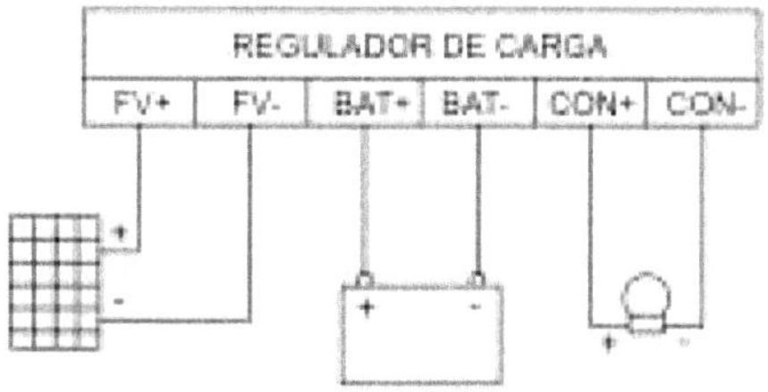

Figura 4.18. *Conexionado de un regulador de carga al generador fotovoltaico (FV), a la batería (BAT) y a las cargas o consumos CC (CON).*

Las **funciones** más importantes del regulador de carga en un sistema fotovoltaico aislado son:

- Proteger la batería frente a sobredescargas. En los parámetros de configuración del regulador se establece la máxima profundidad de descarga de las baterías. El regulador desconecta las cargas o consumos de la batería cuando se alcanza dicho valor.
- Proteger la batería frente a sobrecargas. Cuando la batería está plenamente cargada el regulador limita la energía suministrada a la batería.
- Servir como punto de conexión entre el generador fotovoltaico, el sistema de acumulación y las cargas o consumos.
- Conseguir que los módulos fotovoltaicos trabajen en el punto de máxima potencia (en caso de que el regulador incorpore esta opción).

Adicionalmente, el regulador de carga también puede desarrollar otras funciones, tales como:

- Evitar la descarga de la batería hacia el generador fotovoltaico en periodos de oscuridad. Algunos reguladores comerciales incorporan un diodo de bloqueo para evitar esta descarga o bien desconectan un relé para evitar fugas de corriente de la batería hacia el generador fotovoltaico cuando detectan que está anocheciendo.
- Realizar acciones de control sobre los consumos. El regulador puede conectar y desconectar los consumos en distintos momentos predeterminados (reloj horario, reloj crepuscular, etc.).
- Proporcionar salidas auxiliares de control: alarma de baja tensión de batería, alarma de alta tensión de batería, control de grupo electrógeno auxiliar.
- Suministrar información del estado del sistema mediante distintos indicadores o puertos de conexiones (tipo de carga, alarmas de alta y baja tensión, alarma por exceso de corriente, alarma por cortocircuito, alarma por exceso de temperatura, estado de carga, tensiones, intensidades del consumo y de batería, desconexión del consumo, etc.).

Un regulador de carga se selecciona, principalmente, en función de la tensión de trabajo del sistema, la máxima tensión de circuito abierto del generador fotovoltaico, la intensidad de la línea de generación y la intensidad de la línea de consumo.

4.3.2. Características técnicas

Los fabricantes suelen proporcionar las características eléctricas, físicas y normas de seguridad que cumple el regulador de carga. Las principales **características eléctricas** de un regulador de carga son:

- **Tensión nominal.** Es la tensión de funcionamiento de la instalación. Se corresponde con la tensión nominal del sistema de acumulación o baterías. En algunos reguladores es posible configurar este valor de tensión.

- **Tensión máxima de circuito abierto del generador fotovoltaico.** Es la máxima tensión que puede soportar el regulador. La tensión máxima de circuito abierto del generador fotovoltaico, en el peor caso, no debe superar este valor.
- **Intensidad máxima de generación.** Es la máxima intensidad procedente del generador fotovoltaico que puede recibir el regulador de carga.
- **Intensidad máxima de consumo.** Es la máxima intensidad que puede suministrar el regulador a las cargas o consumos.
- **Sobrecarga en la línea de generación.** Es la sobreintensidad que puede soportar el regulador con respecto a la intensidad nominal en la línea de generación.
- **Sobrecarga en la línea de consumo.** Es la sobreintensidad que puede soportar el regulador con respecto a la intensidad nominal en la línea de consumo.
- **Profundidad máxima descarga.** En función del regulador de carga utilizado, la profundidad máxima de descarga permitida para la batería viene fijada por defecto o bien puede ser ajustada por el instalador.
- **Consumo típico.** Es la cantidad de energía que consume el regulador para su funcionamiento. En ocasiones se expresa en forma de corriente eléctrica.

Las principales **características físicas** de un regulador de carga son:

- **Dimensiones.** Medidas de la profundidad, alto y largo. Normalmente se expresan en mm.
- **Peso.** Peso del regulador de carga. Normalmente en kg o g.
- **Grado de protección IP.** Indica el valor del grado de protección IP proporcionado por la envolvente, compuesto por dos cifras.

El fabricante también suele suministrar las **características ambientales** de funcionamiento, tales como el rango de temperatura ambiente de trabajo y la altura sobre el nivel del mar.

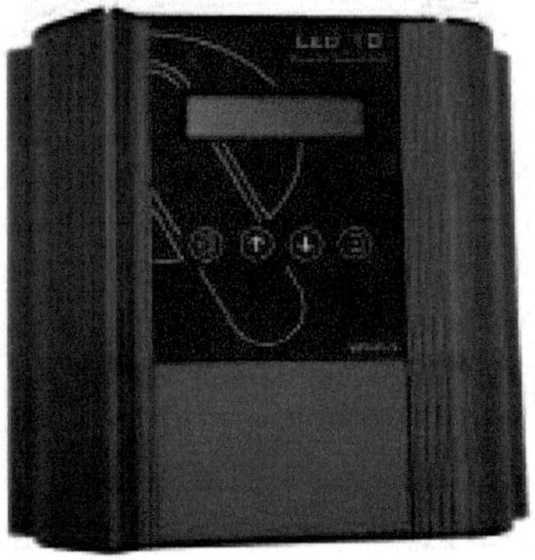

Figura 4.19. *Regulador de carga.* (Fuente: *ATERSA.*)

Características técnicas

LEO 10	Mod.16A	Mod.25A
Características eléctricas		
[illegible]	[illegible]	
[illegible]	[illegible]	
[illegible]	[illegible]	
[illegible]	16	25
[illegible]	16	25
[illegible]	[illegible]	30
[illegible]	30	30
[illegible]	50	50
[illegible]	150	150
[illegible]	[illegible]	
[illegible]	[illegible]	
[illegible]	[illegible]	
[illegible]	[illegible]	
[illegible]	[illegible]	
[illegible]	0,01 A	
[illegible]	[illegible]	
[illegible]	[illegible]	
[illegible]	[illegible]	
[illegible]	[illegible]	
[illegible]	[illegible]	
Características mecánicas		
[illegible]	[illegible]	
[illegible]	[illegible]	
[illegible]	[illegible]	

Figura 4.20. *Hoja de características del regulador de carga.* (Fuente: *ATERSA.*)

4.3.3. Protecciones del equipo

Los reguladores de carga también pueden incorporar dispositivos de autoprotección frente a:

- **Protección contra cortocircuitos en la salida de consumo.** El regulador suele disponer de un circuito electrónico que desconecta de forma inmediata la salida de consumo cuando detecta un cortocircuito. La salida se intenta rearmar a intervalos periódicos comprobando si ha desaparecido el cortocircuito.

- **Protección contra sobretensiones.** El regulador puede disponer de protecciones contra sobretensiones en las líneas del generador fotovoltaico, de baterías y de consumos. El motivo más habitual de sobretensiones son las tensiones inducidas ocasionadas por las descargas eléctricas durante las tormentas. Normalmente las protecciones contra sobretensiones del regulador no protegen frente a descargas directas de rayos.
- **Protección contra sobrecargas.** Un regulador de carga también puede disponer de protección contra sobrecargas. En algunos casos esta protección sirve para sobrecargas de corta duración, y es necesario insertar un magnetotérmico en la salida de consumo para proteger contra sobredescargas de larga duración.
- **Protección contra inversión de polaridad.** Algunos reguladores están protegidos contra la inversión de polaridad en las líneas del generador fotovoltaico, de baterías o de consumos. Es decir, la inversión entre el positivo y el negativo de una línea. No se debe confundir una inversión de polaridad con una conexión errónea que puede dar lugar a una avería del regulador de carga (por ejemplo, conectar la batería en los bornes del generador fotovoltaico, desconectar la batería estando el generador fotovoltaico y el consumo conectados o conectar el positivo y el negativo de la batería sobre dos positivos o dos negativos).
- **Protección térmica.** El regulador dispone de un sistema de autoprotección en caso de producirse un aumento excesivo de su temperatura interna.

No todos los reguladores de carga incorporan todas las protecciones.

Es necesario consultar la información facilitada por el fabricante para cada regulador concreto y añadir las protecciones exteriores necesarias.

4.3.4. Tipos de reguladores de carga

Los tipos de reguladores de carga utilizados en las instalaciones fotovoltaicas aisladas pueden ser reguladores **paralelo**, reguladores **serie** o bien reguladores con **seguimiento del punto de máxima potencia**. El principio de funcionamiento de los reguladores paralelo y serie se basa en la conexión directa entre el generador fotovoltaico y la batería. En estos casos el generador fotovoltaico no funciona en el punto de máxima potencia, ya que su tensión de trabajo viene impuesta por la tensión de las baterías.Para conseguir extraer la máxima potencia del generador fotovoltaico es necesario utilizar reguladores de carga con seguimiento del punto de máxima potencia. Estos reguladores utilizan distintos algoritmos que consiguen que el generador fotovoltaico funcione en el punto de máxima potencia de su curva característica de tensión-intensidad.

Figura 4.21. *Regulador de carga con seguimiento del punto de máxima potencia.* (Fuente: *ATERSA.*)

RECURSOS DIGITALES

La descripción detallada de los **tipos de reguladores de carga**, cuya lectura recomendamos para la ampliación de la materia de estudio de la presente unidad, se puede consultar entre los recursos digitales del libro, a los que se puede acceder mediante un sencillo registro desde la pestaña de «Recursos previo registro» de la ficha web de la obra (en **www.paraninfo.es**).

4.3.5. Sensor de temperatura de la batería

En las baterías de plomo-ácido la tensión final de carga desciende al aumentar la temperatura de la batería. Si se configura la tensión final de carga a un valor fijo, un incremento de la temperatura de la batería puede dar lugar a un gaseo incontrolado. Para ajustar el valor de la tensión final de carga en función de la temperatura, algunos reguladores ofrecen la posibilidad de conectar un sensor para medir la temperatura de la batería.

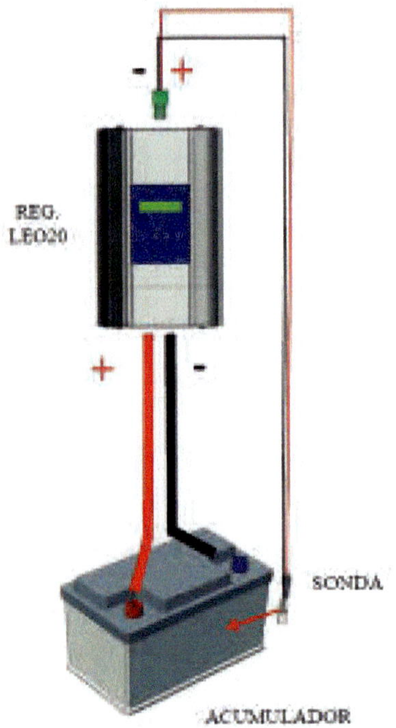

Figura 4.22. *Conexión de un sensor de temperatura de la batería.* (Fuente: *ATERSA.*)

4.3.6. Entrada auxiliar de tensión de la batería

Cuando circula una intensidad eléctrica por un conductor eléctrico, tiene lugar una caída de tensión que depende de la resistencia del conductor y de la intensidad que circula por él. Si el regulador de carga utiliza los mismos conductores positivo y negativo de la batería que se utilizan para su carga y descarga, la tensión que llega al regulador no será la tensión real de la batería debido a las caídas de tensión en los conductores. Por tanto, para medir correctamente la tensión real de la batería es necesario utilizar dos conductores adicionales diferentes de los utilizados para cargar y descargar la batería. Estos conductores no transportan corrientes elevadas y por tanto la caída de tensión en ellos es despreciable.

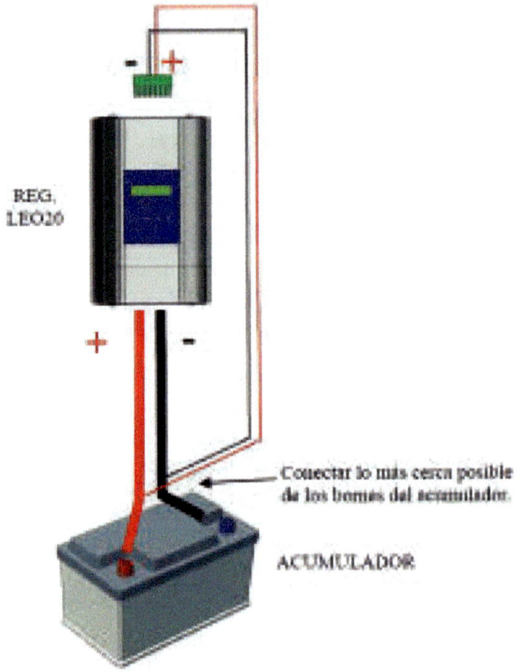

Figura 4.23. *Conexión de una entrada auxiliar de tensión de la batería.* (Fuente: *ATERSA.*)

4.3.7. Conexión de un *shunt* exterior

En ocasiones se conecta el inversor (o un consumo o carga) directamente a la batería en lugar de conectarlo en la salida de consumo del regulador de carga. En estos casos el regulador no puede determinar correctamente el estado de carga de la batería, ya que no tiene en cuenta la corriente suministrada al inversor. Para medir

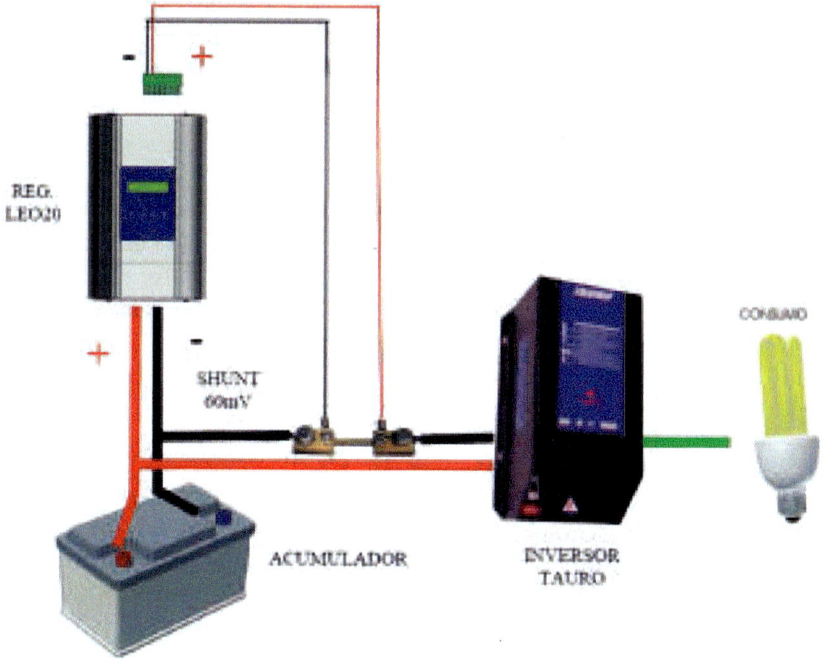

Figura 4.24. *Conexión de un* shunt *exterior. (*Fuente: *ATERSA.)*

dicha corriente y poder así procesar tanto la corriente suministrada a los consumos a través del regulador como la corriente que cede la batería directamente al inversor sin pasar por el regulador, algunos dispositivos incorporan una entrada para conectar un *shunt* exterior. Consiste en una resistencia calibrada de un valor conocido y elevada precisión que se conecta en serie con el circuito cuya corriente se desea medir.

4.3.8. Selección del regulador de carga

Cuando se selecciona un regulador de carga para una instalación fotovoltaica, se deben tener en cuenta una serie de criterios:

- **Tensión nominal.** La tensión nominal de la batería de la instalación va a condicionar el tipo de regulador de carga. Lo valores más usuales son 12 V, 24 V, y 48 V. Algunos reguladores de carga son bitensión y pueden funcionar con ambas tensiones.
- **Intensidad máxima de entrada.** Es la intensidad máxima que puede proporcionar el generador fotovoltaico. Su valor será máximo cuando el generador se encuentre en cortocircuito, con una irradiación solar máxima.
- **Intensidad máxima de salida.** La intensidad que consumen las cargas de corriente continua debe circular por el regulador de carga para que este pueda proteger la batería frente a sobredescargas. El regulador debe ser capaz de controlar la intensidad máxima demandada por las cargas susceptibles de funcionar simultáneamente.
- **Tensión máxima de entrada en la línea de generación.** La tensión máxima de circuito abierto del generador fotovoltaico no debe superar la máxima tensión de entrada que puede soportar el regulador.
- **Seguimiento del punto de máxima potencia.** En el mercado se pueden encontrar reguladores con y sin seguimiento del punto de máxima potencia. Los reguladores que no poseen esta función no consiguen que los mó-

dulos fotovoltaicos trabajen en el punto de máxima potencia. En este caso los módulos producen menos energía de la que serían capaces. Los reguladores que poseen esta función consiguen extraer la máxima potencia de los módulos fotovoltaicos, siendo su coste económico superior.

- **Tipo de batería.** El control de carga y descarga que realiza el regulador depende del tipo de batería. Por tanto es necesario que el regulador sea compatible con el tipo de batería elegido. Algunos reguladores permiten configurar el tipo de batería mediante un menú o mediante un *jumper*.
- **Protecciones.** Los reguladores pueden incorporar protecciones contra cortocircuitos, sobrecargas, errores en el conexionado, etc. Por ejemplo, un error en el conexionado del regulador con el generador fotovoltaico y las baterías puede dar lugar a la destrucción del regulador, al cortocircuito de las baterías y a la destrucción de los diodos del módulo fotovoltaico, en caso de no incluir esta protección. En este caso el fabricante no se hace cargo de los desperfectos.
- **Especificaciones adicionales.** Los reguladores pueden incorporar otras funciones adicionales que pueden ser interesantes según la aplicación. Existen modelos con control de alumbrado, arranque de un grupo electrógeno, etc.
- **Características ambientales y grado de protección IP.** El regulador debe ser capaz de funcionar correctamente y soportar las características ambientales del lugar de la instalación solar fotovoltaica y de su lugar de montaje.
- **Presupuesto.** El presupuesto disponible también podría ser un factor que condicione la selección del fabricante y modelo del regulador de carga. Hay que alcanzar un compromiso entre coste y especificaciones técnicas.
- **Garantía de defectos de fabricación.** También se debe valorar la cobertura de la garantía ofrecida por el fabricante, así como el tiempo.

4.3.9. Dimensionado del regulador de carga

Para dimensionar correctamente el regulador de carga se debe determinar la intensidad máxima de entrada procedente del generador fotovoltaico, la intensidad máxima de salida en la línea de consumos, la máxima tensión de entrada y la tensión nominal de trabajo del sistema de acumulación de energía.

El regulador de carga elegido debe ser capaz de funcionar a la **tensión nominal** de trabajo, la cual se corresponde con la tensión de las baterías.

La intensidad de entrada al regulador de carga es suministrada por el generador fotovoltaico. Por tanto, **la intensidad máxima de entrada** procedente del generador tendrá lugar cuando se encuentre conectado en cortocircuito. Se calcula como el producto de la intensidad en cortocircuito de un módulo fotovoltaico (I_{SC}) por el número de ramas en paralelo (N_P) y por un coeficiente de 1.20-1.25, que contempla las posibles variaciones de la irradiancia solar y de la temperatura de las células fotovoltaicas con respecto a las condiciones estándar de medida.

$$I_{ENTRADA} = I_{SC,GFV} = 1.25 \cdot I_{SC} \cdot N_P$$

Por tanto, el regulador de carga debe soportar en su entrada de generación una corriente de valor superior a la corriente de cortocircuito del generador en condiciones estándar de medida con un margen del 20 %-25 %.

Para determinar la **intensidad máxima de salida** en la línea de consumo se distinguen dos situaciones diferentes en función de la conexión del inversor que alimenta a las cargas de corriente alterna:

a) *No hay cargas en corriente alterna o bien el inversor se encuentra conectado directamente a las baterías.* Cuando el inversor se conecta directamente a las baterías, el regulador de carga únicamente debe proporcionar la corriente que consumen las cargas de corriente continua. Es habitual aplicar un coeficiente de seguridad de un 20 %-25 %, utilizando el factor 1.20-1.25.

$$I_{SALIDA} = 1.25 \cdot \frac{P_{CC}}{V_N}$$

I_{SALIDA}: intensidad de salida que debe ser capaz de suministrar el regulador de carga, en A.

V_N: tensión nominal de la instalación, en V.

P_{CC}: potencia máxima de las cargas en corriente continua susceptibles de funcionar simultáneamente a la tensión nominal, en W.

b) *El inversor se encuentra conectado directamente en la salida de consumo del regulador de carga.* En este caso el regulador de carga debe ser capaz de proporcionar la corriente que consumen las cargas de corriente continua, así como la corriente de entrada al inversor que alimenta las cargas de corriente alterna. Es habitual aplicar un coeficiente de seguridad de un 20 %-25 %, utilizando el factor 1.20-1.25.

$$I_{SALIDA} = 1.25 \cdot \frac{P_{CC} + \frac{S_{CA}}{\eta_{INV}}}{V_N}$$

I_{SALIDA}: intensidad de salida que debe ser capaz de suministrar el regulador de carga, en A.

V_N: tensión nominal de la instalación, en V.

S_{CA}: potencia aparente máxima de las cargas en corriente alterna susceptibles de funcionar simultáneamente a la tensión nominal, en VA.

η_{INV}: rendimiento del inversor.

P_{CC}: potencia máxima de las cargas en corriente continua susceptibles de funcionar simultáneamente a la tensión nominal, en W.

Otro factor a tener en cuenta es la **tensión máxima de entrada en la línea de generación** procedente del generador fotovoltaico. La tensión de circuito abierto del generador fotovoltaico no debe superar la máxima tensión de entrada del regulador.

Actividad propuesta 4.6

Consigue la hoja de características de un regulador de carga para instalaciones solares fotovoltaicas aisladas de red. Analiza sus especificaciones técnicas y los dispositivos de protección incorporados. ¿De qué tipo de regulador se trata?

Potencia en corriente alterna

P: potencia activa. Se mide en W.

Q: potencia reactiva. Se mide en VAr. La potencia reactiva de una carga inductiva es positiva y la potencia reactiva de una carga capacitiva es negativa.

S: potencia aparente. Se mide en VA.

$$\sin\varphi = \frac{Q}{S} \qquad \cos\varphi = \frac{P}{S} \qquad \tan\varphi = \frac{Q}{P} \qquad S^2 = P^2 + Q^2$$

Sistema monofásico:

$$P = V \cdot I \cdot \cos\varphi \qquad Q = V \cdot I \cdot \sin\varphi \qquad S = V \cdot I$$

Sistema trifásico equilibrado:

$$P = \sqrt{3} \cdot V_L \cdot I \cdot \cos\varphi \qquad Q = \sqrt{3} \cdot V_L \cdot I \cdot \sin\varphi \qquad S = \sqrt{3} \cdot V_L \cdot I$$

V_L: tensión compuesta

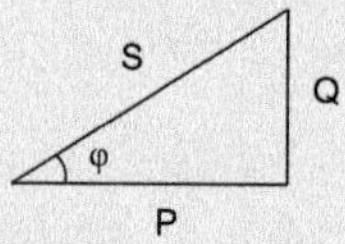

Figura 4.25. *Triángulo de potencias.*

4.4. El inversor

En las instalaciones solares fotovoltaicas, los módulos fotovoltaicos y las baterías proporcionan la energía eléctrica en forma de corriente continua. Las cargas o consumos en corriente continua (CC) se alimentan mediante la salida de consumo CC del regulador de carga, el cual obtiene la energía del generador fotovoltaico o de la batería, en función de las necesidades energéticas del consumo y de la cantidad de energía suministrada por el generador fotovoltaico en cada momento. Si se desea alimentar una carga de corriente alterna, es necesario utilizar un convertidor CC/AC o inversor.

Un **inversor** es un dispositivo electrónico que convierte la corriente continua en corriente alterna. Debe convertir la tensión nominal de trabajo de la instalación fotovoltaica (normalmente 12 V, 24 V, o 48 V) en una señal o señales alternas de tensión, dependiendo de si se trata de un inversor monofásico o trifásico. Es habitual utilizar los valores nominales que establece el Reglamento Electrotécnico para Baja Tensión en la señal alterna de salida:

- Tensión nominal de valor eficaz 230 V entre fase y neutro en sistemas monofásicos, con una frecuencia de 50 Hz.
- Tensión nominal de valor eficaz 400 V entre fases en sistemas trifásicos, con una frecuencia de 50 Hz.

La principal ventaja de la utilización de un inversor es que permite alimentar cargas o consumos convencionales estandarizados, fáciles de encontrar en el mercado. Uno de los inconvenientes de la utilización de inversores es que las cargas están diseñadas para funcionar con unas condiciones particulares de la red eléctrica (capacidad para entregar elevadas corrientes de arranque, baja tasa de distorsión armónica, etc.) que no poseen los inversores, lo que puede dar lugar a un mal funcionamiento de las cargas. También se debe tener en cuenta que proporcionan una tensión peligrosa para las personas. En el mercado se pueden encontrar inversores con diferentes tensiones nominales de entrada y de salida para un amplio rango de potencias.

4.4.1. Clasificación de los inversores

Los inversores se pueden clasificar en función de la forma de onda de la tensión alterna que proporcionan en su salida: onda cuadrada, onda cuadrada modificada y onda senoidal pura.

Inversor de onda cuadrada

Los inversores más básicos son los de onda cuadrada y son los más económicos. Tienen el inconveniente de que el valor eficaz de la tensión de salida no se mantiene fijo, ya que este es proporcional a la tensión de la batería. Hay que tener en cuenta que la tensión de la batería no se mantiene constante, puesto que depende de su estado de carga. La tasa total de distorsión armónica THD[%] de una señal cuadrada, considerando los quince primeros armónicos, es del 45 %.

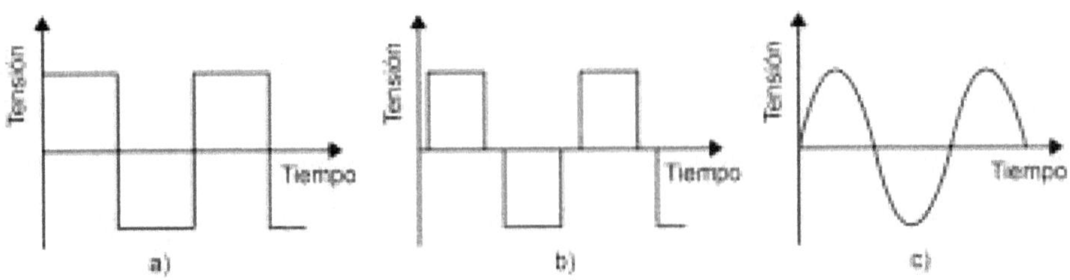

Figura 4.26. *Tipos de ondas: a) onda cuadrada; b) onda cuadrada o senoidal modificada; c) onda senoidal.*

SABÍAS QUE

La **tasa de distorsión armónica THD[%]** de una señal es una forma de medir su semejanza con una señal senoidal pura. Cualquier forma de onda periódica que cumpla las condiciones de Dirichlet puede descomponerse como la suma de una señal senoidal de frecuencia igual a la frecuencia de la señal original más otras señales senoidales, cuya frecuencia es múltiplo entero de la frecuencia fundamental, con distintas amplitudes cada una de ellas. La tasa total de distorsión armónica se define como:

$$THD = 100 \cdot \frac{\sqrt{\sum_{n=2}^{\infty} V_n^2}}{V_1}$$

V_1: valor eficaz de la componente fundamental.
V_n: valor eficaz de la componente n.

Inversor de onda cuadrada modificada

También denominados «inversores de onda senoidal modificada». La forma de onda se encuentra a medio camino entre la onda cuadrada y la senoidal pura. Para conseguir que la amplitud de la tensión de salida permanezca prácticamente constante a pesar de las variaciones que puedan tener lugar en la tensión de la batería, este tipo de inversor realiza una función de regulación. El control del valor eficaz de la tensión de salida se realiza modificando la anchura de la señal cuadrada. Ante una variación de la tensión de entrada, el inversor ajusta el ancho del pulso de la señal cuadrada para mantener su valor eficaz constante.

Figura 4.27. *Inversor de onda cuadrada modificada.* (Fuente: *ATERSA.*)

Inversor de onda senoidal pura

Es el tipo de inversor más sofisticado. Consigue una señal de salida con una forma de onda prácticamente senoidal, con características muy similares a la señal que proporciona la red eléctrica. La tasa de distorsión armónica THD de la tensión de salida es muy reducida.

Figura 4.28. *Inversor de onda senoidal pura.* (Fuente: *ATERSA.*)

4.4.2. Características técnicas

Las principales **características eléctricas** de los inversores utilizados en las instalaciones fotovoltaicas aisladas son:

- **Tensión nominal de entrada.** Es el valor de la tensión de corriente continua que se aplica en la entrada del inversor. Este valor suele venir acompañado de los límites máximo y mínimo permitidos de la tensión de entrada. Los valores típicos son 12 V, 24 V, y 48 V.
- **Tensión nominal de salida.** Es el valor eficaz de la señal alterna de tensión en salida del inversor. El valor típico de la tensión de salida es de 230 V. Además se suele expresar el rango de variación posible de la tensión de salida.
- **Frecuencia nominal de salida.** Es la frecuencia de la señal alterna de tensión en la salida del inversor. Se expresa en hercios. El valor típico es de 50 Hz. Es habitual indicar también el rango de variación posible de la frecuencia.
- **Potencia nominal de salida.** Es la máxima potencia que puede proporcionar el inversor en su salida. Normalmente se expresa en forma de potencia aparente, en VA. La potencia máxima de salida depende del tiempo de funcionamiento.

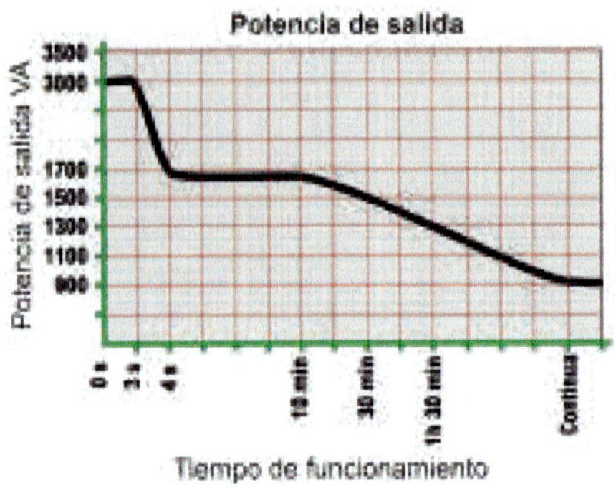

Figura 4.29. *Potencia de un inversor Tauro BC-1524 según el tiempo de funcionamiento.* (Fuente: *ATERSA.)*

- **Capacidad de sobrecarga.** Es la capacidad del inversor para proporcionar intensidades y potencias superiores al valor nominal durante cortos periodos de tiempo. Es un parámetro que se debe tener en cuenta cuando se van a alimentar receptores con sobreintensidades elevadas en el proceso arranque.
- **Distorsión armónica.** Es el valor de la tasa total de distorsión armónica THD[%] de la señal alterna de tensión en la salida del inversor.
- **Autoconsumo.** Los inversores tienen un consumo de energía apreciable aunque trabajen en vacío, es decir, sin tener ninguna carga conectada en su salida. Es habitual expresarlo en W o mA. Algunos inversores disponen de un sistema de arranque y paro automático para reducir lo máximo posible el consumo del equipo cuando trabaje en vacío.
- **Rendimiento o eficiencia.** El rendimiento de un inversor es la relación entre la potencia absorbida en la entrada del inversor y la potencia cedida en la salida. El rendimiento no es constante y depende de dos factores: la potencia y el factor de potencia de las cargas o consumos. En la Figura 4.30 se representa una curva típica de rendimiento. Los fabricantes suelen proporcionar el valor del rendimiento máximo que puede alcanzar el inversor. También se utiliza el concepto de «rendimiento» o «eficiencia europea».

$$\eta_{EUR} = 0.03 \cdot \eta_{5\,\%} + 0.06 \cdot \eta_{10\,\%} + 0.13 \cdot \eta_{20\,\%} + $$
$$+ 0.1 \cdot \eta_{30\,\%} + 0.48 \cdot \eta_{50\,\%} + 0.2 \cdot \eta_{100\,\%}$$

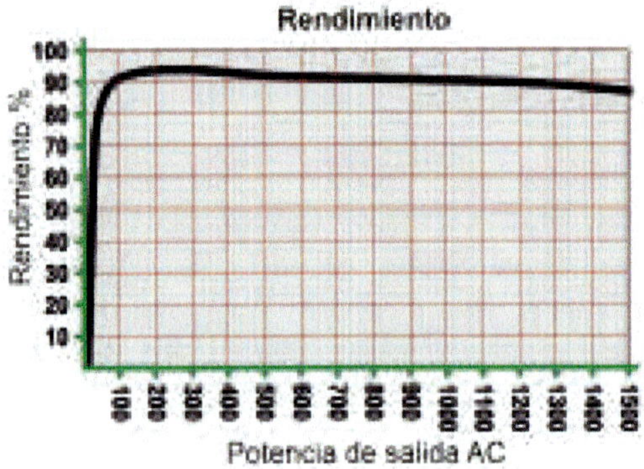

Figura 4.30. *Rendimiento de un inversor Tauro BC-1524 en función de la potencia de salida.* (Fuente: *ATERSA.)*

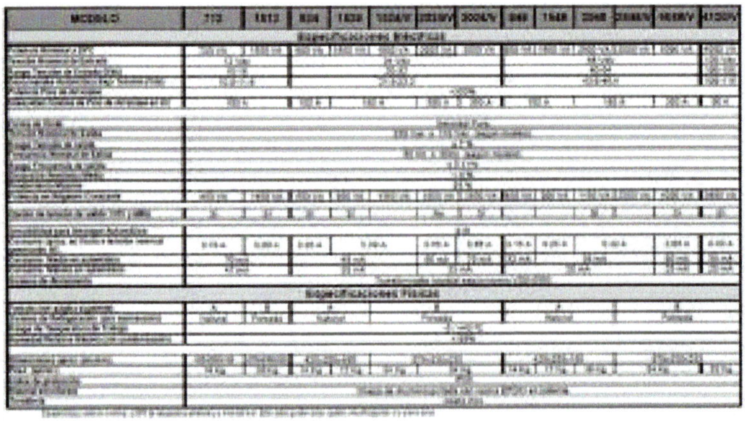

Figura 4.31. *Información técnica de los inversores gama Tauro.* (Fuente: *ATERSA.)*

Entre las **características físicas** de un inversor se encuentran el grado de protección IP, el peso, sus dimensiones, el sistema de refrigeración utilizado (natural o forzado), etc. Entre las **características ambientales** se incluye el rango de temperaturas de trabajo, humedad, etc.

4.4.3. Protecciones del equipo

Las protecciones más comunes que pueden incorporar los inversores son las siguientes:

- **Protección contra cortocircuitos.** Algunos convertidores pueden soportar un cortocircuito en su salida durante un tiempo determinado sin causar daños, pero si se prolonga el cortocircuito en el tiempo pueden sufrir daños. Por tanto es necesario insertar un medio de protección externo (por ejemplo, un magnetotérmico). Otros inversores más sofisticados interrumpen al instante el funcionamiento de su circuito de potencia cuando detectan el cortocircuito. Para proceder al rearme satisfactoriamente, debe haber desaparecido la causa del cortocircuito.
- **Protección contra baja tensión de entrada.** La tensión de entrada CC del convertidor debe permanecer dentro unos límites admisibles para que el inversor opere correctamente. Si la tensión de entrada es inferior al límite inferior permitido, se activa la protección que interrumpe el funcionamiento del inversor. En general, el rearme se activa de forma automática cuando se alcanza una tensión umbral preestablecida o bien de forma manual mediante un pulsador de rearme, en función de las prestaciones del inversor.

  Una situación de baja tensión en la entrada del inversor se puede producir por distintos motivos:

  - La tensión que suministra la batería es baja debido a que su estado de carga es bajo.
  - Existe una caída de tensión en la línea de la entrada CC del inversor debido a una sección inadecuada de los conductores.
  - Algún elemento de la línea de entrada CC del inversor hace mal contacto o no está bien apretado.
- **Protección contra sobretensión de entrada.** La tensión CC de entrada al inversor no debe superar un valor máximo, ya que podría dañar el inversor. Algunos inversores incorporan una protección contra sobretensiones en la entrada de corriente continua. Las causas más frecuentes de sobretensiones son:
  - La batería está desconectada y se recibe directamente en la entrada del inversor la tensión suministrada por el generador fotovoltaico.
  - La batería proporciona una tensión más elevada debido a una sobrecarga, ocasionada, por ejemplo, por un mal funcionamiento del regulador de carga.
- **Protección contra sobrecargas.** Los inversores soportan en su salida sobreintensidades hasta un determinado valor máximo y por un tiempo limitado proporcional a la sobrecarga. Si la sobrecarga supera el valor máximo o el tiempo fijado, el inversor reduce la tensión de salida hasta que la potencia suministrada sea igual a la potencia nominal del equipo. La tensión de salida se recupera automáticamente cuando la potencia demandada por las cargas es igual o inferior a la potencia nominal.
- **Protección térmica.** El calor generado en los circuitos electrónicos de potencia del inversor se debe disipar mediante un sistema de refrigeración natural o forzado, para evitar de esta forma un calentamiento excesivo que pueda dañarlo. Mediante un sensor, se realiza un seguimiento de la temperatura interna, y se interrumpe el funcionamiento del inversor en caso de rebasar la temperatura admisible.
- **Protección contra inversión de polaridad en la entrada.** La conexión del terminal positivo de la batería al terminal negativo del inversor, y viceversa, puede dar lugar a averías severas. Algunos inversores incorporan una protección contra la inversión de la polaridad en la entrada.

4.4.4. Selección del inversor

A continuación se explican algunos de los principales criterios a tener en cuenta cuando se selecciona el inversor para la instalación solar fotovoltaica aislada de red.

- **Tensión nominal de entrada.** La tensión de trabajo de la instalación solar fotovoltaica viene fijada por la tensión del sistema de acumulación de energía. Por tanto, la tensión nominal de entrada del inversor debe ser acorde con la tensión del sistema de acumulación de energía.
- **Tensión nominal de salida y frecuencia.** El valor eficaz de la tensión de salida y la frecuencia se deben corresponder con las características de las cargas que se desea alimentar.
- **Potencia nominal de salida.** Normalmente se expresa en forma de potencia aparente, en VA. Para proceder a un correcto dimensionado, se debe calcular la potencia aparente de las cargas a partir de la potencia activa (W) y el factor de potencia. El inversor debe ser capaz de suministrar la potencia demandada por las cargas o consumos susceptibles de funcionar simultáneamente. Una forma de prever posibles ampliaciones futuras de potencia de las cargas a alimentar es sobredimensionar la potencia del inversor.
- **Rendimiento.** Es conveniente seleccionar inversores con bajo consumo y rendimientos elevados, ya que la energía que consumen debe ser generada por los módulos fotovoltaicos y no es aprovechable por las cargas.
- **Sistema ampliable.** Cuando se desea flexibilizar la posibilidad de futuras ampliaciones de potencia, existe la opción de elegir un modelo de inversor que permita la adecuada conexión de inversores en paralelo.
- **Tipo de inversor en función de las cargas a alimentar.** Es necesario comprobar que la forma de la onda de salida del inversor (cuadrada, senoidal modificada, senoidal pura) es compatible con la forma de onda demandada por las cargas para su correcto funcionamiento.
- **Protecciones.** Un factor importante a considerar cuando se selecciona un inversor son las medidas de protección que incorpora el equipo.
- **Características ambientales y grado de protección IP.** Es necesario seleccionar un inversor que sea capaz de soportar las características ambientales del lugar de montaje durante su funcionamiento normal.
- **Presupuesto.** El presupuesto disponible también podría ser un factor que puede condicionar la selección del fabricante y modelo del inversor. Hay que alcanzar un compromiso entre coste y especificaciones técnicas.
- **Garantía de defectos de fabricación.** También se debe valorar la cobertura de la garantía ofrecida por el fabricante, así como el tiempo.

4.4.5. Dimensionado del inversor

Los parámetros a tener en cuenta para dimensionar el inversor son la **potencia nominal de salida**, la **tensión de entrada**, la **tensión de salida**, la **frecuencia de operación**. El valor eficaz de la tensión de salida y la frecuencia se deben corresponder con las características de las cargas que se desea alimentar. La tensión de entrada del inversor es la misma que la tensión del sistema de acumulación.

El rendimiento del inversor es muy bajo cuando este trabaja a baja potencia. Para evitar este hecho, es conveniente seleccionar el inversor más adecuado en función de la potencia aparente total demandada por las cargas susceptibles de funcionar simultáneamente (S_{CA}). En la práctica es habitual aplicar un margen de seguridad del 20 %-25 % (factor 1.2-1.25). Considerando un margen del 20 %, la potencia aparente mínima que debe suministrar el inversor (S_{INV}) es:

$$S_{INV} = 1.2 \cdot S_{CA}$$

En pro de la eficiencia es recomendable utilizar receptores con un factor de potencia próximo a uno para no sobredimensionar en exceso el inversor. Cuando esto no es posible, una opción es la compensación del factor de potencia de las cargas.

RECURSOS DIGITALES

La **compensación del factor de potencia**, cuya consulta recomendamos para la ampliación de la materia de estudio de la presente unidad, se puede consultar entre los recursos digitales del libro, a los que se puede acceder mediante un sencillo registro desde la pestaña de «Recursos previo registro» de la ficha web de la obra (en www.paraninfo.es).

4.5. El convertidor CC/CC

En ocasiones puede suceder que la tensión nominal de funcionamiento de algunas cargas o consumos de corriente continua sea diferente de la tensión nominal de las baterías de la instalación fotovoltaica. Por ejemplo, la alimentación de una carga que funciona a 12 V mediante un sistema de baterías que proporciona una tensión de 24 V. Para adaptar el nivel de tensión de la batería a la tensión de trabajo de dichas cargas es necesario utilizar un convertidor CC/CC. Un convertidor CC/CC es un equipo electrónico que convierte una tensión de entrada en corriente continua V_1 en una tensión de salida en corriente continua V_2.

Figura 4.32. *Convertidor CC/CC de 24 V a 12 V.* (Fuente: *ATERSA.*)

4.5.1. Características técnicas

Las **características eléctricas** principales de un convertidor CC/CC son:

- **Tensión nominal de entrada.** Es el valor nominal de tensión que se debe aplicar en la entrada del convertidor.
- **Rango de tensión de entrada.** Para que el convertidor funcione correctamente es necesario que la tensión de entrada se mantenga dentro de unos límites máximo y mínimo.
- **Tensión nominal de salida.** Es la tensión en la salida del inversor, expresada normalmente junto con una tolerancia. La tensión de salida puede ser fija o bien ajustable mediante un potenciómetro.
- **Intensidad nominal de salida.** Es la máxima intensidad que puede proporcionar el convertidor en su salida de forma continua.
- **Intensidad máxima de salida.** Es el máximo pico de intensidad que puede proporcionar el convertidor en su salida.
- **Consumo en vacío.** El convertidor consume una mínima potencia aunque no esté proporcionando potencia en su salida. Es frecuente expresar la máxima intensidad que consume el convertidor en vacío en mA.
- **Rendimiento.** El rendimiento del convertidor es el cociente entre la potencia de salida (P_2) y la potencia de entrada (P_1).

Asimismo, entre las **características físicas** de un convertidor CC/CC se encuentran el grado de protección IP, el peso, sus dimensiones, etc. Entre las **características ambientales** se incluye el rango de temperaturas de trabajo, humedad, etc.

SABÍAS QUE

El **grado de protección IP** indica los grados de protección proporcionados por la envolvente del equipo contra el acceso a partes peligrosas, contra la penetración de cuerpos sólidos extraños, contra la penetración de agua y también para suministrar información adicional junto a la referida información. Se compone de dos números de una cifra cada uno seguido de una letra opcional.

4.6. Configuración y dimensionado de instalaciones solares fotovoltaicas aisladas

El dimensionado de una instalación generadora aislada consiste básicamente en calcular y determinar de forma óptima los elementos que componen la instalación (generador fotovoltaico, capacidad de la batería, características del regulador, etc.), con el objetivo de conseguir un suministro fiable de energía en función de la demanda. Se debe llegar a un compromiso entre el tamaño del generador fotovoltaico y el tamaño del sistema de acumulación. Una instalación con un generador fotovoltaico sobredimensionado con respecto al sistema de acumulación da lugar a un desperdicio de energía debido a la rápida carga de la batería. Por el contrario, una instalación con un sistema de acumulación sobredimensionado con respecto al un generador fotovoltaico tendrá problemas para conseguir una carga completa de la batería, lo que reducirá su vida útil.

Figura 4.33. *Procedimiento general.*

RECURSOS DIGITALES

La exposición detallada de la **configuración de las instalaciones solares fotovoltaicas aisladas**, cuya consulta recomendamos para la ampliación de la materia de estudio de la presente unidad, se puede consultar entre los recursos digitales del libro, a los que se puede acceder mediante un sencillo registro desde la pestaña de «Recursos previo registro» de la ficha web de la obra (en www.paraninfo.es).

4.7. Instalaciones solares fotovoltaicas aisladas de red con apoyo energético

Las instalaciones solares fotovoltaicas aisladas pueden combinarse con otras fuentes de energía. Normalmente se suelen combinar con un aerogenerador, con un grupo electrógeno o bien con ambas. En la Figura 4.34 se presenta un ejemplo de una instalación autosuficiente aislada de red, basada en un bus de corriente alterna, que combina la energía procedente de la instalación solar fotovoltaica con la energía proporcionada por un aerogenerador y por un grupo electrógeno.

Los **módulos fotovoltaicos** convierten la radiación solar en energía eléctrica en forma de corriente continua. Posteriormente la corriente continua se convierte en corriente alterna mediante un inversor solar fotovoltaico que incorpora un sistema de seguimiento del punto de máxima potencia.

El **aerogenerador** convierte la energía cinética del viento en energía eléctrica en forma de corriente alterna trifásica. Su frecuencia es variable, ya que depende de la velocidad de giro del rotor. A continuación esta señal trifásica se convierte en corriente continua. Para ello se incluye un dispositivo que incluye las funciones de rectificación y de protección contra sobretensiones (estas sobretensiones se pueden deber, por ejemplo, a ráfagas de viento). Cuando la tensión de corriente continua alcanza un valor superior crítico, la instalación eólica se sobrecarga con unas resistencias para limitar esta tensión. Cuando la tensión alcanza un valor inferior predeterminado estas resistencias se desconectan. A continuación, el inversor eólico convierte la señal de corriente continua en corriente alterna.

El elemento **gestor de la microrred** es un inversor bidireccional que regula el equilibrio energético del sistema aislado. Se encarga de abastecer los equipos consumidores a partir de la batería o bien carga la batería con la energía procedente de las fuentes de corriente alterna. Entre sus funciones se encuentra también la gestión de la batería para evitar sobrecargas y sobredescargas. Otra de sus funciones es la gestión del **grupo electrógeno.** La conexión/desconexión del grupo se controla por medio de una señal de arranque y parada que emite el gestor de la microrred.

4.7.1. Aerogenerador

El recurso energético que utilizan los aerogeneradores para producir energía eléctrica es la energía cinética del viento. El **viento** se define como el movimiento del aire con respecto a la superficie terrestre, y viene caracterizado por su velocidad y dirección. Las características del viento dependen de la localización geográfica, de fenómenos particulares, como las brisas de mar y tierra, de la altura con respecto al suelo, del relieve del terreno, de la rugosidad del suelo, de la presencia de obstáculos, etc. La energía eólica es una fuente renovable, no emite gases contaminantes y permite diversificar el suministro energético. El recurso eólico de un lugar es bastante predecible a escala anual, pero es más difícil de prever a escalas de tiempo menores, debido a su gran variabilidad y fluctuación.

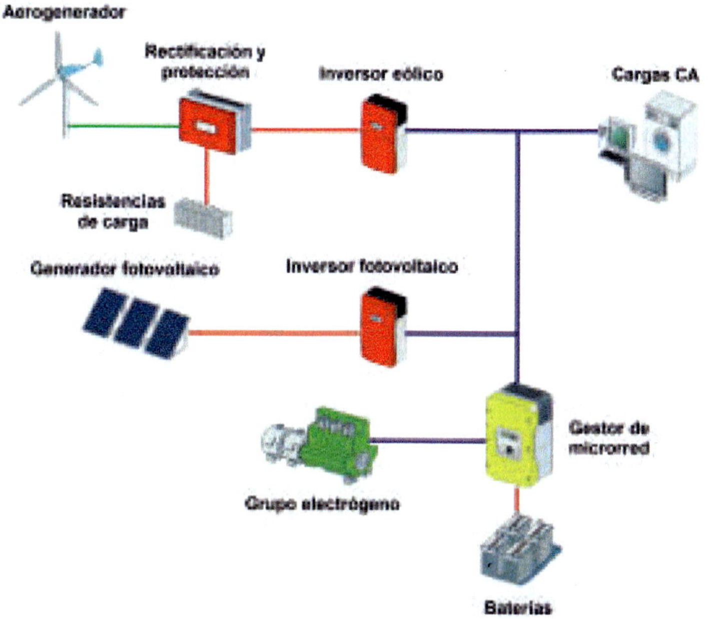

Figura 4.34. *Instalación solar fotovoltaica aislada de red con apoyo energético de un aerogenerador y un grupo electrógeno basada en un bus de corriente alterna.* (Fuente: *SMA Ibérica.*)

Un **aerogenerador** es un dispositivo que convierte la energía cinética del viento en energía eléctrica. En primer lugar la energía cinética del viento se convierte en energía mecánica mediante el movimiento de giro de las palas. Posteriormente, esta energía mecánica es transferida mediante una transmisión mecánica al rotor de un generador eléctrico que la transforma en energía eléctrica.

Figura 4.35. *Aerogenerador.*

La potencia producida por un aerogenerador en función de la velocidad del viento se representa mediante la **curva de potencia**. En esta curva se distinguen distintos puntos significativos:

- **Velocidad de arranque (v_A).** Es la velocidad del viento a partir de la cual el generador comienza a suministrar potencia.
- **Velocidad nominal (v_N).** Es la velocidad del viento a la cual el aerogenerador genera su potencia nominal (P_N). Los dispositivos de control consiguen que la potencia generada sea igual a la nominal en el rango de velocidades comprendido entre la velocidad nominal (v_N) y la velocidad de desconexión (v_D).
- **Velocidad de desconexión (v_D).** Es la velocidad del viento a la cual el rotor se detiene, por la acción del sistema de control, para evitar daños en la máquina.
- **Velocidad de supervivencia (v_S).** Por encima de esta velocidad del viento, el aerogenerador puede dañarse a pesar de encontrarse parado.

Los fabricantes también suelen suministrar la curva aproximada de producción de energía anual en función de la velocidad media anual del viento en el lugar en el que se ubica el aerogenerador.

Los pasos para evaluar la **idoneidad de la instalación** de un aerogenerador son:

1. **Conseguir los datos del viento.** La rosa de los vientos del lugar proporciona información sobre la procedencia dominante del viento.
2. **Analizar la orografía del terreno, rugosidad y obstáculos.** Se debe dejar libre de obstáculos la procedencia dominante del viento. En cuanto a la orografía, la máxima velocidad del viento se consigue en la cima de una colina con pendiente suave. En cambio, lugares con accidentes abruptos, como un acantilado, disipan la energía del viento y provocan turbulencias. Los emplazamientos urbanos no son aconsejables.

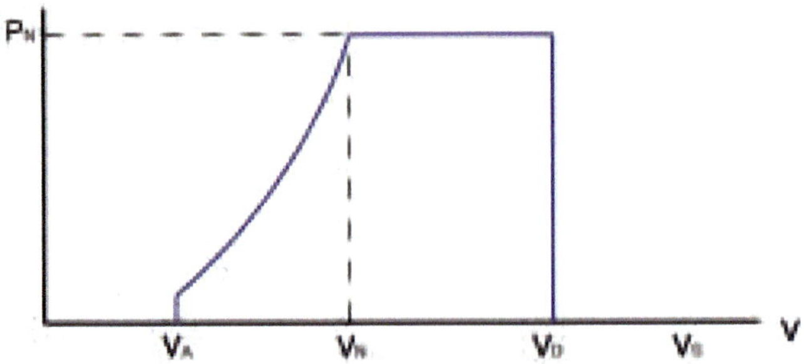

Figura 4.36. *Curva de potencia de un aerogenerador en función de la velocidad del viento.*

3. **Considerar la altura.** En general, la velocidad del viento aumenta con la altura. Para evitar el efecto de los obstáculos, es recomendable que el buje del aerogenerador se sitúe a 10 m de altura con respecto a la altura del obstáculo.
4. **Dimensionar y estimar la producción anual.** Se debe dimensionar la instalación eólica teniendo en cuenta la demanda de energía y la estimación de la producción energética en función del aerogenerador y el emplazamiento.

4.7.2. Grupo electrógeno

Un grupo electrógeno es una máquina que convierte la energía térmica desprendida por la combustión de un combustible en energía eléctrica. Está formado por un motor de combustión acoplado a un generador eléctrico mediante un eje mecánico. La energía térmica procedente de la combustión se convierte en energía mecánica por el motor de combustión. A su vez, el generador eléctrico convierte la energía mecánica en energía eléctrica. Los combustibles más comunes son la gasolina para pequeñas potencias y el diésel para potencias medias y elevadas.

Estos equipos pueden generar energía en el momento que se precise y se pueden utilizar como elemento auxiliar para cubrir situaciones de déficit de energía. El uso de grupos electrógenos tiene una serie de inconvenientes: utilizan una fuente de energía escasa y no renovable, emiten CO_2 y gases contaminantes, se debe disponer de un depósito de almacenamiento de combustible, los precios de los combustibles son variables, etc.

Figura 4.37. *Generador diésel.* (Fuente: *SMA Ibérica.*)

MAPA CONCEPTUAL

INSTALACIONES FOTOVOLTAICAS AISLADAS DE RED

- INTRODUCCIÓN A LAS INSTALACIONES SOLARES FOTOVOLTAICAS AISLADAS DE RED
  - Instalaciones sin inversor
  - Instalaciones con inversor conectado en el regulador de carga
  - Instalaciones con inversor conectado en el sistema de acumulación
  - Instalaciones solares fotovoltaicas híbridas
- SISTEMA DE ACUMULACIÓN DE ENERGÍA
  - Tipos de baterías
  - Características técnicas
  - Tipos de carga
  - Factores que afectan a la vida útil
  - Asociación de elementos y baterías
  - Selección de elementos y baterías
  - Configuración y dimensionado

MAPA CONCEPTUAL

- EL REGULADOR DE CARGA
  - Funcionamiento del regulador de carga
  - Características técnicas
  - Protecciones del equipo
  - Tipos de reguladores de carga
  - Sensor de temperatura de la batería
  - Entrada auxiliar de tensión de la batería
  - Conexión de un *shunt* exterior
  - Selección del regulador de carga
  - Dimensionado del regulador de carga
- EL INVERSOR
  - Clasificación de los inversores
  - Características técnicas
  - Protecciones del equipo
  - Selección del inversor
  - Dimensionado del inversor
- EL CONVERTIDOR CC/CC
  - Características técnicas
- CONFIGURACIÓN Y DIMENSIONADO DE INSTALACIONES SOLARES FOTOVOLTAICAS AISLADAS DE RED
- INSTALACIONES SOLARES FOTOVOLTAICAS AISLADAS DE RED CON APOYO ENERGÉTICO
  - Aerogenerador
  - Grupo electrógeno

De comprobación

4.1. En una instalación solar fotovoltaica aislada de red, la función principal de los módulos fotovoltaicos que componen el generador es:

a) Convertir la radiación solar en energía eléctrica.

b) Controlar los procesos de carga y descarga de las baterías.

c) Almacenar energía para aquellos momentos en los que la demanda de energía es superior a la energía producida.

d) Transformar la señal de corriente continua en corriente alterna.

4.2. En una instalación solar fotovoltaica aislada de red, la función principal del regulador de carga es:

a) Convertir la radiación solar en energía eléctrica.

b) Controlar los procesos de carga y descarga de las baterías.

c) Almacenar energía para aquellos momentos en los que la demanda de energía es superior a la energía producida.

d) Transformar la señal de corriente continua en corriente alterna.

4.3. En una instalación solar fotovoltaica aislada de red, la función principal de la batería es:

a) Convertir la radiación solar en energía eléctrica.

b) Controlar los procesos de carga y descarga de las baterías.

c) Almacenar energía para aquellos momentos en los que la demanda de energía es superior a la energía producida.

d) Transformar la señal de corriente continua en corriente alterna.

4.4. En una instalación solar fotovoltaica aislada de red, la función principal del inversor es:

a) Convertir la radiación solar en energía eléctrica.

b) Controlar los procesos de carga y descarga de las baterías.

c) Almacenar energía para aquellos momentos en los que la demanda de energía es superior a la energía producida.

d) Transformar la señal de corriente continua en corriente alterna.

4.5. Para dotar de un sentido de prioridad de una determinada carga crítica en corriente continua con respecto al resto de las cargas, esta se debe conectar:

a) Al generador fotovoltaico.

b) En la salida de corriente continua del regulador de carga.

c) A la batería.

d) En la salida del inversor.

4.6. Los tipos de baterías usados en las instalaciones solares fotovoltaicas son:

a) Baterías de arranque.

b) Baterías de tracción.

c) Baterías estacionarias.

d) Todas las respuestas son correctas.

4.7. La vida útil de una batería depende de:

a) La profundidad de descarga a la que es sometida.

b) La temperatura de operación.

c) El mantenimiento.

d) Todas las respuestas son correctas.

4.8. Las descargas profundas de una batería:

a) Alargan su vida útil.

b) Reducen su vida útil.

c) No influye en su vida útil.

d) Provocan una explosión.

4.9. Elige la respuesta correcta:

a) La asociación serie de baterías permite aumentar la capacidad y la tensión.

b) La asociación serie de baterías permite aumentar la capacidad y la potencia.

c) La asociación serie de baterías permite aumentar la tensión y la potencia.

d) La asociación paralelo de baterías permite aumentar la capacidad y la tensión.

4.10. El regulador de carga tiene distintas funciones. Elige la respuesta falsa:

a) Proteger la batería frente a sobrecargas.

b) Proteger a las personas contra contactos directos.

c) Servir como punto de conexión entre el generador fotovoltaico, el sistema de acumulación y las cargas o consumos.

d) Proteger la batería frente a sobredescargas.

4.11. La profundidad de descarga máxima diaria del sistema de acumulación de energía se suele fijar en torno al:

a) 15 %-25 %.

b) 30 %-40 %.

c) 45 %-55 %.

d) 70 %-80 %.

4.12. ¿Qué tipo de inversor genera la señal eléctrica más parecida a la señal de la red pública de distribución?

a) De onda cuadrada.

b) De onda cuadrada modificada.

c) De onda senoidal modificada.

d) De onda senoidal pura.

4.13. El Pliego de Condiciones Técnicas del IDAE establece una autonomía mínima de:

a) Tres días.

b) Cuatro días.

c) Cinco días.

d) Ninguna de las anteriores.

4.14. En una instalación doméstica ubicada en un lugar con inviernos muy nubosos es recomendable establecer una autonomía de:

a) Tres días.

b) Cuatro días.

c) Cinco días.

d) Ninguna de las anteriores.

4.15. La tensión nominal de una instalación solar fotovoltaica aislada de red viene fijada por:

a) El regulador de carga.

b) El generador fotovoltaico.

c) El sistema de acumulación de energía.

d) El inversor.

De aplicación

4.16. En una instalación solar fotovoltaica aislada de red, el inversor se puede conectar directamente a las baterías o en la salida de consumos de regulador de carga. Indica las ventajas e inconvenientes en cada caso.

4.17. Una batería estacionaria con una capacidad C_{120} = 380 A·h alimenta a una serie de cargas eléctricas que consumen 100 A·h/día. En principio se ha fijado una profundidad de descarga máxima estacional del 80 % y tres días de autonomía.

a) Calcula el estado de carga y la profundidad de descarga después de uno, dos y tres días de funcionamiento sin recargarse.

b) ¿Se ha superado la profundidad de descarga máxima estacional fijada?

4.18. Determina la capacidad y tensión de un sistema formado por doce elementos de 2 V y 380 A·h, conectados en serie.

4.19. Indica al menos ocho criterios que se deben tener en cuenta para seleccionar un regulador de carga.

4.20. Se utiliza un inversor Tauro 1524 para alimentar una carga de 700 W, cos $\varphi = 0.95$. La carga debe ser alimentada durante un máximo de cinco horas seguidas. ¿Se ha seleccionado correctamente el inversor?

4.21. Busca la información técnica de un regulador de carga y contesta a las siguientes preguntas:

a) ¿Dispone de seguimiento del punto de máxima potencia?

b) ¿Para qué valores de tensión nominal de la batería puede funcionar?

c) ¿Con qué tipos de batería puede trabajar?

d) ¿Cuál es la máxima intensidad de entrada que puede soportar?

e) ¿Cuál es la máxima intensidad de salida que puede entregar?

f) ¿Cuál es la tensión máxima de entrada en la línea de generación?

g) ¿Dispone de *shunt,* sensor de temperatura o entrada auxiliar de tensión?

h) ¿Incorpora algún tipo de protección?

4.22. Busca la información técnica de un aerogenerador comercial y contesta a las siguientes preguntas:

a) ¿Cuál es su potencia nominal?

b) ¿A partir de qué velocidad del viento el aerogenerador comienza a suministrar potencia?

c) ¿Entre qué velocidades del viento el aerogenerador funciona a su potencia nominal?

d) ¿A partir de qué velocidad del viento el rotor se detiene, por la acción del sistema de control, para evitar daños en la máquina?

4.23. Enumera los pasos necesarios para desarrollar un proyecto de instalación solar fotovoltaica aislada de red.

De aplicación práctica

4.24. **Comprobación del funcionamiento de un inversor.** Elige un inversor para instalaciones solares fotovoltaicas aisladas y realiza las siguientes aplicaciones prácticas:

a) Alimenta el inversor con su tensión nominal y conecta en su salida una carga. Visualiza en un osciloscopio la señal de salida del inversor. ¿Qué forma tiene la onda? ¿Cuál es su valor eficaz de tensión? ¿Y su frecuencia?

b) Con el montaje anterior, mide la potencia que consume el inversor y la potencia activa, reactiva y aparente que proporciona en su salida.

c) Averigua si el inversor utilizado dispone de protección contra baja tensión de entrada. Cuando disponen de esta protección, suelen lanzar una alarma llegado el caso. Si el inversor dispone de esta protección, baja la tensión de entrada por debajo del valor mínimo para comprobar el disparo de la alarma.

4.25. Montaje y comprobación del funcionamiento de una instalación solar aislada. Monta una pequeña instalación solar fotovoltaica aislada de red compuesta por un módulo fotovoltaico, un regulador de carga, una batería, un inversor, cargas en corriente continua y cargas en corriente altera. Analiza su funcionamiento.

a) ¿A qué tensión funciona el módulo fotovoltaico? ¿Trabaja en el punto de máxima potencia o a la tensión impuesta por la batería?

b) Cambia la posición del módulo fotovoltaico para variar la radiación solar recibida y comprueba la variación de potencia generada por el módulo.

c) Desconecta los consumos y comprueba que toda la energía generada se utiliza para cargar la batería.

d) Conecta los consumos variando la potencia consumida y comprueba qué ocurre. ¿Los consumos se alimentan solamente del generador fotovoltaico o del generador fotovoltaico y la batería simultáneamente?

De ampliación

4.26. Investiga una solución técnica para una instalación solar fotovoltaica aislada de red con apoyo energético de un aerogenerador y un grupo diésel, que utilice un bus de corriente continua.

4.27. Busca las características técnicas del elemento gestor de una microrred y explica brevemente su funcionamiento.

4.28. La aplicación PVGIS ofrece la posibilidad de analizar el comportamiento de una instalación solar fotovoltaica aislada de red a lo largo del año. A partir de los datos de la instalación (potencia del generador fotovoltaico, tensión de la batería, capacidad de la batería, consumo diario, posición de los módulos fotovoltaicos, estado de carga mínimo deseado), realiza una estimación sobre el porcentaje de días que la batería permanece totalmente cargada o descargada en función de cada mes del año, así como el porcentaje de días del año para distintos estados de carga de la batería. Accede a la opción *Stand-Alone PV* para utilizar la aplicación.

El objetivo de las instalaciones solares fotovoltaicas conectadas a red tradicionales es producir la máxima cantidad de energía anual para su vertido en la red. Sin embargo, existen otros tipos de instalaciones conectadas a red que incorporan una instalación interior que consume una parte o la totalidad de la energía obtenida por el generador fotovoltaico. Realizan un intercambio energético con la red de distribución en función de su producción y de su demanda energética en cada momento.

Las instalaciones conectadas a red utilizan un inversor que convierte la señal de corriente continua de los módulos fotovoltaicos en una señal de corriente alterna que debe estar perfectamente sincronizada con la señal de la red de distribución eléctrica.

5 Instalaciones solares fotovoltaicas conectadas a red

Contenidos

Objetivos

- Distinguir, identificar y clasificar los distintos tipos de instalaciones solares fotovoltaicas conectadas a red.
- Clasificar las instalaciones solares fotovoltaicas conectadas a red en función del método de instalación de los módulos fotovoltaicos.
- Analizar e interpretar las hojas de características de un inversor de conexión a red.
- Conocer las posibles interacciones que se pueden dar entre una instalación solar fotovoltaica y la red eléctrica de distribución.
- Estimar la energía producida por una instalación solar fotovoltaica teniendo en cuenta las pérdidas energéticas.
- Configurar instalaciones solares fotovoltaicas conectadas a red.

5.1. Introducción a las instalaciones solares fotovoltaicas conectadas a red

Según lo dispuesto en la instrucción técnica ITC-BT-40 del Reglamento Electrotécnico para Baja Tensión y atendiendo a su funcionamiento con respecto a la red de distribución pública, las instalaciones solares fotovoltaicas se clasifican en:

- **Instalaciones solares fotovoltaicas aisladas.** Son instalaciones en las que no existe conexión eléctrica alguna con la red de distribución eléctrica, pudiendo estar apoyadas por otros generadores (aerogeneradores, grupos electrógenos, etc.). Suelen contar con sistemas de acumulación de energía y suministran la totalidad de la energía a los consumos.
- **Instalaciones solares fotovoltaicas asistidas.** Son instalaciones destinadas a alimentar cargas en baja tensión que cuentan con suministro de la red de distribución y pueden estar apoyadas por otros generadores (aerogeneradores, grupos electrógenos, etc.). Los generadores y la red de distribución no pueden abastecer los consumos simultáneamente. Estas instalaciones están conectadas a la red, pero sin funcionar en paralelo con ella. Una de las fuentes es la preferente para el suministro, mientras que la otra actúa como alimentación de socorro o apoyo.
- **Instalaciones solares fotovoltaicas interconectadas.** Son instalaciones conectadas a la red de distribución eléctrica, bien directamente (instalaciones conectadas a red tradicionales) o bien a través de la instalación interior, que funcionan en paralelo con la red de distribución eléctrica. Las instalaciones conectadas a red tradicionales no disponen de instalación de consumo y vierten a la red de distribución la totalidad de la energía generada. Las instalaciones conectadas a red a través de la instalación interior incorporan un circuito interior con unos consumos que necesitan ser alimentados. Estas últimas pueden ser **con inyección de excedentes a la red** o **con inyección cero**.

> **¡! IMPORTANTE**
>
> A la vista de las definiciones anteriores, tanto las instalaciones solares fotovoltaicas asistidas como las interconectadas están conectadas a la red de distribución eléctrica.

5.2. Instalaciones solares fotovoltaicas asistidas

Las instalaciones solares fotovoltaicas asistidas producen energía durante el día permitiendo el autoconsumo instantáneo de las cargas y, a su vez, almacenan energía en el sistema de acumulación para disponer de energía durante la noche y durante los días con insuficiente radiación solar. La instalación se abastece de energía desde la red de distribución eléctrica solamente en caso de una gran demanda de energía con descarga de las baterías.

La instalación debe disponer de los medios adecuados que imposibiliten el funcionamiento en paralelo con la red de distribución y que impidan, por tanto, el consumo simultáneo desde la red de distribución y la instalación solar fotovoltaica. La alimentación alternativa se realiza mediante un sistema de conmutación para todos los conductores activos y el neutro, que impide el acoplamiento simultáneo a ambas fuentes de alimentación.

> **Actividad propuesta 5.1**
>
> Consulta las prescripciones reglamentarias de las instalaciones generadoras asistidas contempladas en el Apartado 4.2 de la ITC-BT-40 del Reglamento Electrotécnico para Baja Tensión.

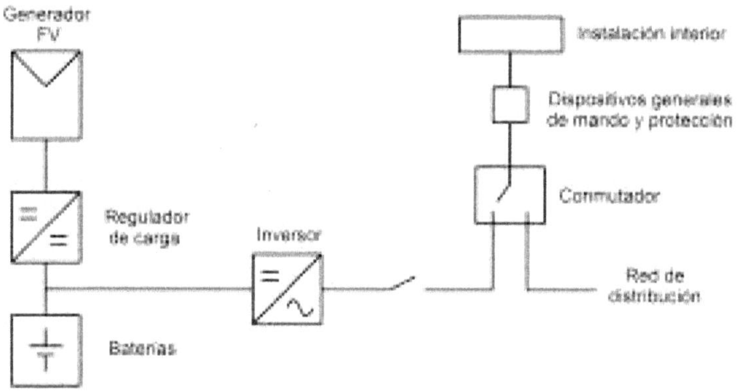

Figura 5.1. *Esquema de una instalación solar fotovoltaica asistida.*

5.3. Instalaciones solares fotovoltaicas interconectadas a través de la instalación interior

Este tipo de instalaciones incluye una instalación interior con una serie de consumos que deben ser alimentados. La energía generada por la instalación solar fotovoltaica se utiliza para abastecer a estos consumos. Sin embargo, en aquellas situaciones en las que la energía demandada por los consumos no puede ser suministrada en su totalidad por la propia instalación, la red de distribución actúa como fuente de apoyo complementando el déficit de energía. Estas instalaciones pueden ser de dos tipos:

- **Con inyección cero.** Cuando la energía generada por los módulos fotovoltaicos es superior a la energía demandada, se regula la potencia del inversor y se disminuye la potencia generada para no producir excedentes. En este caso la instalación no inyecta energía en la red.
- **Con inyección de excedentes a la red.** Cuando la energía generada por los módulos fotovoltaicos es superior a la energía demandada, los excedentes de energía se inyectan en la red.

5.3.1. Con inyección cero

La instalación debe incorporar un sistema que evite la inyección de energía en la red. Para controlar la potencia del inversor fotovoltaico y conseguir inyección cero, se incorporan medidores de energía que envían los datos al gestor energético central. El gestor energético, en caso de detectar un excedente de producción de energía, actúa sobre la potencia del inversor para adaptarla al consumo.

Estas instalaciones también pueden incorporar un **sistema de gestión inteligente de la energía**. Estos sistemas utilizan algoritmos de planificación inteligentes y una previsión de la producción para planificar y controlar de forma óptima la utilización de los equipos consumidores del hogar.

En la Figura 5.2 se presenta una instalación solar fotovoltaica interconectada, con gestión inteligente de la energía. Estas instalaciones también pueden incorporar un sistema de almacenamiento de energía (Figura 5.3). A continuación se describe su funcionamiento:

1. El inversor fotovoltaico convierte la corriente continua generada por los módulos fotovoltaicos en corriente alterna.
2. A partir de las medidas de los flujos de energía, el gestor energético central realiza la coordinación óptima entre generación y consumo.

3. El manejo y configuración del gestor energético se puede realizar desde un ordenador o un móvil mediante una aplicación informática. Permite, a su vez, visualizar en tiempo real los valores energéticos de la instalación.
4. El inversor de baterías controla la carga y descarga de las baterías. Si hay disponibilidad de energía solar fotovoltaica y no hubiese consumos o la posibilidad de conectarlos, antes de limitar la potencia del inversor fotovoltaico para evitar la inyección de energía, el inversor carga las baterías.
5. Los contadores de corriente miden los flujos energéticos de la instalación y envían la información al gestor energético.
6. Los equipos consumidores de la instalación se pueden clasificar en:
   - Equipos consumidores no controlables. Por ejemplo, la televisión, la cocina, el ordenador, etc.
   - Equipos consumidores controlables (lavadora, secadora, etc.). Son equipos que no están sujetos a un momento de conexión concreto y se pueden conectar por control remoto mediante una interfaz de control en el momento óptimo para realizar una gestión eficiente de la energía. Para aquellos equipos consumidores controlables que no incorporan interfaz de control, se puede utilizar un enchufe inalámbrico con *bluetooth* que controla el momento de conexión.

5.3.2. Con inyección de excedentes

La energía eléctrica producida por los módulos fotovoltaicos se utiliza para abastecer a los consumos. En caso de que no haya conectado ningún consumo, o bien la energía demandada sea inferior a la energía generada, los excedentes son inyectados a la red de distribución.

Las instalaciones que se muestra en las Figuras 5.2 y 5.3 también se pueden configurar en modo de inyección cero o en modo de inyección de excedentes de energía en la red. Para ello es necesario configurar el gestor energético central con el modo de funcionamiento deseado.

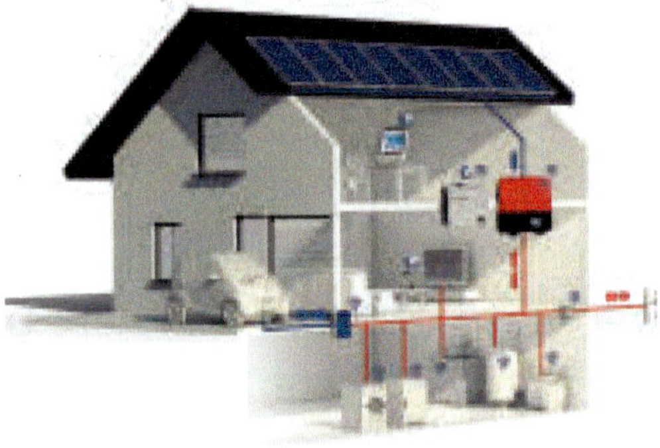

Figura 5.2. *Instalación solar fotovoltaica interconectada con gestión inteligente de la energía.* (Fuente: *SMA Ibérica.*)

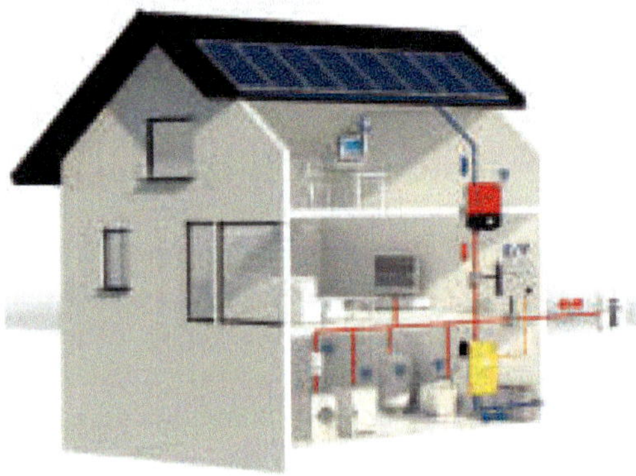

Figura 5.3. *Instalación solar fotovoltaica interconectada con almacenamiento y gestión inteligente de la energía.* (Fuente: *SMA Ibérica.*)

Actividad propuesta 5.2

Consulta las prescripciones reglamentarias de las instalaciones generadoras interconectadas contempladas en el Apartado 4.3 de la instrucción técnica complementaria ITC-BT-40 del Reglamento Electrotécnico para Baja Tensión.

5.4. Instalaciones solares fotovoltaicas conectadas a red tradicionales

Las instalaciones solares fotovoltaicas conectadas a red tradicionales son aquellas que transforman la radiación solar en energía eléctrica para ser vertida en su totalidad a la red de distribución. No disponen de instalación interior para autoconsumo. Su objetivo es producir la máxima cantidad de energía anual.

5.4.1. Componentes de la instalación

Los principales elementos que componen la instalación son los siguientes:

- **Generador fotovoltaico.** Es el conjunto de módulos fotovoltaicos que transforma la radiación solar en energía eléctrica en forma de corriente continua. Se pueden montar sobre estructuras fijas o sobre estructuras con seguimiento solar.
- **Inversor de conexión a red.** Es el elemento encargado de transformar la corriente continua suministrada por los módulos fotovoltaicos en corriente alterna para ser conectada a la red. Pueden existir varios inversores, en función de la configuración de la instalación. Deben garantizar una serie de características, tales como sincronizarse con la señal de la red eléctrica, desconectarse en caso de pérdida de tensión o frecuencia de la red (evitar el funcionamiento en modo isla) para garantizar la seguridad de los operarios de mantenimiento de la compañía eléctrica o proporcionar una señal de buena calidad. Estos inversores incorporan un sistema de seguimiento del punto de máxima potencia para conseguir el máximo rendimiento de los módulos fotovoltaicos.
- **Elementos de protección y medida.** La instalación debe incorporar los elementos de seguridad para proteger a las personas y para proteger la instalación. También debe incluir los dispositivos de medida necesarios, tales como contadores, para medir la energía vertida a la red.
- **Centro de transformación.** Es elemento encargado de elevar la tensión suministra en baja tensión por el inversor, en alta tensión. El centro de transformación solamente se encuentra presenta en aquellas instalaciones que se conectan a una red eléctrica de alta tensión.
- **Red eléctrica.** La energía producida se inyecta en la red eléctrica de distribución de baja o alta tensión.

RECUERDA

Las principales funcionalidades que debe cumplir el inversor de conexión a red son las siguientes:

- La frecuencia, la fase y la tensión de la señal senoidal que suministra el inversor de conexión a red se debe sincronizar perfectamente con la señal existente en la red.
- Debe incluir un sistema de protección contra el funcionamiento en modo isla.
- Debe interrumpir su funcionamiento en caso de anomalías en la red.
- En funcionamiento normal el inversor debe inyectar en la red solamente energía activa.

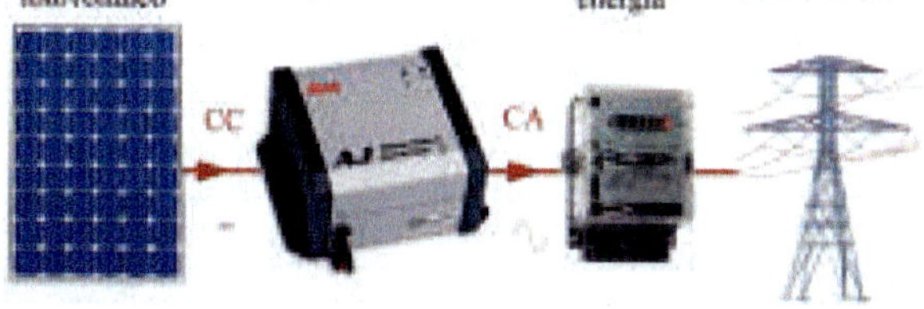

Figura 5.4. *Instalación solar fotovoltaica conectada a red.*

5.4.2. Clasificación de las instalaciones conectadas a red tradicionales

Las instalaciones solares fotovoltaicas conectadas a red se pueden clasificar en tres grupos:

- **Instalaciones sobre fachadas en edificios o viviendas.** Cuando los módulos fotovoltaicos se instalan sobre la fachada del edificio no siempre es posible orientarlos e inclinarlos en su posición óptima, ya que esta viene impuesta por las características del edificio. Normalmente estas instalaciones se conectan a la red de distribución en baja tensión.
- **Instalaciones sobre tejados o cubiertas en edificios o viviendas.** Cuando los módulos fotovoltaicos se instalan sobre la cubierta de un edificio se suelen utilizar estructuras fijas, que pueden en este caso orientarlos e inclinarlos en la posición óptima. Cuando se instalan sobre tejado, pueden existir más restricciones en cuanto a la orientación e inclinación de los módulos. Normalmente estas instalaciones también se conectan a la red de distribución en baja tensión.
- **Huertos o plantas solares.** Estas instalaciones ocupan normalmente una superficie de terreno extensa y pueden utilizar tanto estructuras fijas como seguidores solares. Se suelen conectar a la red de distribución de media tensión. En este caso es necesario un centro de transformación.

Figura 5.5. *Instalación solar fotovoltaica sobre tejado.*

5.5. Clasificación en función del método de instalación

Se pueden distinguir tres tipos de instalaciones generadoras fotovoltaicas interconectadas en función del método de instalación: sobre suelo fijas, sobre suelo con seguidores solares o en edificación.

Figura 5.6. *Instalación solar fotovoltaica sobre cubierta.*

5.5.1. Instalaciones sobre suelo fijas

En este caso la orientación e inclinación de los módulos fotovoltaicos se mantiene fija a lo largo de todo el día.

RECUERDA

En el hemisferio norte, los módulos fotovoltaicos en instalaciones fijas deben estar orientados hacia el sur y, por tanto, el ángulo de acimut óptimo vale 0°.

La inclinación óptima de los módulos fotovoltaicos que garantiza la máxima captación de energía anual se puede calcular con la expresión:

$$\beta_{opt} = 3.7 + 0.69 \cdot |\varphi|$$

β_{opt}: inclinación óptima para maximizar la captación de energía anual, en grados sexagesimales.

φ: latitud del lugar, en grados sexagesimales.

Figura 5.7. *Huerto solar con módulos fotovoltaicos en instalación fija.*

5.5.2. Instalaciones sobre suelo con seguidores solares

Estas instalaciones utilizan seguidores solares que varían la posición de los módulos fotovoltaicos para aprovechar al máximo la radiación solar. El objetivo de los sistemas de seguimiento es reducir el ángulo formado por la normal al plano del generador fotovoltaico y la línea que une el generador fotovoltaico con el sol, para conseguir una incidencia lo más perpendicular posible de la radiación solar sobre los módulos fotovoltaicos.

Los seguidores solares se clasifican en función de los grados de libertad de sus ejes:

- **Seguidor de un eje horizontal.** Se trata de un seguidor solar donde los módulos fotovoltaicos giran en torno a un eje horizontal orientado en la dirección norte-sur. La superficie de los módulos gira en torno a dicho eje de este a oeste siguiendo la trayectoria del Sol.

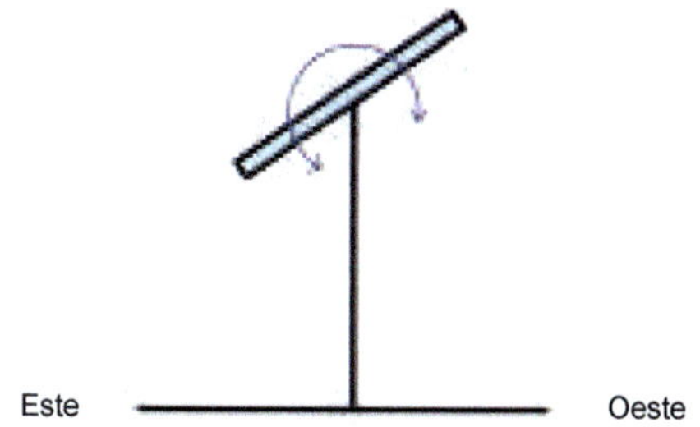

Figura 5.8. *Seguidor de un eje horizontal.*

- **Seguidor de un eje polar.** En este tipo de seguidor, los módulos fotovoltaicos giran sobre un eje inclinado con respecto a la horizontal orientado en la dirección norte-sur.

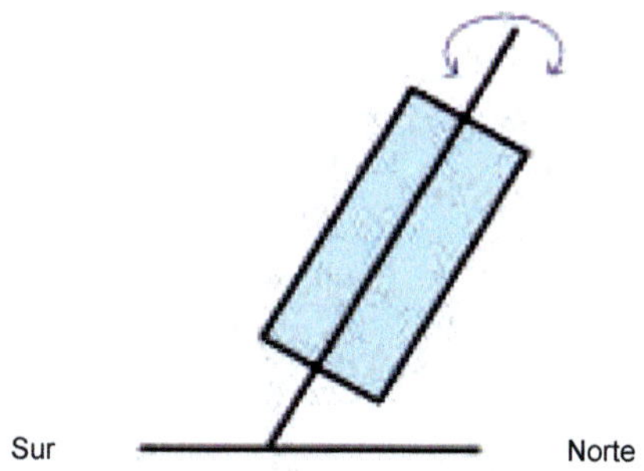

Figura 5.9. *Seguidor de un eje polar.*

- **Seguidor de un eje acimutal.** Los módulos fotovoltaicos se instalan con un ángulo de inclinación constante sobre un eje vertical. El eje vertical gira sobre sí mismo transmitiendo el movimiento de giro a los módulos fotovoltaicos.

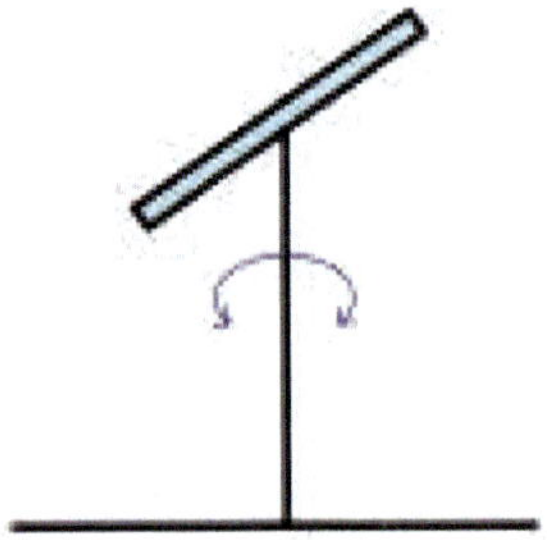

Figura 5.10. *Seguidor de un eje acimutal.*

- **Seguidores de dos ejes.** Son aquellos que disponen de dos grados de libertad en su movimiento, realizando un seguimiento del Sol tanto en la altura como en el acimut solar. Los rayos solares siempre inciden verticalmente sobre la superficie de los módulos fotovoltaicos a lo largo del día.

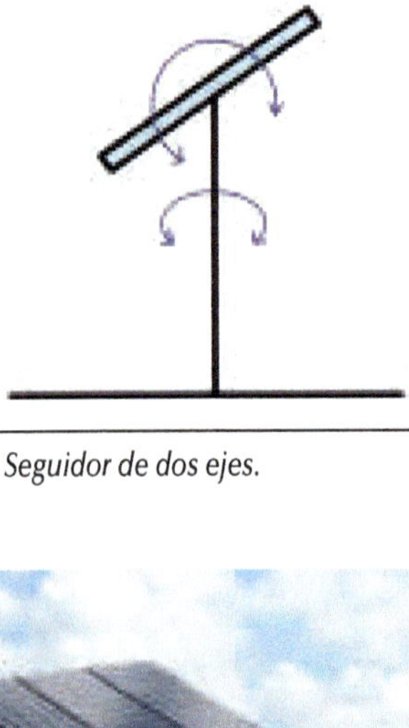

Figura 5.11. *Seguidor de dos ejes.*

Figura 5.12. *Huerto solar con seguidores solares.*

Los algoritmos que utilizan los **sistemas automáticos de control y regulación** de los seguidores solares para seguir la trayectoria del Sol pueden ser de dos tipos:

- **En función de la luminosidad.** El sistema dispone de sensores para determinar la posición del Sol en función de la posición del foco de procedencia de los rayos solares.
- **Con programación astronómica.** El algoritmo calcula la posición del Sol en función de un modelo matemático que predice su posición en cada instante de tiempo del año.

5.5.3. Instalaciones en edificación

El documento básico HE5 del Código Técnico de la Edificación «Contribución fotovoltaica mínima de energía eléctrica» contempla tres tipos de instalaciones en edificación: general, integración arquitectónica y superposición.

Se entiende que existe **integración arquitectónica** cuando los módulos fotovoltaicos cumplen una doble función energética y arquitectónica (revestimiento, cerramiento o sombreado), y sustituyen elementos constructivos convencionales o bien son elementos constituyentes de la composición arquitectónica. La función de **revestimiento** tiene lugar cuando los módulos fotovoltaicos constituyen parte de la envolvente de una construcción arquitectónica. La función de **cerramiento** ocurre cuando los módulos fotovoltaicos constituyen el tejado o la fachada de la construcción arquitectónica, y han de garantizar la debida estanqueidad y aislamiento térmico. Los módulos fotovoltaicos se consideran elementos de **sombreado** cuando protegen a la construcción arquitectónica de la sobrecarga térmica causada por los rayos solares, proporcionando sombras en el tejado en la fachada.

Por otro lado, se considera que existe **superposición** cuando la colocación de los módulos fotovoltaicos se realiza de forma paralela a la envolvente del edificio, sin la doble funcionalidad energética y arquitectónica, y no se acepta la disposición horizontal, con el fin de favorecer la autolimpieza de los módulos fotovoltaicos.

Figura 5.13. *Instalación solar fotovoltaica en edificación con integración arquitectónica.*

El documento básico HE5 del Código Técnico de la Edificación es de aplicación a:

- Edificios de nueva construcción y a edificios existentes que se reformen íntegramente, o en los que se produzca un cambio de uso característico de estos, para los usos indicados en la Tabla 5.1, cuando se superen los 5000 m^2 de superficie construida.
- Ampliaciones en edificios existentes, cuando la ampliación corresponda a alguno de los usos establecidos en Tabla 5.1 y esta supere 5000 m^2 de superficie construida.

Se considera que la superficie construida incluye la superficie del aparcamiento subterráneo (si existe) y excluye las zonas exteriores comunes. Quedan exentos del cumplimiento total o parcial de esta exigencia los edificios históricos protegidos cuando así lo determine el órgano competente que deba dictaminar en materia de protección histórico-artística.

Tabla 5.1. Ámbito de aplicación (*Fuente:* CTE.)

Tipo de uso
Hipermercado
Multitienda y centros de ocio
Nave de almacenamiento y distribución
Instalaciones deportivas cubiertas
Hospitales, clínicas y residencias asistidas
Pabellones de recintos feriales

La potencia nominal eléctrica mínima a instalar se calcula mediante la expresión:

$$P = C \cdot (0.002 \cdot S - 5)$$

P: potencia nominal a instalar (kW).

C: coeficiente definido en la Tabla 5.2, en función de la zona climática.

S: superficie construida del edificio (m^2).

Tabla 5.2. Coeficiente climático (*Fuente:* CTE.)

Zona climática	C
I	1
II	1.1
III	1.2
IV	1.3
V	1.4

En la Tabla 5.3 se marcan los límites entre zonas climáticas homogéneas a efectos de esta exigencia. Estas zonas han sido definidas teniendo en cuenta la radiación solar global media diaria anual sobre superficie horizontal (H), tomando los intervalos que se relacionan para cada una de las zonas. El documento básico HE5 indica que para la asignación de la zona climática de la Tabla 5.3 podrán emplearse los datos de radiación solar global media diaria anual que para las capitales de provincia se recogen en el documento «Atlas de radiación solar en España utilizando datos del SAF de Clima de EUMETSAT», publicado en el año 2012 por la Agencia Estatal de Meteorología (Tabla 2.3). Para aquellas localidades distintas de las capitales de provincia, a efectos de aplicación de este documento básico podrá emplearse el dato correspondiente a la capital de provincia, o bien otros datos oficiales de radiación solar global media diaria anual aplicables a dicha localidad correspondientes al periodo 1983-2005.

Tabla 5.3. Radiación solar global media diaria anual (*Fuente:* CTE.)

Zona climática	MJ/m²	kW·h/m²
I	H < 13.7	H < 3.8
II	13.7 ≤ H < 15.1	3.8 ≤ H < 4.2
III	15.1 ≤ H < 16.6	4.2 ≤ H < 4.6
IV	16.6 ≤ H < 18.0	4.6 ≤ H < 5.0
V	H ≥ 18.0	H ≥ 5.0

En todos los casos, la potencia pico mínima del generador será al menos igual a la potencia nominal del inversor. La potencia nominal máxima obligatoria a instalar en todos los casos será de 100 kW.

La potencia eléctrica mínima de la instalación solar fotovoltaica, determinada en aplicación de esta exigencia básica, podrá sustituirse parcial o totalmente cuando se cubra la producción eléctrica estimada que correspondería a la potencia mínima mediante el aprovechamiento de otras fuentes de energías renovables.

La disposición de los módulos fotovoltaicos se debe realizar de tal forma que las pérdidas debidas a la orientación e inclinación del sistema y a las sombras sobre este sean inferiores a los límites de la Tabla 5.4. Estas pérdidas se expresan como porcentaje de la radiación solar que incidiría sobre la superficie de captación orientada al sur, a la inclinación óptima y sin sombras.

Tabla 5.4. Pérdidas límite (*Fuente:* CTE.)

Caso	Orientación e inclinación	Sombras	Total
General	10 %	10 %	15 %
Superposición	20 %	15 %	30 %
Integración arquitectónica	40 %	20 %	50 %

Actividad resuelta 5.1

Calcula la potencia eléctrica mínima de una instalación generadora fotovoltaica en edificación en un hipermercado de 7500 m² ubicado en Cuenca.

Solución:

La localidad de Cuenca se encuentra en la zona climática IV. Como se trata de un hipermercado con más de 5000 m² se deben incorporar sistemas de captación y transformación de energía solar por procedimientos fotovoltaicos. Teniendo en cuenta el coeficiente C de la Tabla 5.2, la potencia nominal mínima a instalar debe ser de:

$$P = C \cdot (0.002 \cdot S - 5) =$$
$$= 1.3 \cdot (0.002 \cdot 7500 - 5) = 13\ kW$$

5.6. El inversor de conexión a red

El inversor utilizado en las instalaciones generadoras aisladas transforma la corriente continua suministrada por las baterías en corriente alterna, la cual es consumida por la instalación interior. Sin embargo, el inversor utilizado en las instalaciones conectadas a red se conecta directamente al generador fotovoltaico e inyecta en la red la tensión alterna monofásica o trifásica generada. Esta tensión de salida debe reunir unas determinadas condiciones de calidad y debe sincronizarse perfectamente con la señal eléctrica de la red de distribución. Para conseguir una forma de onda lo más senoidal posible, los inversores acostumbran a utilizar la técnica de modulación del ancho de pulso (PWM).

Por otro lado, la potencia eléctrica suministrada por un generador fotovoltaico depende de su punto de funcionamiento. Los inversores de conexión a red incorporan un sistema de seguimiento del punto de máxima potencia (MPPT) que permite obtener la máxima potencia del campo fotovoltaico. Este algoritmo determina el punto de máxima potencia de la curva I-V del generador fotovoltaico regularmente, para ajustar, en consecuencia, el valor de la carga.

Figura 5.14. *Inversor de conexión a red Sunny Tripower 20000TL/25000TL.* (Fuente: *SMA Ibérica.)*

5.6.1. Clasificación de los inversores de conexión a red

Los inversores se pueden clasificar en función de diferentes criterios. Por ejemplo, los inversores pueden ser monofásicos o trifásicos, en función del número de fases de la tensión de salida. También se pueden clasificar según el número de sistemas de seguimiento del punto de máxima potencia del generador fotovoltaico. Existen inversores con un solo sistema de seguimiento, o bien incorporan varios sistemas de seguimiento para conectarlos en distintos subcampos o *strings (multi-tracker).*

Los inversores de conexión a red suelen incorporar un transformador. En función de este criterio, existen tres opciones: inversores sin transformador, inversores con transformador de salida de baja frecuencia e inversores con transformador de alta frecuencia.

El primer tipo de inversor no incluye transformador y la conexión a red tiene lugar directamente, mientras que el segundo tipo se conecta a la red a través de un transformador incorporado en la salida. El principio de funcionamiento del tercer tipo de inversor para conseguir una señal senoidal se basa en tres pasos: transformador de alta frecuencia-rectificador-inversión. Se trata de inversores más complejos cuyo rendimiento suele ser menor debido a las conversiones adicionales.

5.6.2. Características técnicas

Algunas de las principales características técnicas de los inversores utilizados en las instalaciones interconectadas son:

- **Potencia nominal CA de salida ($P_{INV,AC}$).** Es la potencia de salida que puede suministrar el inversor de forma ininterrumpida bajo unas ciertas condiciones de funcionamiento.
- **Potencia máxima CA de salida.** Es la potencia máxima de salida que puede suministrar el inversor durante transitorios o periodos de tiempo no permanentes. Es habitual expresarla como un porcentaje con respecto a la potencia nominal.
- **Tensión nominal de salida ($V_{INV,AC}$).** Es el valor eficaz de la señal alterna de tensión de salida.
- **Frecuencia nominal (f).** Es la frecuencia de la señal alterna de tensión de salida.
- **Distorsión armónica (THD[%]).** Es el valor de la tasa total de distorsión armónica THD[%] de la señal alterna de tensión en la salida del inversor.

- **Potencia nominal CC de entrada ($P_{INV,DC}$).** Es la potencia máxima de entrada proporcionada por el generador fotovoltaico.
- **Tensión máxima CC de entrada ($V_{INV,DC}$).** Es la máxima tensión que puede soportar el inversor en su entrada sin sufrir una avería. No debe ser superada en ningún caso. Puesto que la tensión de entrada es proporcionada por el generador fotovoltaico, se debe tener en cuenta la tensión en circuito abierto V_{OC} del generador fotovoltaico a bajas temperaturas.
- **Intensidad máxima CC de entrada ($I_{INV,DC}$).** Es la máxima intensidad que puede soportar el inversor en su entrada.
- **Rango de tensión de búsqueda del punto de máxima potencia ($V_{INV,m,MPP} - V_{INV,M,MPP}$).** Es el rango de tensiones en el que el inversor aplica el algoritmo de búsqueda del punto de máxima potencia del generador fotovoltaico. Normalmente, si la tensión del generador se sitúa fuera de este rango, el inversor fija esta tensión al correspondiente valor límite del rango de búsqueda. Un diseño del generador fotovoltaico que proporcione con frecuencia una tensión correspondiente al punto de máxima potencia fuera del rango de búsqueda no ocasiona averías, pero da lugar a un desaprovechamiento de energía solar.
- **Eficiencia máxima (η).** Es la relación máxima entre la potencia absorbida en la entrada del inversor y la potencia cedida en la salida.
- **Rendimiento europeo (η_{EUR}).** Es el valor ponderado del rendimiento o eficiencia del inversor a diferentes potencias de operación.

Otras características que suelen aportar los fabricantes son el **rango de temperaturas de funcionamiento** y el **grado de protección IP**.

5.6.3. Protecciones del inversor de conexión a red

Los inversores de conexión a red también suelen incorporar protecciones contra sobretensiones en la entrada y en la salida, cortocircuitos y sobrecargas en la salida, así como protección contra corrientes diferenciales en la salida.

Estos inversores también deben disponer de un sistema de desconexión automática para evitar su funcionamiento en **modo isla**. La inyección de corriente en la red eléctrica por parte de una instalación generadora interconectada, en el caso de que el suministro de la red eléctrica haya sido interrumpido para la realización de tareas de mantenimiento o reparaciones, supone un serio peligro para el personal de mantenimiento de la compañía eléctrica y para el usuario.

Algunos inversores también incorporan **aislamiento galvánico**. En ocasiones la legislación aplicable establece que la instalación generadora debe disponer de una separación galvánica entre la instalación generadora y la red, bien mediante un transformador de aislamiento o sistema equivalente que cumpla las mismas funciones. Las funciones que se persiguen mediante la utilización de un transformador de baja frecuencia son:

- Aislar la instalación generadora para evitar la transferencia de defectos entre la red y la instalación.
- Proporcionar seguridad personal.
- Evitar la inyección de corriente continua en la red.

RECUERDA

El rendimiento europeo es un valor ponderado del rendimiento del inversor a diferentes potencias de operación.

$$\eta_{EUR} = 0.03 \cdot \eta_{5\%} + 0.06 \cdot \eta_{10\%} + 0.13 \cdot \eta_{20\%} + 0.1 \cdot \eta_{30\%} + 0.48 \cdot \eta_{50\%} + 0.2 \cdot \eta_{100\%}$$

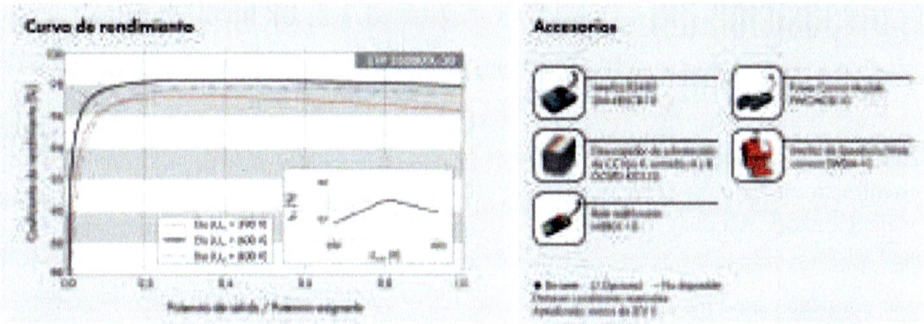

Curva de rendimiento

Potencia de salida / Potencia asignada

Accesorios

Datos técnicos	Sunny Tripower 20000TL	Sunny Tripower 25000TL
Entrada (CC)		
Potencia máxima de CC (con cos φ = 1)/potencia asignada de CC	20 440 W/20 440 W	25 550 W/25 550 W
Tensión de entrada máx.	1 000 V	1 000 V
Rango de tensión MPP/tensión asignada de entrada	320 V – 800 V/600 V	390 V – 800 V/600 V
Tensión de entrada mín./de inicio	150 V/188 V	150 V/188 V
Corriente máx. de entrada, entradas: A/B	33 A/33 A	33 A/33 A
Número de entradas de MPP independientes/strings por entrada de MPP	2/A:3; B:3	2/A:3; B:3
Salida (CA)		
Potencia asignada (a 230 V, 50 Hz)	20 000 W	25 000 W
Potencia máx. aparente de CA	20 000 VA	25 000 VA
Tensión nominal de CA	3 / N / PE, 220 / 380 V 3 / N / PE, 230 / 400 V 3 / N / PE, 240 / 415 V	
Rango de tensión de CA	180 V - 280 V	
Frecuencia de red de CA/rango	50 Hz / 44 Hz ... 55 Hz 60 Hz / 54 Hz ... 65 Hz	
Frecuencia asignada de red/tensión asignada de red	50 Hz / 230 V	
Corriente máx. de salida/corriente asignada de salida	29 A/29 A	36,2 A/36,2 A
Factor de potencia a potencia asignada/Factor de desfase ajustable	1/0 inductivo ... 0 capacitivo	
THD	≤ 3%	
Fases de inyección/conexión	3/3	
Rendimiento		
Rendimiento máx./europeo	98,4%/98,0%	98,3%/98,1%
Dispositivos de protección		
Punto de desconexión en el lado de entrada	●	
Monitorización de toma a tierra/de red	● / ●	
Descargador de sobretensión de CC: DPS tipo II	○	
Protección contra polarización inversa de CC/resistencia al cortocircuito de CA/con separación galvánica	● / ● / –	
Unidad de seguimiento de la corriente residual sensible a la corriente universal	●	
Clase de protección (según IEC 62109-1)/categoría de sobretensión (según IEC 62109-1)	I / AC: III; DC: II	
Datos generales		
Dimensiones (ancho/alto/fondo)	661/682/264 mm (26,0/26,9/10,4 in)	
Peso	61 kg (134,48 lb)	
Rango de temperatura de servicio	–25 °C ... +60 °C (–13 °F ... +140 °F)	
Emisión sonora, típica	51 dB(A)	
Autoconsumo nocturno	1 W	
Topología/principio de refrigeración	Sin transformador/OptiCool	
Tipo de protección (según IEC 60529)	IP65	
Clase climática (según IEC 60721-3-4)	4K4H	
Valor máximo permitido para la humedad relativa (sin condensación)	100%	
Equipamiento / función		
Conexión de CC/CA	SUNCLIX/Borne de conexión por resorte	
Pantalla	–	–
Interfaz: RS485, Speedwire/Webconnect	○ / ●	○ / ●
Interfaz de datos: SMA Modbus / SunSpec Modbus	● / ●	● / ●
Relé multifunción/Power Control Module	○ / ○	○ / ○
OptiTrac Global Peak/Integrated Plant Control/Q on Demand 24/7	● / ● / ●	● / ● / ●
Compatible con redes aisladas/con SMA Fuel Save Controller	● / ●	● / ●
Garantía: 5/10/15/20/25 años	● / ○ / ○ / ○ / ○	● / ○ / ○ / ○ / ○
Certificados y autorizaciones (otros a petición)	[illegible]	
Modelo comercial	STP 20000TL-30	STP 25000TL-30

* No es válido para todas las adaptaciones nacionales de la norma EN 50438

www.SMA-Iberica.com **SMA Solar Technology**

Figura 5.15. *Catálogo del Sunny Tripower.* (Fuente: *SMA Ibérica.*)

5.7. Disposición del generador fotovoltaico

Existen distintas disposiciones posibles del generador fotovoltaico en función del sistema de inversores seleccionado. Algunos de estos esquemas son:

- Un inversor para cada módulo fotovoltaico.
- Un inversor por cadena o *string*.
- Un inversor central para todo el generador fotovoltaico.
- Un generador fotovoltaico con varios inversores, donde se utiliza un inversor para varias cadenas.
- Un inversor central *multi-tracker* para todo el generador fotovoltaico.

5.7.1. Un inversor para cada módulo fotovoltaico

En esta tipología cada módulo tiene su propio inversor, lo que consigue que funcionen en su punto de máxima potencia (Figura 5.16). Uno de los inconvenientes es su elevado coste, ya que se utiliza un inversor por cada módulo fotovoltaico.

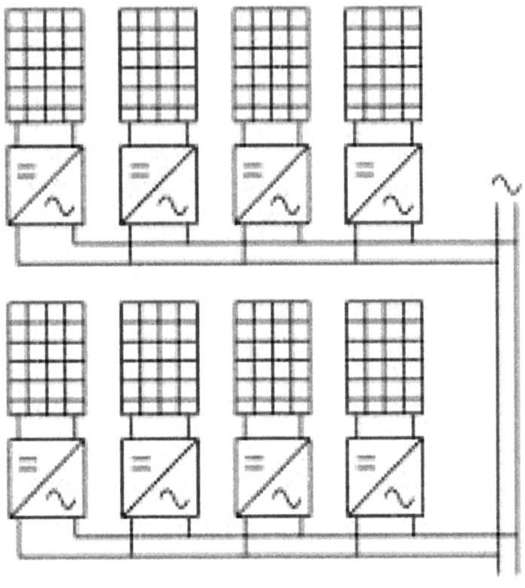

Figura 5.16. *Un inversor para cada módulo fotovoltaico.*

5.7.2. Un inversor por cadena o *string*

Se aplica en instalaciones de mediana potencia, donde cada cadena o *string* se conecta a un inversor (Figura 5.17). De esta forma se consigue que cada cadena funcione en su punto de máxima potencia, independientemente de posibles averías o sombreados en el resto de cadenas.

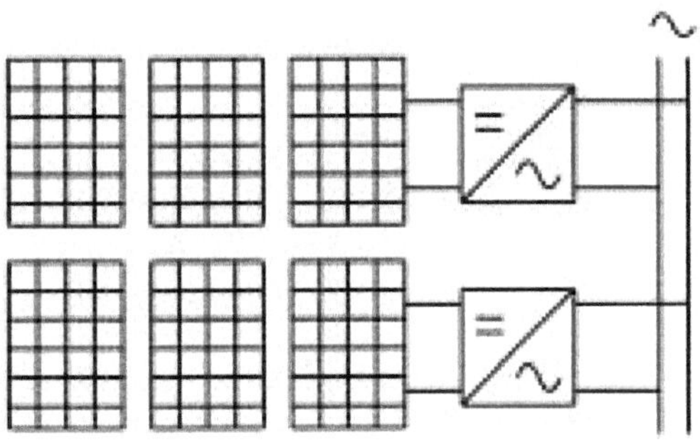

Figura 5.17. *Un inversor por cadena o* string.

5.7.3. Un inversor central para todo el generador fotovoltaico

Este esquema utiliza un único inversor para todo el generador fotovoltaico (Figura 5.18). Se aplica en instalaciones de pequeña potencia. Entre sus ventajas se encuentra el reducido coste económico en la inversión inicial, así como en el mantenimiento.

Sin embargo, un fallo del inversor provoca el paro de la producción de energía de todo el generador fotovoltaico. Si el inversor dispone de un único dispositivo de seguimiento del punto de máxima potencia (MPPT), el fallo o el sombreado de una cadena, o parte de ella, da lugar a una reducción de la producción de energía en comparación con otros esquemas posibles. Una solución es utilizar un inversor *multi-tracker*.

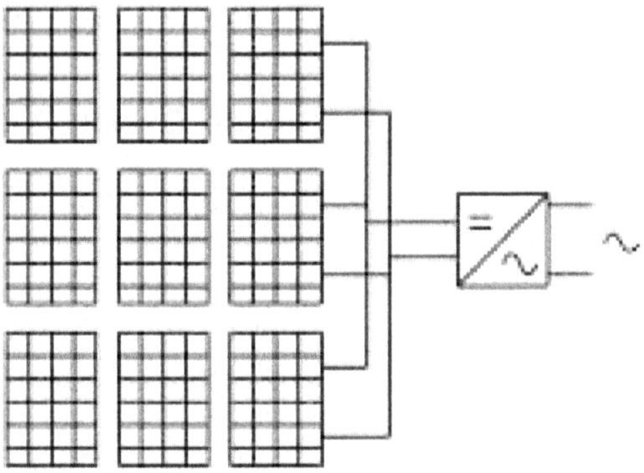

Figura 5.18. *Un inversor central para todo el generador fotovoltaico.*

5.7.4. Un inversor central *multi-tracker*

Al igual que la configuración anterior, esta disposición utiliza un único inversor para todo el generador fotovoltaico (Figura 5.19). Sin embargo, el inversor incorpora varios seguidores del punto de máxima potencia independientes (inversor *multi-tracker*).

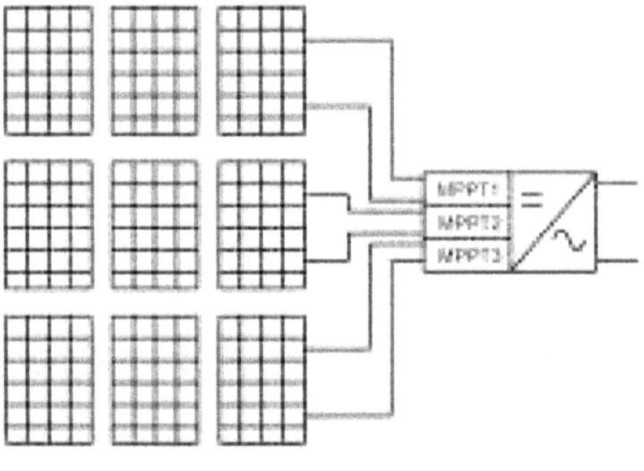

Figura 5.19. *Un inversor central* multi-tracker *para todo el generador fotovoltaico.*

> **SABÍAS QUE**
>
> Según la ITC-BT-18 del REBT, «la **puesta o conexión a tierra** es la unión eléctrica directa, sin fusibles ni protección alguna, de una parte del circuito eléctrico o de una parte conductora no perteneciente al mismo mediante una toma de tierra con un electrodo o grupos de electrodos enterrados en el suelo».

5.7.5. Generador fotovoltaico con varios inversores, donde se utiliza un inversor para varias cadenas

Es de aplicación en instalaciones de elevada potencia donde el generador fotovoltaico se divide en subcampos, cada uno de los cuales contiene distintas cadenas en paralelo conectadas a un único inversor (Figura 5.20).

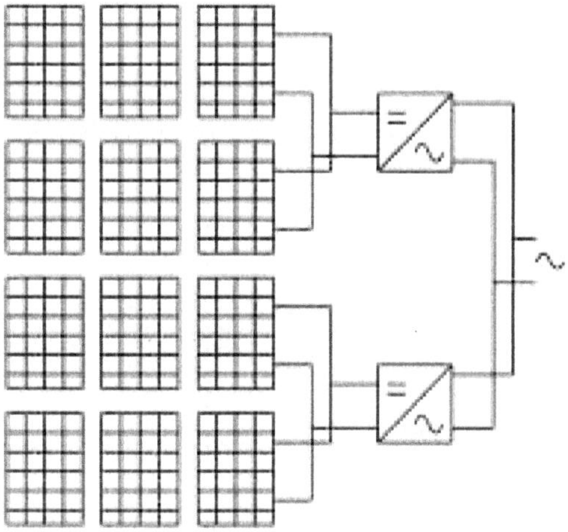

Figura 5.20. *Generador fotovoltaico con un inversor para cada subcampo.*

5.8. Protecciones

El Real Decreto 1699/2011, de 18 de noviembre, regula la conexión a red de instalaciones de producción de energía eléctrica de pequeña potencia y el Real Decreto 413/2014, de 6 de junio, regula la actividad de producción de energía eléctrica a partir de fuentes de energía renovables, cogeneración y residuos.

Según se establece en estos reales decretos, el sistema de protecciones debe incluir:

a) Un elemento de corte general que proporcione un aislamiento requerido por el Real Decreto 614/2001, de 8 de junio, sobre disposiciones mínimas para la protección de la salud y seguridad de los trabajadores frente al riesgo eléctrico.

b) Interruptor automático diferencial, con el fin de proteger a las personas en el caso de derivación de algún elemento a tierra.

c) Interruptor automático de la conexión, para la desconexión-conexión automática de la instalación en caso de anomalía de tensión o frecuencia de la red, junto a un relé de enclavamiento.

d) Protecciones de la conexión máxima y mínima frecuencia (50.5 Hz y 48 Hz con una temporización máxima de 0.5 y de tres segundos respectivamente) y máxima y mínima tensión entre fases (1.15 Un y 0.85 Un), donde lo propuesto para baja tensión se generaliza para todos los demás niveles.

e) Para tensión mayor de 1 kV y hasta 36 kV, inclusive, se deberá añadir el criterio de desconexión por máxima tensión homopolar.

En el caso de que el inversor o el equipo generador incorporen las protecciones anteriores, no es necesaria la duplicación de estas.

5.9. Condiciones de puesta a tierra

Las condiciones de puesta a tierra que establece el Real Decreto 1699/2011 son las siguientes:

a) La puesta a tierra de las instalaciones interconectadas se debe hacer siempre de forma que no se alteren las condiciones de puesta a tierra de la red de la empresa distribuidora, asegurando que no se produzcan transferencias de defectos a la red de distribución.

b) La instalación debe disponer de una **separación galvánica** entre la red de distribución y las instalaciones generadoras, bien sea por medio de un transformador de aislamiento o cualquier otro medio que cumpla las mismas funciones de acuerdo con la reglamentación de seguridad y calidad industrial aplicable.

c) Las masas de la instalación de generación deben estar conectadas a una tierra independiente de la tierra del neutro de la empresa distribuidora. Además, deben cumplir con lo indicado en los reglamentos de seguridad y calidad industrial vigentes que sean de aplicación.

Actividad propuesta 5.3

Consulta la «Nota de interpretación técnica de la equivalencia de la separación galvánica de la conexión de instalaciones generadoras en baja tensión», de la guía técnica de aplicación al Reglamento Electrotécnico de Baja Tensión.

5.10. Interacciones con la red eléctrica. Filtros y parásitos en la red

A continuación se describen los principales problemas que pueden aparecer al integrar las instalaciones solares fotovoltaicas en la red de distribución.

5.10.1. Sincronización con la red y calidad de la señal

El inversor fotovoltaico debe suministrar una onda de tensión senoidal con una frecuencia de 50 Hz, cuya fase y tensión deben sincronizarse exactamente con la señal existente en la red. Además, el valor de la tasa de distorsión armónica no debe superar el valor máximo permitido por la legislación vigente. Con el objeto de conseguir una señal senoidal con las mismas características en tensión y frecuencia que la señal de

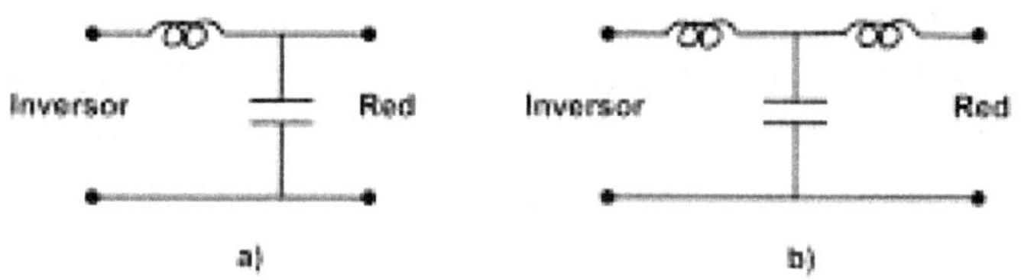

Figura 5.21. *a) Filtro LC; b) filtro LCL.*

la red eléctrica, así como reducir la tasa de armónicos, los inversores incorporan un filtro de salida previo a la conexión con la red. Los tipos más comunes son el filtro LC y el filtro LCL.

RECUERDA

La **tasa de distorsión armónica THD[%]** de una señal es una forma de medir su semejanza con una señal senoidal pura.

5.10.2. Seguridad personal, inyección de corriente continua y transferencia de defectos

En ocasiones la legislación vigente establece que la instalación generadora debe disponer de una separación galvánica entre la red y las instalaciones generadoras, bien por medio de un transformador de aislamiento o de cualquier otro método que cumpla las mismas funciones:

- Aislar la instalación generadora para evitar la transferencia de defectos entre la red y la instalación.
- Proporcionar seguridad personal.
- Evitar la inyección de corriente continua en la red.

La señal ideal de la red de distribución es una señal alterna senoidal sin componente de continua. Por tanto, es necesario evitar la inyección de corriente continua en la red. Según la «Nota de interpretación técnica de la equivalencia de la separación galvánica de la conexión de instalaciones generadoras en baja tensión»: «la corriente continua inyectada en la red de distribución por una instalación generadora no será superior al 0.5 % de la corriente nominal de la misma. Cuando se disponga en la instalación de un transformador separador entre el inversor y el punto de conexión de la red de distribución, se asumirá que está cubierto el requisito de limitación de la inyección de corriente continua».

RECUERDA

La **corriente continua** es el flujo de corriente eléctrica a través de un circuito eléctrico siempre en el mismo sentido a lo largo del tiempo. La señal de corriente continua típica es la señal de valor constante.

La **corriente alterna** es el flujo de corriente eléctrica a través de un circuito eléctrico que cambia de sentido a lo largo del tiempo. La señal de corriente alterna típica es la señal senoidal.

5.10.3. Funcionamiento en modo isla

La instalación solar fotovoltaica debe incluir un sistema de protección contra el funcionamiento en modo isla, ya que puede representar un riesgo importante para el personal de mantenimiento de la empresa distribuidora. Si la línea de distribución queda desconectada de la red, bien por motivos de mantenimiento o bien por haber actuado los dispositivos de protección, la instalación fotovoltaica interconectada no debe mantener la tensión en la línea de distribución.

Para conseguirlo, los inversores de conexión a red incorporan un sistema de protección antisla.

5.10.4. Anomalías de la red

Si la tensión o frecuencia de la señal de la red se encuentra fuera de un rango de trabajo aceptable, es necesario que el inversor fotovoltaico interrumpa su funcionamiento hasta que estos valores vuelvan a encontrarse dentro del rango admisible. Unos valores no aceptables de tensión o frecuencia pueden indicar que la red es inestable o que se encuentra en modo isla.

5.10.5. Control de energía reactiva

Durante su funcionamiento normal, el inversor fotovoltaico únicamente debe inyectar en la red energía activa. Por ende, el factor de potencia de la energía suministrada a la red de distribución en condiciones normales debe ser lo más próximo a la unidad. No obstante, cuando existe un hueco de tensión en la red, algunas normativas requieren que se inyecte energía reactiva en la red.

5.11. Equipos de tarificación

Los equipos de medida son los elementos encargados de medir la energía eléctrica importada o exportada por una instalación. Se pueden clasificar en función del sentido del flujo de energía que son capaces de registrar.

- **Contadores unidireccionales.** Son aquellos que contabilizan el flujo de energía en un único sentido.
- **Contadores bidireccionales.** Son aquellos que contabilizan el flujo de energía en ambos sentidos.

A su vez, también pueden clasificarse en función de las características de la instalación en **monofásicos** y **trifásicos**.

En la actualidad se están sustituyendo los antiguos contadores analógicos por nuevos contadores digitales, que incorporan nuevas funcionalidades que posibilitan su incorporación en una infraestructura de telegestión.

Un **sistema de telegestión** permite la transferencia automática de la información de una forma rápida y eficaz. Mediante este sistema es posible realizar lecturas de consumo eléctrico y realizar gestiones de forma remota.

Algunas de las ventajas de la telegestión son:

- Lectura de los consumos a distancia.
- Control de la potencia contratada sin instalación de equipos adicionales.
- Facturación en función de lecturas reales, no de estimaciones.
- Rapidez en la gestión de forma remota de las altas, bajas y modificaciones de los contratos.
- Rapidez en la detección e identificación de posibles incidencias y averías.
- Más información sobre las curvas de consumo de energía.
- Información constante del funcionamiento de la red eléctrica.

El componente principal de la infraestructura de telegestión es el **contador inteligente**. Además del contador, el sistema de telegestión requiere otros dos componentes:

- El **concentrador** es el elemento intermedio entre los contadores y el sistema central. Se

RECURSOS DIGITALES

La exposición detallada de la **configuración de las instalaciones solares fotovoltaicas conectadas a red**, cuya consulta recomendamos para la ampliación de la materia de estudio de la presente unidad, se puede consultar entre los recursos digitales del libro, a los que se puede acceder mediante un sencillo registro desde la pestaña de «Recursos previo registro» de la ficha web de la obra (en **www.paraninfo.es**).

instala en los centros de transformación de media tensión y sirve para recoger los datos registrados por los contadores. La transmisión de la información entre los contadores y concentradores se realiza a través de la misma red eléctrica de baja tensión, aprovechando los cables de la red eléctrica.

- El **sistema central** se utiliza para gestionar a distancia los concentradores y los contadores y se conecta con los sistemas técnicos y comerciales de la compañía eléctrica.

Figura 5.22. *Contador digital y contador analógico.*

5.12. Pérdidas energéticas y parámetros característicos

En una instalación solar fotovoltaica tienen lugar una serie de pérdidas que afectan a la cantidad de energía generada. A su vez, para caracterizar los sistemas fotovoltaicas se utilizan unos parámetros característicos.

5.12.1. Pérdidas energéticas

Las pérdidas energéticas más significativas de una instalación solar fotovoltaica interconectada son:

- **Pérdidas debidas a la tolerancia de la potencia nominal de los módulos fotovoltaicos.** Los fabricantes de módulos fotovoltaicos garantizan que la potencia real de un módulo fotovoltaico, en condiciones estándar de medida, se encuentra dentro de una banda marcada por su tolerancia en torno a su potencia nominal. Normalmente, el margen de tolerancia puede ser negativo y positivo; por ejemplo, –5 %/+5 %. Algunos fabricantes ofrecen tolerancia negativa nula; por ejemplo, 0 %/+5 %.
- **Pérdidas por degradación de potencia en el tiempo.** Los módulos fotovoltaicos sufren, a lo largo del tiempo de funcionamiento, una degradación progresiva de la potencia entregada con respecto a su potencia inicial. Normalmente la mayor degradación de potencia tiene lugar en los primeros meses de funcionamiento. Una vez estabilizados, la tasa de degradación de potencia en los años posteriores es menor que en el periodo inicial.
- **Pérdidas por *mismatch*.** Son pérdidas energéticas debidas por la asociación de módulos fotovoltaicos con parámetros ligeramente diferentes, ya que en la práctica todos los módulos fotovoltaicos utilizados para configurar un generador no son exactamente iguales, aunque sean de la misma marca y modelo. Existe una dispersión de parámetros. Por ejemplo, si se conectan en serie módulos fotovoltaicos con diferentes corrientes, el módulo de menor corriente limitará la corriente de la rama. Debido a estas pérdidas, la potencia de un generador fotovoltaico es inferior a la suma de las potencias de los módulos fotovoltaicos que lo componen. O igual en el mejor de los casos.
- **Pérdidas por aumento de la temperatura de trabajo.** Los fabricantes ofrecen la potencia nominal de los módulos en condiciones estándar de medida. Es decir, a una temperatura de trabajo de las células de 25 °C. No se debe confundir esta temperatura con la temperatura ambiente, pues se trata de conceptos diferentes. Sin embargo, la potencia de un módulo fotovoltaico disminuye conforme aumenta la temperatura de trabajo de sus células, circunstancia esta modelada por el coeficiente de temperatura de potencia α.

Esta temperatura de funcionamiento depende de distintos factores, tales como irradiancia solar, temperatura ambiente, velocidad del viento, posición y montaje de los módulos fotovoltaicos, ventilación, etc.

- **Pérdidas por suciedad.** La acumulación de polvo y suciedad en la superficie de los módulos fotovoltaicos ocasiona una disminución de potencia del generador. La acumulación uniforme da lugar a una disminución de la tensión y corriente entregada. Sin embargo, la suciedad localizada, tales como las hojas de árboles, puede dar lugar a la formación de puntos calientes.
- **Pérdidas angulares y espectrales.** La potencia nominal de los módulos fotovoltaicos esta especificada para las condiciones estándar de medida. En estas condiciones estándar la incidencia solar es normal en la superficie y la distribución espectral se corresponde para una masa de aire de 1.5. Sin embargo, durante el funcionamiento normal de los módulos estas condiciones no se satisfacen durante todo el periodo de operación.
- **Pérdidas en el cableado.** Los conductores eléctricos utilizados en las instalaciones fotovoltaicas no son conductores ideales, ya que tienen una determinada resistencia óhmica que depende de la longitud del conductor, de su sección y del material de fabricación. Estos cables, como resistencia eléctricas que son, consumen energía activa que se convierte en calor, dando lugar a su vez a caídas de tensión en las líneas. Estos efectos se pueden minimizar dimensionando adecuadamente las secciones de los conductores.
- **Pérdidas por sombreado.** La proyección de sombras sobre los módulos fotovoltaicos da lugar a una reducción de la energía producida debida a una disminución de la captación solar. Las sombras pueden ser ocasionadas por obstáculos lejanos (árboles, edificaciones) o incluso por elementos del propio generador fotovoltaico (seguidores solares).
- **Pérdidas por rendimiento del inversor.** En el inversor tiene lugar una pérdida de energía, ya que su rendimiento no es ideal. Su comportamiento viene definido por su curva de eficiencia en función de la potencia de operación. Debido a que la potencia entregada por el generador fotovoltaico depende de la irradiación solar y de las condiciones meteorológicas, entre otras, el inversor funcionará en distintos puntos de su curva según la potencia.
- **Pérdidas por rendimiento del seguimiento del punto de máxima potencia.** Los inversores de conexión a red disponen de un algoritmo para conseguir que el generador fotovoltaico trabaje en el punto de máxima potencia (MPPT). Existen pérdidas en el seguimiento cuando hay una diferencia entre el punto real de trabajo del generador fotovoltaico y su punto de máxima potencia.
- **Pérdidas por paradas de la instalación.** En ocasiones es necesario detener el funcionamiento normal de la instalación debido a causas tales como la aparición de averías o la ejecución de tareas de mantenimiento.

RECUERDA

Las pérdidas energéticas en los conductores se deben al **efecto Joule**. Cuando circula una intensidad eléctrica por un conductor con resistencia no nula, parte de la energía cinética de los electrones se transforma en calor. La energía disipada en forma de calor es proporcional a la resistencia del conductor, al cuadrado de la intensidad que lo recorre y al tiempo durante el que circula la intensidad eléctrica.

$$E = R \cdot I^2 \cdot t$$

5.12.2. Parámetros característicos

Los principales parámetros característicos utilizados para caracterizar y comparar los sistemas fotovoltaicos, independientemente de las condiciones medioambientales son:

- **Productividad final (Y_F).** Es el cociente entre la energía útil producida por la instalación generadora durante un determinado periodo de tiempo (E_{GFV}) y la potencia nominal del generador fotovoltaico (P_{GFV}) en condiciones estándar de medida.

$$Y_F = \frac{E_{GFV}}{P_{GFV}}$$

- **Productividad de referencia (Y_R).** Es el cociente entre la irradiación solar incidente sobre el generador fotovoltaico durante un determinado periodo de tiempo (G_{INC}) expresada en kW·h/m^2 y la irradiancia solar en condiciones estándar de medida (G_{STC} = 1 kW/m^2).

$$Y_R = \frac{G_{INC}}{G_{STC}}$$

- **Rendimiento global (PR).** Es un factor que representa el rendimiento energético de la instalación. Relaciona la energía útil generada por la instalación con la energía disponible teóricamente.

$$PR = \frac{Y_F}{Y_R} = \frac{E_{GFV}}{\frac{G_{INC} \cdot P_{GFV}}{G_{STC}}}$$

El rendimiento global o *performance ratio* tiene en cuenta la dependencia de la eficiencia de los módulos fotovoltaicos con la temperatura, las pérdidas por efecto Joule en el cableado, las pérdidas por dispersión de parámetros de los módulos fotovoltaicos, las pérdidas por errores en el seguimiento del punto de máxima potencia, el rendimiento del inversor, etc.

VOCABULARIO *Inglés-español*

- ***Final yield:*** productividad final.
- ***Reference yield:*** productividad de referencia.
- ***Performance ratio:*** rendimiento global.

5.13. Estimación de la energía anual producida

La energía producida por una instalación solar fotovoltaica durante un año, cuyos módulos están instalados de forma fija, se puede calcular de forma aproximada con la expresión:

$$E_{GFV} = P_{GFV} \cdot \frac{G_a(\alpha, \beta)}{G_{STC}} \cdot PR$$

E_{GFV}: energía producida por la instalación solar fotovoltaica, en kW·h.

P_{GFV}: potencia del generador fotovoltaico en condiciones estándar de medida, en kW.

$G_a(\alpha,\beta)$: irradiación solar anual que incide sobre la superficie del generador fotovoltaico, con una orientación α y un ángulo de inclinación β, en kW·h/m^2.

G_{STC}: irradiancia solar en condiciones estándar de medida (G_{STC} = 1 kW/m^2).

PR: coeficiente de rendimiento global de la instalación. Valores típicos: 0.65-0.8.

Actividad resuelta 5.2

Se desea estimar la energía anual producida por una instalación solar fotovoltaica ubicada en Jaén (φ = 37.76°). La potencia del generador fotovoltaico, en condiciones estándar de medida, es de 20 kW. Para conseguir la máxima captación de energía, los módulos fotovoltaicos están orientados hacia el sur, con un ángulo de inclinación de $\beta_{opt} = 3.7 + 0.69 \cdot |\varphi| \approx 29.7°$.

Solución:

La irradiación solar anual que reciben los módulos fotovoltaicos en estas condiciones, obtenida a partir de la base de datos PVGIS, es de 2135.25 kW·h/m^2. Si se considera un valor PR de 0.7, la energía anual producida por la instalación resulta:

$$E_{GFV} = P_{GFV} \cdot \frac{G_a(\alpha, \beta)}{G_{STC}} \cdot PR = 29893.5\, kW{\cdot}h$$

La energía producida con respecto a la potencia de la instalación es:

$$\frac{E_{GFV}}{P_{GFV}} = 1494.6 \frac{kW{\cdot}h}{kW}$$

MAPA CONCEPTUAL

INSTALACIONES SOLARES FOTOVOLTAICAS CONECTADAS A RED

- INSTALACIONES SOLARES FOTOVOLTAICAS ASISTIDAS
- INSTALACIONES SOLARES FOTOVOLTAICAS INTERCOMUNICADAS A TRAVÉS DE LA INSTALACIÓN INTERIOR
  - Inyección cero
  - Inyección de excedentes
- INSTALACIONES SOLARES FOTOVOLTAICAS CONECTADAS A RED TRADICIONALES
  - Componentes
  - Clasificación
- CLASIFICACIÓN EN FUNCIÓN DEL MÉTODO DE INSTALACIÓN
  - Sobre suelo fijas
  - Seguidores solares
  - Edificación
- EL INVERSOR DE CONEXIÓN A RED
  - Clasificación
  - Características
  - Protecciones
- DISPOSICIÓN DEL GENERADOR FOTOVOLTAICO
- PROTECCIONES
- CONDICIONES DE PUESTA A TIERRA
- INTERACCIONES CON LA RED ELÉCTRICA, FILTROS Y PARÁSITOS EN LA RED
  - Sincronización con la red y calidad de la señal
  - Seguridad personal, inyección de CC y transferencia de defectos
  - Modo isla
  - Anomalías de la red
  - Control de energía reactiva
- EQUIPOS DE TARIFICACIÓN
- PÉRDIDAS ENERGÉTICAS Y PARÁMETROS CARACTERÍSTICOS
- ESTIMACIÓN DE LA ENERGÍA ANUAL PRODUCIDA

De comprobación

5.1. Una instalación solar fotovoltaica asistida:

a) Puede inyectar sus excedentes de energía en la red.

b) No tiene conexión eléctrica alguna con la red de distribución eléctrica.

c) Está conectada a la red de distribución eléctrica, pudiendo funcionar en paralelo con ella.

d) Ninguna de las anteriores.

5.2. La función principal del gestor energético en una instalación solar fotovoltaica interconectada a través de la instalación interior es:

a) Realizar la coordinación óptima entre la generación y el consumo.

b) Convertir la corriente continua generada por los módulos fotovoltaicos en corriente alterna.

c) Controlar la carga y descarga de las baterías.

d) Medir los flujos energéticos de la instalación.

5.3. ¿Cuál de los siguientes componentes no forma parte de una instalación solar fotovoltaica conectada a red tradicional?

a) El generador fotovoltaico.

b) El inversor de conexión a red.

c) El regulador de carga.

d) Los equipos de protección y medida.

5.4. En un seguidor solar de un eje polar:

a) Los módulos fotovoltaicos giran sobre un eje inclinado con respecto a la horizontal orientado en la dirección norte-sur.

b) Los módulos fotovoltaicos se instalan con un ángulo de inclinación constante sobre un eje vertical.

c) Los módulos fotovoltaicos giran en torno a un eje horizontal orientado en la dirección norte-sur.

d) Los rayos solares siempre inciden verticalmente sobre la superficie de los módulos fotovoltaicos a lo largo del día.

5.5. En un seguidor solar de un eje acimut:

a) Los módulos fotovoltaicos giran sobre un eje inclinado con respecto a la horizontal orientado en la dirección norte-sur.

b) Los módulos fotovoltaicos se instalan con un ángulo de inclinación constante sobre un eje vertical.

c) Los módulos fotovoltaicos giran en torno a un eje horizontal orientado en la dirección norte-sur.

d) Los rayos solares siempre inciden verticalmente sobre la superficie de los módulos fotovoltaicos a lo largo del día.

5.6. En aquellas instalaciones en las que sea de aplicación el documento básico HE5 del Código Técnico de la Edificación, las pérdidas límite por orientación e inclinación en una instalación con integración arquitectónica son:

a) 10 %.

b) 20 %.

c) 30 %.

d) 40 %.

5.7. No forma parte de la infraestructura del sistema de telegestión de la red de distribución eléctrica:

a) El concentrador.

b) El sistema central.

c) El inversor de conexión a red.

d) El contador inteligente.

5.8. En una instalación solar fotovoltaica existe superposición cuando:

a) La colocación de los módulos fotovoltaicos se realiza de forma paralela a la envolvente del edificio sin la doble funcionalidad energética y arquitectónica.

b) La colocación de los módulos fotovoltaicos se realiza de forma paralela a la envolvente del edificio con la doble funcionalidad energética y arquitectónica.

c) Los módulos fotovoltaicos se instalan sobre la cubierta del edificio.

d) Los módulos captadores generan a su vez energía eléctrica y energía térmica.

5.9. Las pérdidas por *mismatch*:

a) Tienen lugar cuando la incidencia solar no es normal en la superficie y la distribución espectral no se corresponde para una masa de aire de 1.5.

b) Se deben a la resistencia óhmica de los cables eléctricos conductores de la instalación.

c) Son pérdidas energéticas debidas por la asociación de módulos fotovoltaicos con parámetros ligeramente diferentes.

d) Aparecen cuando hay una diferencia entre el punto real de trabajo del generador fotovoltaico y su punto de máxima potencia.

5.10. La productividad de referencia (Y_R):

a) Es el cociente entre la energía útil producida por la instalación generadora durante un determinado periodo de tiempo y la potencia nominal del generador fotovoltaico en condiciones estándar de medida.

b) Es el cociente entre la irradiación solar incidente sobre el generador fotovoltaico durante un determinado periodo de tiempo y la irradiancia solar en condiciones estándar de medida.

c) Relaciona la energía útil generada por la instalación solar fotovoltaica con la energía disponible teóricamente.

d) Ninguna de las anteriores.

De aplicación

5.11. Explica en qué consiste una instalación solar fotovoltaica interconectada a través de la instalación interior:

a) Con inyección de excedentes a la red.

b) Con inyección cero.

5.12. Indica la función del centro de transformación en una instalación solar fotovoltaica conectada a red.

5.13. Enumera los distintos tipos de seguidores solares y explica su funcionamiento.

5.14. Dibuja y comenta el funcionamiento de un generador fotovoltaico con un inversor central *multi-tracker*.

5.15. Explica los distintos tipos de algoritmos que utilizan los sistemas de control y regulación de los seguidores solares para seguir la trayectoria del Sol.

5.16. Explica en qué consiste el sistema de protección antisla que incorporan los inversores de conexión a red.

5.17. Calcula la potencia eléctrica mínima de una instalación generadora fotovoltaica en edificación en un hipermercado de 9000 m^2 ubicado en Sevilla.

5.18. ¿Cuándo se entiende que existe integración arquitectónica?

5.19. ¿Cuáles son las causas de las pérdidas energéticas de una instalación solar fotovoltaica interconectada?

5.20. Se desea estimar la energía anual producida por una instalación solar fotovoltaica ubicada en Logroño (φ = 42.47º). La potencia del generador fotovoltaico, en condiciones estándar de medida, es de 18 kW. Para conseguir la máxima captación de energía, los módulos fotovoltaicos están orientados hacia el sur, con un ángulo de inclinación dado por la expresión $\beta_{opt} = 3.7 + 0.69 \cdot |\varphi|$. Considera PR = 0.7. Calcula también la energía producida por kW instalado.

De aplicación práctica

5.21. **Influencia de las pérdidas por sombreado de un módulo fotovoltaico.** En esta actividad práctica se pretende observar la influencia de las sombras sobre el comportamiento de un módulo fotovoltaico. Para ello, orienta y coloca el módulo fotovoltaico en una posición fija, tanto en acimut como en inclinación.

a) Cortocircuita el módulo fotovoltaico. Asegúrate de que no se proyectan sombras sobre el módulo y mide inmediatamente la corriente en cortocircuito. A continuación proyecta una sombra parcial sobre el módulo y mide nuevamente la corriente en cortocircuito. Compara las dos medidas realizadas.

b) Deja el módulo fotovoltaico en circuito abierto. Asegúrate de que no se proyectan sombras sobre el módulo y mide inmediatamente la tensión de circuito abierto. A continuación proyecta una sombra parcial sobre el módulo y mide nuevamente la tensión de circuito abierto. Compara las dos medidas realizadas.

De ampliación

5.22. Busca la hoja de características de un inversor de conexión a red y analiza sus especificaciones técnicas.

5.23. La integración arquitectónica es un tipo de instalación solar fotovoltaica en edificación en la que los módulos fotovoltaicos cumplen una doble función energética y arquitectónica (revestimiento, cerramiento o sombreado) y sustituyen elementos constructivos convencionales, o bien son elementos constituyentes de la composición arquitectónica (*Building Integrated Photovoltaics* [BIPV]). Busca información sobre distintos tipos de módulos fotovoltaicos para integración arquitectónica

5.24. ¿En qué consiste el balance neto? ¿Se está aplicando en España en la actualidad?

5.25. Analiza los distintos sistemas de telegestión que utilizan las compañías eléctricas en España.

Dos de los aspectos fundamentales que se deben tener en cuenta para montar con éxito una instalación solar fotovoltaica son la planificación del proceso de montaje y el manejo correcto de la documentación técnica.

En esta unidad se contextualiza la fase de montaje como una parte más del proyecto técnico y se analizan los distintos documentos que forman el proyecto. Se estudian las etapas básicas que componen el proceso de montaje de una instalación solar fotovoltaica y las principales herramientas de planificación de proyectos aplicadas al montaje de instalaciones, así como la información que debe contener el plan de montaje. La última parte de la unidad se dedica a la gestión del aprovisionamiento de materiales y los documentos más importantes.

Planificación y gestión del montaje de instalaciones solares fotovoltaicas

6

Contenidos

Objetivos

- Conocer el proyecto técnico y sus fases.
- Analizar los documentos que componen el proyecto y la memoria técnica de diseño.
- Describir las etapas del proceso de montaje de una instalación solar fotovoltaica.
- Aplicar distintas herramientas de planificación al proceso de montaje de una instalación.
- Distinguir las principales herramientas informáticas de planificación y representación gráfica y las operaciones básicas.
- Analizar la información que debe contener el plan de montaje.
- Comprender las fases, las características y los documentos de la gestión del aprovisionamiento.

6.1. Introducción al proyecto técnico

El **proyecto técnico** comprende el conjunto de actividades que comienza con la detección de una necesidad tecnológica que se debe satisfacer, continúa con la consecución del diseño y posterior construcción, y finaliza con la puesta en marcha de la instalación.

Los proyectos se pueden clasificar en función de quién lo encarga o de su fin último. Según este criterio, se pueden identificar dos tipos de proyectos:

- Proyectos de utilidad pública.
- Proyectos de iniciativa privada.

Los **proyectos de utilidad pública** son promovidos por la Administración. Generalmente tienen una estructura rígida definida por un pliego de condiciones estipulado en las bases iniciales del conjunto o subasta. Suelen exigir la inclusión de la planificación de las obras y la fórmula de revisión de precios. Los documentos que debe contener el proyecto y los modelos de impresos a utilizar están predefinidos. En ocasiones, algunos aspectos del diseño también están prefijados, limitando de esta forma la libertad del proyectista para proponer soluciones técnicas.

El fin de los **proyectos de iniciativa privada** es la funcionalidad y la efectividad. En este tipo de diseños, el proyectista tiene más libertad para decidir soluciones técnicas, siempre respetando la normativa vigente. La estructura se debe ajustar a la normativa particular, aunque en este caso no es tan rígida como en los proyectos de utilidad pública.

SABÍAS QUE

En todo proyecto técnico hay que llegar a un compromiso entre tres magnitudes fundamentales: el tiempo, el coste y la calidad.

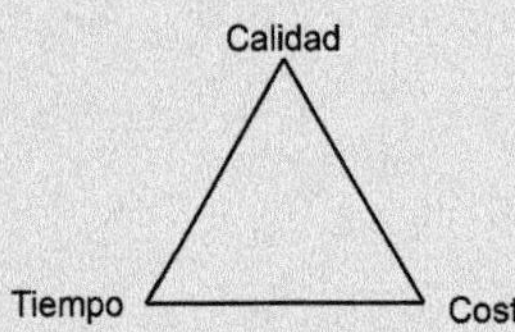

Figura 6.1. *Compromiso entre tiempo, coste y calidad.*

6.1.1. Fases del proyecto técnico

Las fases necesarias que componen el proyecto técnico son el estudio preliminar, el anteproyecto o diseño básico, el proyecto o diseño de detalle y la realización.

El **estudio preliminar** contempla las etapas iniciales del proyecto. El origen del proyecto tiene lugar cuando aparece una necesidad tecnológica que hay que satisfacer. Como respuesta a esta necesidad aparece una idea en forma de propuesta de resolución, cuya viabilidad se debe valorar. En realidad es en este momento cuando aparece la figura del proyectista. El estudio preliminar finaliza con el planteamiento de los objetivos que debe alcanzar el proyecto.

El **anteproyecto** o **diseño básico** es la fase de diseño básico que define las líneas fundamentales del proyecto. Comprende distintos aspectos, tales como la búsqueda de información y documentación, propuesta de posibles soluciones, elección de la solución idónea, etc. La etapa de diseño básico finaliza con la confección de un documento que recibe el nombre de «anteproyecto». En este documento se exponen los aspectos fundamentales de las características generales de la instalación, con el objeto de proporcionar una imagen global de esta.

El **proyecto** o **diseño de detalle** comprende todo el proceso de diseño detallado, especificando de forma precisa la solución al problema inicial y definiéndola hasta su último detalle. La expresión de las soluciones se plasma en los **documentos del proyecto**. En función de las características de la instalación y de la documentación técnica necesaria, puede adoptar la forma de proyecto o de memoria técnica de diseño.

La última fase del proyecto técnico es la **realización**. A partir de la documentación técnica, y antes de proceder a la ejecución del proyecto, se realizan las gestiones previas para la obtención

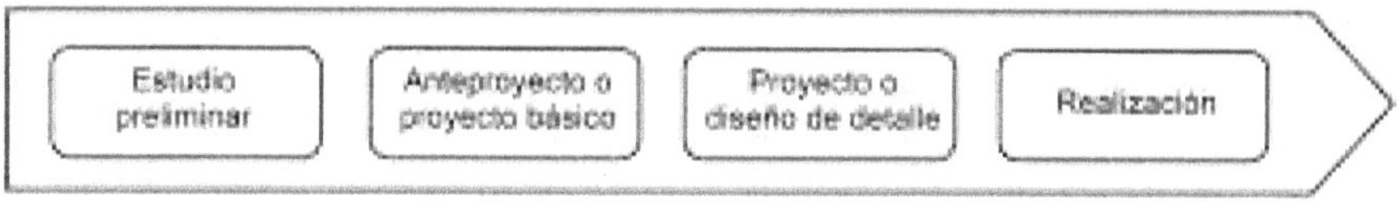

Figura 6.2. *Fases de un proyecto técnico.*

de licencias y permisos. Seguidamente se pasa a la etapa de montaje o ejecución, cuyo objetivo es transformar la información del documento técnico en el objeto físico: en este caso se trata de la instalación solar fotovoltaica. Finalmente se procede a la entrega de la instalación al cliente, previa comprobación y verificación de su correcto funcionamiento.

6.1.2. Documentación técnica según el REBT

La instrucción técnica complementaria ITC-BT-04 «Documentación y puesta en servicio de las instalaciones», del Reglamento Electrotécnico para Baja Tensión (REBT) determina la **documentación técnica** necesaria para la ejecución y puesta en servicio de las instalaciones eléctricas en el ámbito de aplicación de dicho reglamento.

¡! IMPORTANTE

En la ITC-BT-04 del REBT, las instalaciones generadoras fotovoltaicas se enmarcan dentro del grupo C (generadores y convertidores).

En función de las características de la instalación, para su ejecución puede ser necesaria la elaboración de un **proyecto** o bien la elaboración de una **memoria técnica de diseño (MTD)**. Según el Apartado 3 de la ITC-BT-04, precisan la elaboración de proyecto las nuevas instalaciones correspondientes a generadores y convertidores tipo C, con una potencia nominal (P) superior a 10 kW. Para las nuevas instalaciones con una potencia nominal inferior o igual a 10 kW, es suficiente con una memoria técnica de diseño.

Todas las instalaciones en el ámbito de aplicación del REBT deben ser efectuadas por los instaladores en baja tensión a los que se refiere la instrucción técnica complementaria BT-03. En el caso de instalaciones que requirieron proyecto, su ejecución deberá contar con la dirección de un técnico titulado competente.

Adicionalmente, es necesario consultar la normativa particular de cada comunidad autónoma y las normas propias de la compañía eléctrica.

SABÍAS QUE

El Real Decreto 1000/2010, de 5 de agosto, regula el visado colegial obligatorio de proyectos. Este real decreto reduce considerablemente los tipos de proyectos y trabajos profesionales que requieren el visado por parte de los colegios profesionales.

Actividad propuesta 6.1

Consulta la instrucción técnica complementaria ITC-BT-04 del REBT y su guía técnica de aplicación, que puedes encontrar en la dirección **http://www.f2i2.net/legislacionseguridadindustrial/rebt_guia.aspx**.

Actividad propuesta 6.2

Busca la normativa particular referida a las instalaciones solares fotovoltaicas de tu comunidad autónoma. Si tu comunidad no dispone de normativa particular, consulta la normativa particular de otra comunidad. Por ejemplo, para Andalucía puedes consultar la «Orden de 26 de marzo de 2007, por la que se aprueban las especificaciones técnicas de las instalaciones fotovoltaicas andaluzas», y la «Corrección de errores de la Orden de 26 de marzo de 2007».

6.2. El proyecto

Según la ITC-BT-04 del REBT, el proyecto debe ser redactado y firmado por un técnico titulado competente, siendo el responsable directo de que este se adapte a las disposiciones reglamentarias. El proyecto de instalación se desarrollará bien como parte del proyecto general del edificio, bien en forma de uno o varios proyectos específicos.

Se denomina «proyecto» al conjunto de documentos que definen una obra u objeto, de tal manera que un facultativo distinto del autor pueda dirigir, con arreglo a estos, las obras o trabajos correspondientes.

Los documentos técnicos que forman el proyecto, según la norma UNE 157001:2014 «Criterios generales para la elaboración formal de los documentos que constituyen un proyecto técnico» son:

- Índice.
- Memoria.
- Planos.
- Pliego de condiciones.
- Mediciones.
- Presupuesto.
- Anexos.

6.2.1. Memoria

La memoria es el documento que contiene la descripción y justificación de las soluciones adoptadas. Constituye el eje central del proyecto y tiene como misión, junto con el pliego de condiciones y los planos, describir de forma clara e inequívoca el objeto del proyecto. Su lectura debe ser clara, concisa, directa y completa, y se debe obtener claramente una idea de lo que el proyecto representa, sin necesidad de consultar los restantes documentos. En principio no debe hacerse referencia a marcas comerciales, excepto en aquellos casos en los que la no especificación pueda repercutir de forma negativa en la calidad final de la instalación.

De acuerdo con lo establecido en la instrucción técnica complementaria BT-04 del REBT, en la memoria del proyecto se debe expresar especialmente la siguiente información:

- Datos relativos al propietario.
- Emplazamiento, características básicas y uso al que se destina.
- Características y secciones de los conductores a emplear.
- Características y diámetros de los tubos para canalizaciones.
- Relación nominal de los receptores que se prevean instalar y su potencia, sistemas y dispositivos de seguridad adoptados y cuantos detalles sean necesarios de acuerdo con la importancia de la instalación proyectada y para que se ponga de manifiesto el cumplimiento de las prescripciones del reglamento y sus instrucciones técnicas complementarias.
- Esquema unifilar de la instalación y características de los dispositivos de corte y protección adoptados, puntos de utilización y secciones de los conductores.
- Croquis de su trazado.
- Cálculos justificativos del diseño.

6.2.2. Planos

Los planos son la representación gráfica del proyecto, que lo definen exhaustivamente en su aspecto constructivo. Es el documento que se utiliza más ampliamente durante la ejecución de los trabajos de montaje. El pliego de condiciones y los planos constituyen unos documentos con carácter vinculante, ya que pasan a formar parte del contrato entre la propiedad y el contratista.

Los planos serán suficientes en número y detalle, tanto para dar una idea clara de las disposiciones que pretenden adoptarse en las instalaciones como para que la empresa instaladora que ejecute la instalación disponga de todos los datos necesarios para la realización de esta (ITC-BT-04).

Los planos que forman parte del documento dependen del tipo y características del proyecto.

Algunos de los tipos de planos más comunes son:

- **Plano de situación.** Este plano muestra la ubicación de la obra objeto del proyecto con respecto a su entorno (municipios próximos, carreteras, ferrocarriles, etc.). Las escalas más usuales son 1/10 000 y 1/50 000.

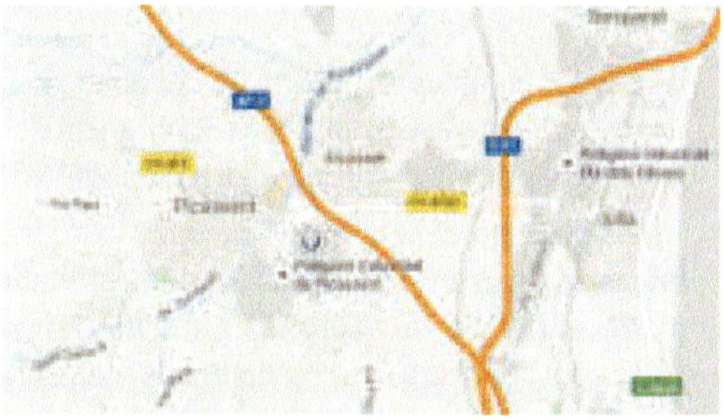

Figura 6.3. *Plano de situación.*

- **Plano de emplazamiento.** Especifica el emplazamiento exacto del lugar de la obra con respecto a edificios o solares colindantes, carreteras, caminos de acceso, etc. La escala depende del tamaño del proyecto. Son habituales las escalas 1:200 y 1:2 000.

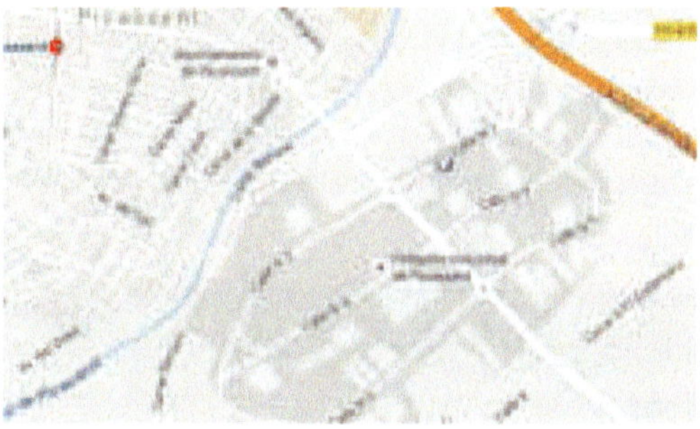

Figura 6.4. *Plano de emplazamiento.*

- **Plano topográfico y de replanteo.** En algunas instalaciones es necesario realizar movimientos de tierra en volúmenes considerables con respecto al terreno original. Para ello se debe incluir un plano topográfico donde figuren las curvas de nivel, así como las secciones longitudinales y transversales para especificar los volúmenes de excavación y relleno.

- **Plano de planta general.** En todo proyecto electrotécnico es imprescindible incluir una o varias representaciones en planta del lugar en el que se va a realizar la instalación, e indicar el punto exacto de montaje de los distintos elementos que componen la instalación (cuadros eléctricos, mecanismos, regulador de carga, inversor, baterías, etc.). Este plano sirve para que el instalador conozca el punto exacto en el que se debe montar cada elemento. Este documento también es indispensable para desarrollar las tareas de mantenimiento, ya que permite localizar el lugar en el que se encuentra instalado cada uno de los componentes de la instalación. También se puede denominar «plano de distribución en planta».

- **Plano de trazado de las canalizaciones.** Este plano representa el trazado por el que deben transcurrir las canalizaciones eléctricas que contienen los cables eléctricos. Las canalizaciones pueden ser subterráneas, bajo tubo en montaje superficial, bajo tubo en montaje empotrado, etc. Permite calcular la longitud total de las canalizaciones de la instalación.

- **Planos de detalle.** En algunas ocasiones es necesario representar una parte de la instalación a mayor escala que el resto de los documentos gráficos. Los planos de detalle se utilizan cuando el proyectista considera que hay partes de la instalación que se deben ampliar para conseguir una mayor claridad, y facilitar de esta forma el montaje de la instalación.

- **Planos de esquemas unifilares y multifilares.** Los esquemas multifilares representan todas las líneas de cada uno de los circuitos eléctricos de la instalación, incluyendo los conductores de fase, el conductor de neutro y el conductor de protección. Pueden llegar a ser confusos si los circuitos por representar son demasiado extensos. En los esquemas unifilares cada circuito de la instalación se representa mediante una sola línea, independientemente del número de conductores que contenga el circuito. Son los esquemas más utilizados por los instaladores eléctricos.

Figura 6.5. *Representación de los conductores de fase en un esquema unifilar.*

Figura 6.6. *Representación del conductor neutro en un esquema unifilar (N).*

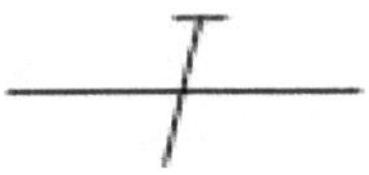

Figura 6.7. *Representación del conductor de protección en un esquema unifilar (PE).*

Figura 6.8. *Representación del conductor único para las funciones de neutro y protección en un esquema unifilar (PEN).*

Algunos de los aspectos que se deben tener en consideración cuando se elabora un plano son:

- **Acotación.** En la expresión gráfica, se denomina «cota» a la medida de cualquier dimensión representada en los planos. El proceso de acotación se sirve de líneas de referencia y líneas de cota. Las **líneas de referencia** son la prolongación de las líneas del dibujo. Las **líneas de cota** son, normalmente, perpendiculares a las líneas de referencia e indican la medida del elemento. El valor de la cota se representa encima de la línea de cota. Se expresa en la unidades más adecuadas en función del tamaño del objeto por representar (en general se utiliza el milímetro, el metro y el grado sexagesimal para los ángulos).
- **Líneas.** El grosor y la forma de trazado de las líneas se utilizan para destacar, dentro de un plano, distintos aspectos. La norma UNE 1032:1982 define los tipos de líneas y su significado.

Tabla 6.1. Tipos de líneas y sus aplicaciones

Línea	Designación	Aplicaciones generales
A	Llena gruesa	A1 Contornos vistos A2 Aristas vistas
B	Llena fina (recta curva)	B1 Líneas ficticias vistas B2 Líneas de cota B3 Líneas de proyección B4 Líneas de referencia B5 Rayados B6 Contornos de secciones abatidas sobre las superficies del dibujo B7 Ejes cortos
C D	Línea fina a mano alzada Línea fina (recta) con zig-zag	C1, D1 Límites de vistas o cortes parciales, o interrumpidos, si estos límites no son líneas finas a trazos y puntos
E	Gruesa de trazos	E1 Contornos ocultos E2 Aristas ocultas
F	Fina de trazos	F1 Contornos ocultos F2 Aristas ocultas
G	Fina de trazo y punto	G1 Ejes de evolución G2 Trazas de plano de simetría G3 Trayectorias
H	Fina de trazo y punto, gruesa en los extremos y en los cambios de dirección	H1 Aristas ocultas

Línea	Designación	Aplicaciones generales
J	Gruesa de trazo y punto	J1 Indicación de líneas o superficies que son objeto de especificaciones particulares
K	Fina de trazo y dos puntos	K1 Contorno de piezas adyacentes K2 Posiciones intermedias y extremos de piezas móviles K3 Líneas de cntros de gravedad K4 Contornos iniciales antes de conformado K5 Partes situadas delante de un plano de corte

Tabla 6.2. Grosores de línea normalizados

Grosores de línea normalizados (en mm)
0.18; 0.25; 0.35; 0.7; 1; 1.4; 2

- **Escalas.** Cuando las dimensiones del papel que contiene el plano no son adecuadas para representar un objeto con sus dimensiones reales, se utilizan las escalas. La escala expresa la proporción entre la dimensión de un elemento del plano y la dimensión del objeto en la realidad. Por ejemplo, un plano dibujado a escala 1:200 significa que cada centímetro medido en el plano se corresponde con 200 cm en la realidad. Las escalas se clasifican en:
  - *Escala natural.* Las dimensiones del dibujo coinciden exactamente con las dimensiones reales del objeto representado.
  - *Escala de reducción.* Las dimensiones del dibujo son menores que las dimensiones del objeto representado. El objeto se muestra con un tamaño inferior al real. Es el tipo de escala más habitual.
  - *Escala de ampliación.* Las dimensiones del dibujo son mayores que las dimensiones del objeto representado. Es decir, el objeto se muestra con un tamaño superior al real.

Actividad propuesta 6.3

La longitud de una canalización eléctrica subterránea, medida sobre un plano dibujado con escala 1:200, es de 7.5 cm. ¿Cuál es la longitud real de la canalización?

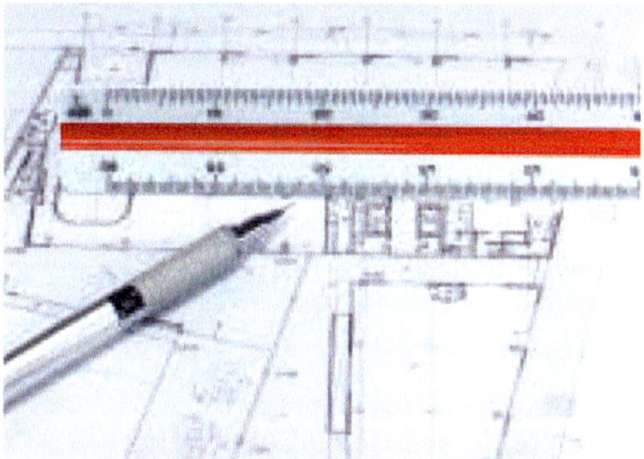

Figura 6.9. *El escalímetro es una regla especial para trabajar con planos que posee tres caras y seis escalas diferentes.*

Tabla 6.3. Escalas más usuales

Tipo de escala	Valores usuales
De reducción	1:2; 1:5; 1:10; 1:20; 1:50; 1: 1:100; 1:200; 1:500; 1:1000; 1:2000; 1:5000; 1:10 000; 1:50 000
Natural	1:1
De ampliación	2:1; 5:1; 10:1; 20:1; 50:1

- **Formatos.** Las dimensiones de las hojas de dibujo están normalizadas con el fin de de facilitar la manipulación, plegado, archivo y reproducción de los documentos. Los formatos se designan mediante la letra A seguida de un número. Se ha fijado como formato base el A0, a partir del cual se derivan el resto de formatos. Se trata de una hoja rectangular de 1 m^2 de superficie, siendo $\sqrt{2}$ la relación entre la longitud de sus lados. De acuerdo con estas especificaciones, se obtiene un formato de medidas 1189x841 mm. A partir del formato base se obtiene el resto de formatos mediante la división por dos.

Tabla 6.4. Formatos UNE de la serie A

Designación	Dimensiones (mm)
A0	841x1189
A1	594x841
A2	420x594
A3	287x420
A4	210x297
A5	148x210
A6	105x148

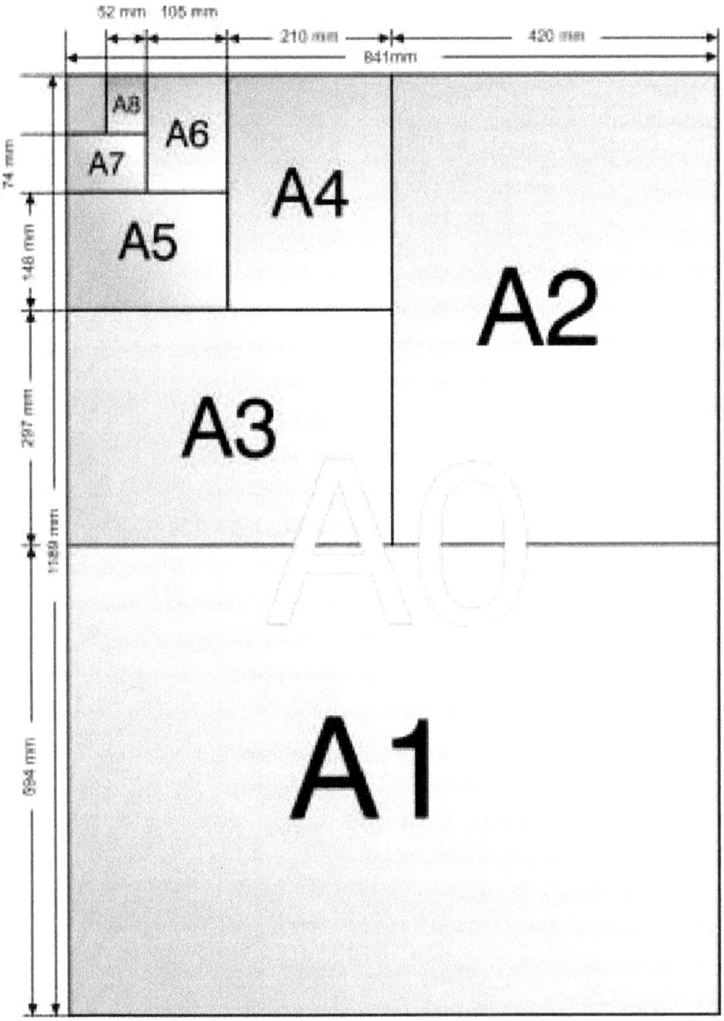

Figura 6.10. *Formatos UNE de la serie A.*

6.2.3. Pliego de condiciones

El pliego de condiciones recoge las exigencias de índole técnica y legal que deben regir la ejecución del proyecto, sin contradecir la legislación vigente. Su objetivo es establecer las condiciones técnicas, económicas, administrativas y legales para que el objeto del proyecto pueda materializarse en las condiciones especificadas, y evitar posibles interpretaciones diferentes de las deseadas. Este documento, junto con el pliego de condiciones, es vinculante en las relaciones entre la propiedad y el constructor.

6.2.4. Mediciones

El objetivo de este documento es definir y determinar las unidades de obra de cada partida que configuran la totalidad de la instalación objeto del proyecto. Debe contener el número de unidades, así como definir las características, modelos, tipos y dimensiones de cada una de las partidas de la obra objeto del proyecto. Sirven de base para la elaboración del presupuesto.

6.2.5. Presupuesto

El presupuesto sirve para determinar el coste económico de la instalación objeto del proyecto. En realidad se trata de una estimación *a priori*, ya que es prácticamente imposible conocer con exactitud el coste real de la instalación antes de que esté ejecutada y puesta en servicio. Da una idea aproximada de la inversión necesaria para llevar a cabo la obra.

6.2.6. Anexos

Dentro de los anexos se incluyen los siguientes documentos:

- **Documentación de partida.** Son aquellos documentos que se han tenido en cuenta para establecer los requisitos de diseño.
- **Cálculos.** En este documento se justifica de forma técnica las soluciones adoptadas en el proyecto y, conjuntamente con los planos y el pliego de condiciones, describe de forma unívoca el objeto del proyecto. Contiene las hipótesis de partida, los criterios y los procedimientos de cálculo, así como los resultados finales base del dimensionado que constituyen el objeto del proyecto.
- **Anexos de aplicación en función del ámbito de proyecto.** Se incluyen otros anexos que pueden ser necesarios según el tipo de proyecto, tales como:
  - *Seguridad* (prevención de incendios, sanidad, radiaciones, pública concurrencia, etc.).
  - *Medioambiente* (acústica, residuos, emisiones, etc.).
  - *Eficiencia energética.*
  - *Gestión de residuos.*
  - *Otros.*
- **Estudios con entidad propia.** Se trata de documentos requeridos por exigencias legales.
  - *Estudio básico de seguridad y salud o estudio de seguridad y salud,* según corresponda.
  - *Estudio de impacto ambiental.*
- **Otros documentos que justifiquen y aclaren conceptos expresados en el proyecto.**

6.2.7. El estudio de seguridad y salud

En el Real Decreto 1627/1997, de 24 de octubre, se establecen las disposiciones mínimas de seguridad y salud aplicables a las obras de construcción. El promotor estará obligado a que en la fase de redacción del proyecto se elabore un estudio de seguridad y salud, o bien un estudio básico de seguridad y salud, en función de las características del proyecto.

El **estudio de seguridad y salud** debe contener, como mínimo, los siguientes documentos:

a) Memoria descriptiva de los procedimientos, equipos técnicos y medios auxiliares que hayan de utilizarse o cuya utilización pueda preverse; identificación de los riesgos laborales que puedan ser evitados, indicando a tal efecto las medidas técnicas necesarias para ello; relación de los riesgos laborales que no puedan eliminarse conforme a lo señalado anteriormente, especificando las medidas preventivas y protecciones técnicas tendentes a controlar y reducir dichos riesgos y valorando su eficacia, en especial cuando se propongan medidas alternativas. Asimismo, se incluirá la descripción de los servicios sanitarios y comunes de que deberá estar dotado el centro de trabajo de la obra, en función del número de trabajadores que vayan a utilizarlos.

b) Pliego de condiciones particulares en el que se tendrán en cuenta las normas legales y reglamentarias aplicables a las especificaciones técnicas propias de la obra de que se trate, así como las prescripciones que se habrán de cumplir en relación con las características, la utilización y la conservación de las máquinas, útiles, herramientas, sistemas y equipos preventivos.

c) Planos en los que se desarrollarán los gráficos y esquemas necesarios para la mejor definición y comprensión de las medidas preventivas definidas en la memoria, con expresión de las especificaciones técnicas necesarias.

d) Mediciones de todas aquellas unidades o elementos de seguridad y salud en el trabajo que hayan sido definidos o proyectados.

e) Presupuesto que cuantifique el conjunto de gastos previstos para la aplicación y ejecución del estudio de seguridad y salud.

Por su parte, el **estudio básico de seguridad y salud** deberá precisar las normas de seguridad y salud aplicables a la obra. A tal efecto, deberá contemplar la identificación de los riesgos laborales que puedan ser evitados, indicando las medidas técnicas necesarias para ello; relación de los riesgos laborales que no puedan eliminarse conforme a lo señalado anteriormente, especificando las medidas preventivas y protecciones técnicas tendentes a controlar y reducir dichos riesgos y valorando su eficacia, en especial cuando se propongan medidas alternativas.

Actividad propuesta 6.4

Consulta el Real Decreto 1627/1997, de 24 de octubre, por el que se establecen las disposiciones mínimas de seguridad y salud aplicables a las obras de construcción. Determina en qué casos se debe realizar un estudio de seguridad y salud o bien un estudio básico de seguridad o salud.

Figura 6.11. *Protecciones técnicas para reducir los riesgos laborales.*

6.2.8. El estudio de impacto ambiental

De acuerdo con la Ley 21/2013, de 9 de diciembre, de evaluación ambiental, el estudio de impacto ambiental es un documento elaborado por el promotor de la obra que contiene la información necesaria para evaluar los posibles efectos significativos del proyecto sobre el medioambiente y permite adoptar las decisiones adecuadas para prevenir y minimizar dichos efectos.

El estudio de impacto ambiental debe contener, al menos, la siguiente información:

a) Descripción general del proyecto y previsiones en el tiempo sobre la utilización del suelo y de otros recursos naturales. Estimación de los tipos y cantidades de residuos vertidos y emisiones de materia o energía resultantes.

b) Exposición de las principales alternativas estudiadas, incluida la alternativa cero, o de no realización del proyecto, y una justificación de las principales razones de la solución adoptada, teniendo en cuenta los efectos ambientales.

c) Evaluación y, si procede, cuantificación de los efectos previsibles directos o indirectos, acumulativos y sinérgicos del proyecto sobre la población, la salud humana, la flora, la fauna, la biodiversidad, la geodiversidad, el suelo, el subsuelo, el aire, el agua, los factores climáticos, el cambio climático, el paisaje, los bienes materiales, incluido el patrimonio cultural, y la interacción entre todos los factores mencionados, durante las fases de ejecución, explotación y en su caso durante la demolición o abandono del proyecto.
d) Medidas que permitan prevenir, corregir y, en su caso, compensar los efectos adversos sobre el medioambiente.
e) Programa de vigilancia ambiental.
f) Resumen del estudio y conclusiones en términos fácilmente comprensibles.

Figura 6.12. *El estudio de impacto ambiental evalúa los efectos del proyecto sobre el medioambiente.*

6.3. La memoria técnica de diseño (MTD)

La instrucción técnica ITC-BT-04 del REBT establece que la memoria técnica de diseño (MTD) se redactará sobre impresos, según el modelo determinado por el órgano competente de la comunidad autónoma, con objeto de proporcionar los principales datos y características de diseño de las instalaciones. El instalador para la categoría de la instalación correspondiente o el técnico titulado competente que firme dicha memoria será directamente responsable de que esta se adapte a las exigencias reglamentarias.

En especial, en la memoria técnica de diseño se incluirán los siguientes datos:

- Los referentes al propietario.
- Identificación de la persona que firma la memoria y justificación de su competencia.
- Emplazamiento de la instalación.
- Uso al que se destina.
- Relación nominal de los receptores que se prevea instalar y su potencia.
- Cálculos justificativos de las características de la línea general de alimentación, derivaciones individuales y líneas secundarias, sus elementos de protección y sus puntos de utilización.
- Pequeña memoria descriptiva.
- Esquema unifilar de la instalación y características de los dispositivos de corte y protección adoptados, puntos de utilización y secciones de los conductores.
- Croquis de su trazado.

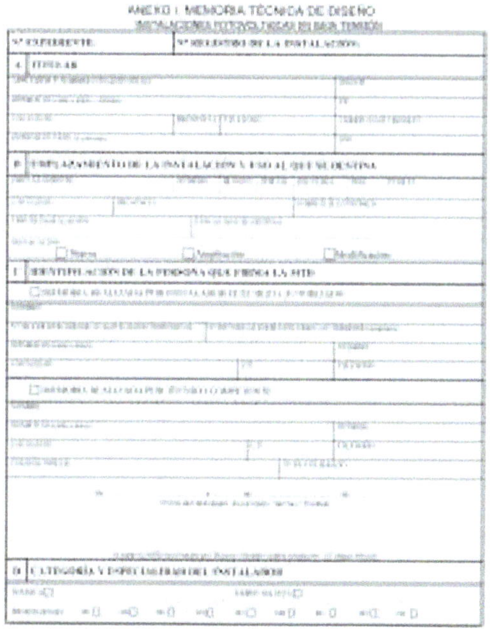
ANEXO I. MEMORIA TÉCNICA DE DISEÑO

Figura 6.13. *Primera página del modelo oficial de memoria técnica de diseño para instalaciones solares fotovoltaicas de potencia inferior a 10 kW.*

Actividad propuesta 6.5

Consigue el modelo oficial de la memoria técnica de diseño (MTD) de tu comunidad autónoma.

6.4. Manejo de *software* para la representación de instalaciones solares fotovoltaicas

Actualmente resulta imprescindible conocer y saber utilizar el *software* adecuado para el manejo de archivos gráficos. Algunas de las ventajas que ofrece la creación de representaciones gráficas por ordenador son:

- Producción rápida de dibujos y esquemas.
- Gran precisión en los dibujos y esquemas.
- Reutilización de los archivos gráficos.
- Menos costes en el desarrollo de productos.
- Utilización de bibliotecas gráficas.
- Integración con otras disciplinas.

Se entiende por **CAD** (*Computer Aided Design* o diseño asistido por ordenador) al uso de programas informáticos para la creación de representaciones gráficas de objetos físicos. Existe *software* CAD tanto para aplicaciones genéricas como específicas. El *software* se puede clasificar en función de las dimensiones de los gráficos que es capaz de representar:

- **Modelador 2D.** Dibuja objetos en dos dimensiones. Permite crear vistas y planos acotados.
- **Modelador 2 ½ D.** Ofrece la posibilidad de crear objetos en tres dimensiones, dando elevación en el plano Z a objetos creados en 2D.
- **Modelador 3D.** Permite crear y editar verdaderos objetos en tres dimensiones con geometrías complicadas.

6.4.1. Conceptos básicos

Algunos de los elementos que forman parte de un sistema CAD son:

- **Entidades.** Son los objetos gráficos de un sistema CAD. Las entidades básicas que contiene un sistema CAD son los puntos, las líneas, los arcos circulares y elípticas. Otras entidades más complejas que pueden incluir son las polilíneas, textos, acotaciones, sombreados y trazados de curvas *(splines)*.
- **Atributos.** Las entidades tienen una serie de atributos o características, tales como tipo de línea, color, ancho de línea, etc.
- **Capa.** Un concepto básico muy importante de los programas de diseño asistido por ordenador es la utilización de capas para estructurar y organizar el dibujo. Cada una de las entidades que forman parte del dibujo se sitúa sobre una capa, y a su vez, una capa puede contener distintas entidades. Por claridad, todas las entidades con los mismos atributos se sitúan en una misma capa. Normalmente a cada capa se le asignan unos atributos (tipo de línea, color, etc.), los cuales son heredados por las entidades situadas en dicha capa.
- **Bloque.** Se denomina «bloque» a un conjunto de entidades que forman una unidad, de tal forma que un bloque se puede insertar en un mismo dibujo distintas veces.
- **Elementos auxiliares.** Son elementos adicionales que facilitan la creación del dibujo, tales como rejillas, reglas, líneas auxiliares, etc. pero que no aparecen en la impresión final.

6.4.2. Operaciones básicas con archivos gráficos

Los actuales programas de diseño asistido por ordenador ofrecen multitud de operaciones. A continuación se enumeran las operaciones básicas con archivos gráficos:

- **Inserción de una entidad.** Para crear un dibujo se van añadiendo entidades en su capa correspondiente. Ello se puede llevar a cabo mediante las herramientas de inserción de entidades nuevas o bien duplicando las ya existentes.

- **Borrado.** La herramienta de borrado permite eliminar entidades no deseadas del dibujo.
- **Selección.** Durante la creación de un dibujo es necesario seleccionar entidades independientes o bien grupos de entidades, para ejecutar operaciones de borrado, duplicación, transformación de sus atributos, etc.
- **Modificación.** El programa informático de diseño contiene herramientas para modificar las características de cada una de las entidades. Estas modificaciones pueden consistir en movimientos de traslación y rotación, reflexiones, recortes, escalados, alargamientos, etc.

6.5. Procesos de montaje de instalaciones solares fotovoltaicas

Cada instalación solar fotovoltaica tiene sus características particulares que la hacen diferente del resto (tipo de instalación, ubicación, proveedores disponibles, recursos, etc.) y que afectan a la planificación de su montaje. De forma general, y teniendo en cuenta un cierto grado de flexibilidad en función de las especificaciones particulares, las fases del proceso de montaje pueden resumirse en las siguientes:

- Estudio de la documentación técnica de partida, bien en forma de proyecto o bien en forma de memoria técnica de diseño.
- Preparación y acondicionamiento de la zona de trabajo, limpieza, accesos, etc.
- Aprovisionamiento o acopio de materiales necesarios para el montaje.
- Aprovisionamiento de las herramientas y máquinas necesarias para el montaje de la instalación.
- Aprovisionamiento de suministros necesarios para el correcto desarrollo del proceso de montaje (agua, electricidad, alumbrado, etc.).
- Trabajos de obra civil. En función de las características de la instalación puede ser necesaria la ejecución de trabajos de obra civil.
- Montaje de módulos fotovoltaicos y estructuras de soporte.
- Montaje de la instalación eléctrica, canalizaciones, ect. y resto de equipos y dispositivos (cuadros de protección, inversor, regulador de carga, puesta a tierra, etc.).
- Retirada de materiales y restos de la obra una vez finalizado el montaje.
- Pruebas y verificaciones para comprobar el correcto funcionamiento de la instalación.
- Entrega de la instalación al cliente y de la documentación correspondiente.

Figura 6.14. *Trabajos de obra civil.*

Figura 6.15. *Fase de montaje de módulos fotovoltaicos y estructuras de soporte.*

6.6. Herramientas de planificación: diagramas de Gantt

Los **diagramas de Gantt** son una de las técnicas más elementales que permiten planificar la ejecución temporal de una serie de tareas o actividades. En el eje vertical se representan las distintas actividades a realizar mediante barras horizontales, cuya longitud es proporcional a su duración temporal, mientras que el eje horizontal representa el tiempo.

Esta técnica permite visualizar de una forma sencilla los instantes previstos de inicio y finalización de cada una de las tareas, el tiempo para cada una de ellas y el orden de ejecución. Otra ventaja de esta herramienta es que permite realizar un control visual del grado de ejecución de las tareas mediante un sistema de sombreado. De esta forma se puede observar el grado de cumplimiento de la planificación en el momento actual. Para ello se traza sobre el gráfico una línea vertical en el lugar correspondiente a la fecha actual y se compara con los grados de cumplimiento en dicho momento.

La utilización de esta técnica se complica cuando el número de tareas que se planifican es muy elevado. Otro de sus inconvenientes es que no muestra ni permite realizar un análisis de interdependencia entre las tareas.

Actividad resuelta 6.1

En la Tabla 6.5 se detalla el cuadro de prelaciones y los tiempos para la gestión del montaje de una determinada instalación solar fotovoltaica. Representa el diagrama de Gantt para la planificación de la ejecución temporal de las actividades de montaje. A continuación, determina el tiempo necesario para la ejecución del montaje de la instalación.

Solución:

El diagrama de Gantt correspondiente se refleja en la Figura 6.16, donde en el eje vertical se enumeran las tareas y en el eje horizontal aparece el tiempo, medido en días. Si se cumplen las previsiones, el tiempo necesario para la ejecución del montaje de la instalación es de 42 días.

En la Figura 6.17 se representa un ejemplo de valoración del estado del montaje el día 23.º mediante el sombreado del grado de ejecución de cada tarea. En este caso el desarrollo del montaje presenta un retraso con respecto a la planificación prevista.

Tabla 6.5. Cuadro de prelaciones y tiempos

Actividad	Símbolo	Actividades precedentes	Duración (días)
Estudio de la documentación técnica	A		6
Preparación y acondicionamiento de la zona de trabajo	B	A	3
Aprovisionamiento de materiales	C	B	12
Aprovisionamiento de herramientas y máquinas	D	B	8
Aprovisionamiento de suministros (agua, electricidad, alumbrado, etc.)	E	B	5
Trabajos de obra civil	F	C, D, E	9
Montaje de módulos fotovoltaicos y estructuras	G	F	6
Montaje de la instalación eléctrica y resto de equipos	H	F	3
Retirada de materiales y restos de la obra	I	H, G	2
Pruebas y verificaciones	J	I	3
Entrega de la instalación al cliente	K		1

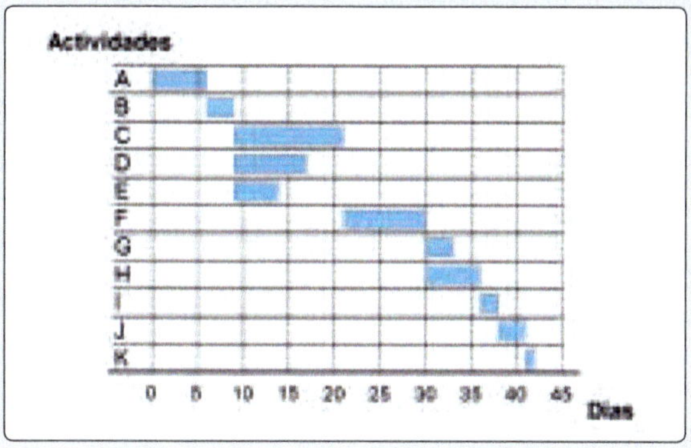

Figura 6.16. *Diagrama de Gantt.*

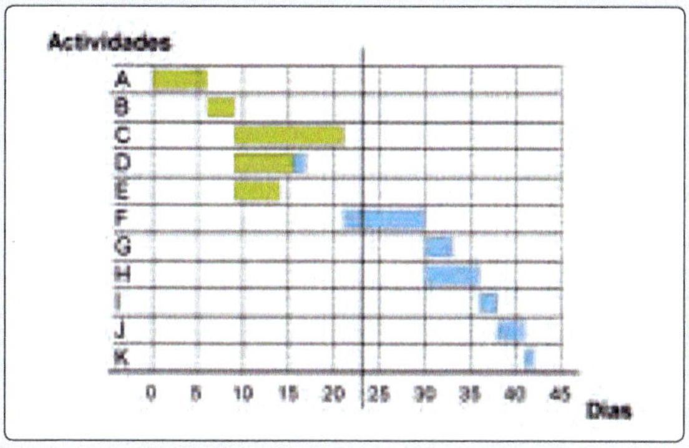

Figura 6.17. *Diagrama de Gantt con indicación del grado de ejecución el día 23.°.*

6.7. Herramientas de planificación: el método PERT-CPM

El método PERT *(Program Evaluation and Review Technique)* es un método de programación y control de proyectos desarrollado en 1958 para la construcción de submarinos atómicos Polaris. Es una herramienta que permite la planificación y el control de proyectos que se basa en la descomposición del proyecto en una serie de actividades entre las que existen unas relaciones de precedencia, con un tiempo limitado para cada una de ellas. Permite identificar:

- El tiempo mínimo de ejecución del proyecto.
- Las actividades críticas cuya demora en su ejecución implica una demora en el tiempo total de ejecución del proyecto.
- Las holguras disponibles del resto de actividades sin que ello suponga un retraso en la ejecución del proyecto.

6.7.1. Grafos

El desarrollo del método consiste en la representación gráfica mediante círculos y flechas del conjunto de actividades que constituyen el proyecto.

- **Actividad.** Es la ejecución de una tarea cuya realización requiere tiempo y recursos. Las actividades se representan mediante flechas.

- **Suceso o etapa.** Momento de la ejecución de un proyecto que indica el principio o fin de una actividad o conjunto de actividades. No consume tiempo ni recursos. Los sucesos se representan mediante círculos.
- **Camino.** Conjunto de actividades sucesivas.

En la Figura 6.18 se representa un grafo elemental formado por un arco (actividad) y dos círculos (sucesos). El inicio de la actividad a_{ij} es el suceso i, y su final es el suceso j. Mediante la utilización de actividades y sucesos se pueden representar grafos con distintas estructuras: lineal, convergente y divergente.

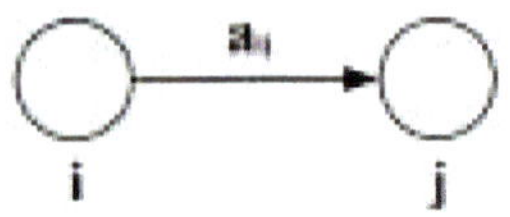

Figura 6.18. *Grafo elemental.*

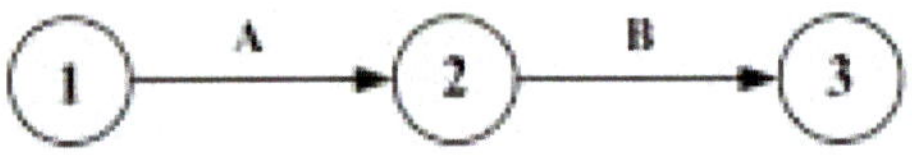

Figura 6.19. *Grafo lineal.*

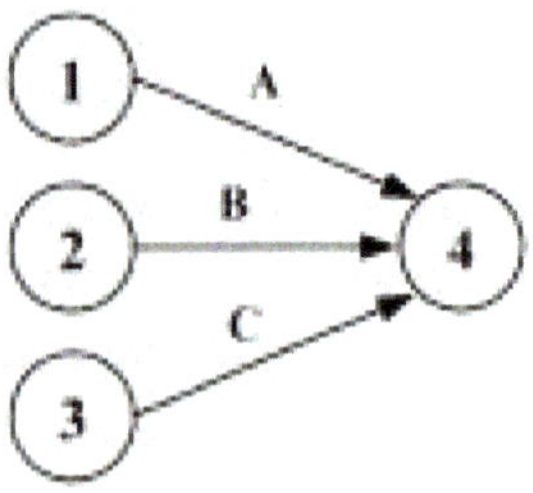

Figura 6.20. *Grafo convergente.*

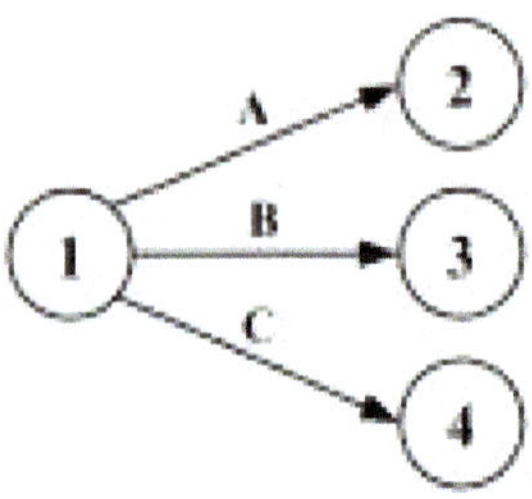

Figura 6.21. *Grafo divergente.*

Cuando sea necesario representar actividades que se pueden realizar simultáneamente entre los mismos sucesos origen y destino, se debe utilizar **actividades ficticias** que no consumen tiempo ni recursos. En el ejemplo de la Figura 6.22, las actividades A, B y C se pueden ejecutar de forma simultánea. Las actividades ficticias también sirven para respetar las relaciones de precedencia del proyecto. En el ejemplo de la Figura 6.23, las actividades A y B preceden a C, y la actividad A precede solamente a la actividad D.

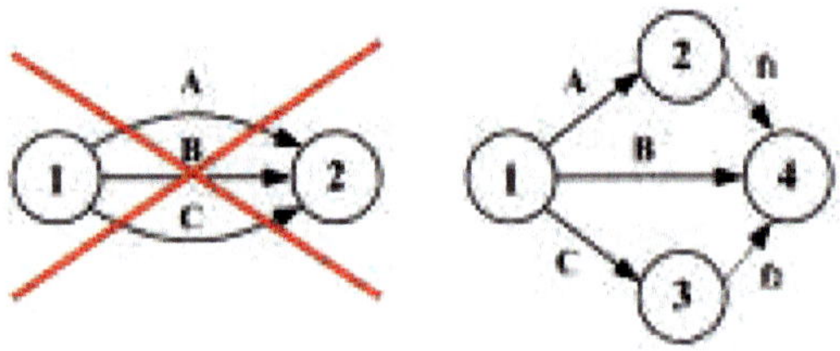

Figura 6.22. *Representación de actividades en paralelo mediante actividades ficticias.*

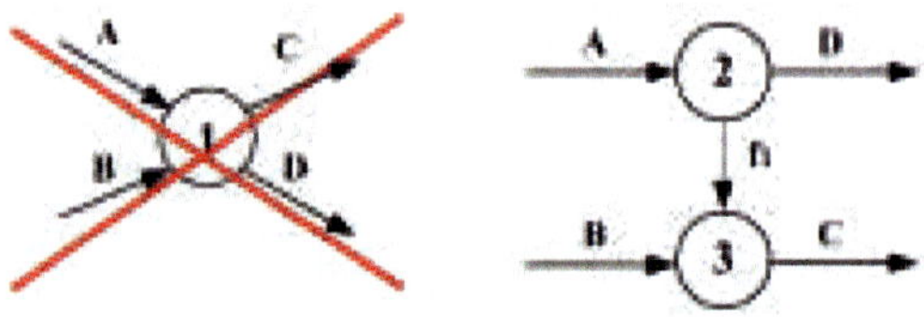

Figura 6.23. *Representación de relaciones de precedencia entre actividades mediante actividades ficticias.*

6.7.2. Principios para la construcción de una red PERT

Para construir una red PERT se deben respetar los siguientes principios:

- **Relaciones de precedencia y grafos parciales.** El primer paso consiste en identificar claramente las relaciones de precedencia entre distintas actividades que forman parte del proyecto. Para ello se crea un cuadro de prelaciones y tiempos de las actividades formado por tres columnas. La primera columna refleja las actividades que componen el proyecto, en la segunda columna se establecen las actividades precedentes y la tercera refleja el tiempo de duración de cada actividad.

- **Designación unívoca de las actividades.** No pueden existir dos o más actividades que compartan los mismos sucesos de principio y finalización. En caso necesario se debe recurrir a la utilización de actividades ficticias.
- **Principio de unicidad de la etapa inicial y de la etapa final.** Solamente puede existir un suceso o etapa inicial y un suceso o etapa final del proyecto.
- **Numeración sucesiva.** Los sucesos se numeran sucesivamente, comenzando con el número 1 para el suceso inicial. Según este principio, no es posible numerar aquellos sucesos a los que llegan actividades cuyo suceso de origen no está numerado.

6.7.3. Tiempo *early* y tiempo *last*

Para poder identificar el tiempo mínimo de ejecución del proyecto y el camino crítico, así como aquellas actividades cuyo retraso en su ejecución repercuten en una demora en la finalización del proyecto, es preciso determinar, para cada suceso o etapa, el tiempo *early* (temprano) y el tiempo *last* (tardío).

El **tiempo *early*** de un suceso es el instante de tiempo más temprano en el que se puede acceder a este. Ello implica que todas las actividades que tienen por destino dicho suceso han sido ejecutadas y finalizadas. Representa el tiempo máximo necesario de las diferentes rutas de actividades precedentes que convergen en el suceso en cuestión. El tiempo *early* del suceso inicial es 0. El cálculo del tiempo *early* del resto de sucesos se realiza de izquierda a derecha, comenzando desde el suceso inicial.

$$te_j = \max\left(te_i + d_{ij}\right), \forall i$$

te_j: tiempo *early* del suceso de destino j que se desea calcular.

te_i: tiempo *early* del suceso de origen i.

d_{ij}: tiempo de duración de la actividad que une el suceso i con el suceso j.

El **tiempo *last*** de un suceso es el instante de tiempo más tardío en el que se puede acceder a este sin implicar un retraso en la ejecución del proyecto. El cálculo de los tiempos *last* se realiza de derecha a izquierda, comenzando por el suceso final del proyecto. Tanto en el suceso inicial como en el suceso final del proyecto, los tiempos *early* y *last* coinciden.

$$tl_i = \min\left(tl_j - d_{ij}\right), \forall j$$

tl_i: tiempo *last* del suceso de origen i que se desea calcular.

tl_j: tiempo *last* del suceso de destino j.

d_{ij}: tiempo de duración de la actividad que une el suceso i con el suceso j.

Para representar en cada suceso su número de orden, su tiempo *early* y su tiempo *last*, se divide el círculo correspondiente en tres partes (Figura 6.24).

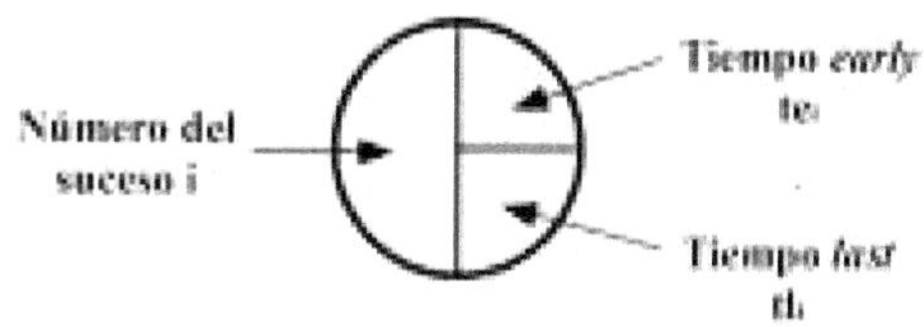

Figura 6.24. *Círculo de una etapa dividido en tres partes.*

6.7.4. Holguras y camino crítico

El cálculo de holguras sirve para determinar el margen de tiempo disponible en cada actividad sin demorar la ejecución del proyecto. Asimismo, también permite identificar el camino crítico de la ejecución del proyecto.

La **holgura de un suceso i** (H_i) es el tiempo que se puede retrasar la llegada a dicho suceso sin que esto repercuta en el tiempo de ejecución total del proyecto.

$$H_i = tl_i - te_i$$

H_i: holgura del suceso i.

tl_i: tiempo *last* del suceso i que se desea calcular.

te_i: tiempo *early* del suceso i que se desea calcular.

La **holgura total de una actividad,** con origen en el suceso i y destino en el suceso j (H_{ij}), es el margen de tiempo disponible para ejecutar dicha actividad, considerando que se inicia en el instante de tiempo más pronto posible (tiempo *early* de su suceso de origen) y finaliza en el instante de tiempo más tardío posible (tiempo *last* de su suceso de destino) sin que esto repercuta en el tiempo de ejecución total del proyecto.

$$H_{ij} = tl_j - te_i - d_{ij}$$

H_{ij}: holgura total de la actividad ij.
tl_j: tiempo *last* del suceso de destino j.
te_i: tiempo *early* del suceso de origen i.
d_{ij}: tiempo de duración de la actividad que une el suceso i con el suceso j.

Se denomina **«camino crítico»** a la sucesión de actividades de mayor duración que une el suceso inicial y el suceso final del proyecto. Este camino especifica el tiempo mínimo necesario para finalizar el proyecto. Las actividades que forman el camino crítico son actividades críticas, ya que un retraso en su ejecución supone un retraso en la duración del proyecto. Forman parte del camino crítico:

- Aquellos sucesos cuya holgura sea 0 ($H_i = 0$).
- Aquellas actividades cuya holgura total sea 0 ($H_{ij} = 0$).

Actividad resuelta 6.2

Representa la red PERT correspondiente con el cuadro de prelaciones y tiempo indicado en la Tabla 6.5. Determina el tiempo *last*, el tiempo *early* y la holgura de cada uno de los sucesos. ¿Cuáles son los sucesos críticos? ¿Y el tiempo mínimo para finalizar la ejecución del montaje?

Solución:

La Figura 6.25 refleja la red PERT según el cuadro de prelaciones y tiempo. La red PERT con el tiempo *early* y tiempo *last* de cada uno de los sucesos se indica en la Figura 6.26.

El tiempo mínimo necesario para finalizar la ejecución del montaje de la instalación es de 42 días. La Tabla 6.6 refleja las holguras de cada actividad. Los sucesos críticos son 1, 2, 3, 4, 6, 7, 8, 9, 10, 11 y 12. Las actividades críticas son A, B, C, F, G, I, J, K. La Figura 6.27 representa el camino crítico de la red PERT.

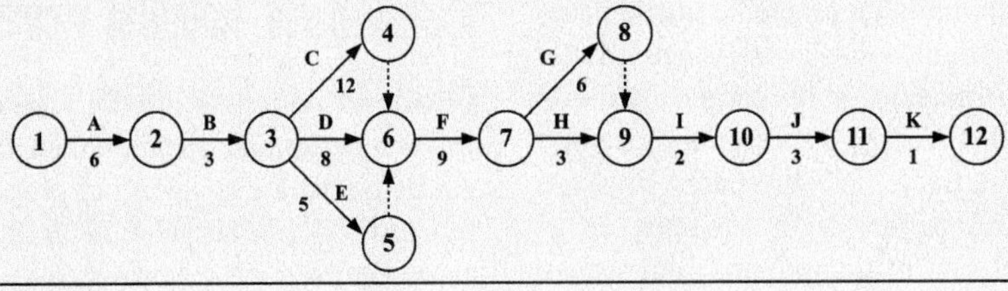

Figura 6.25. *Red PERT.*

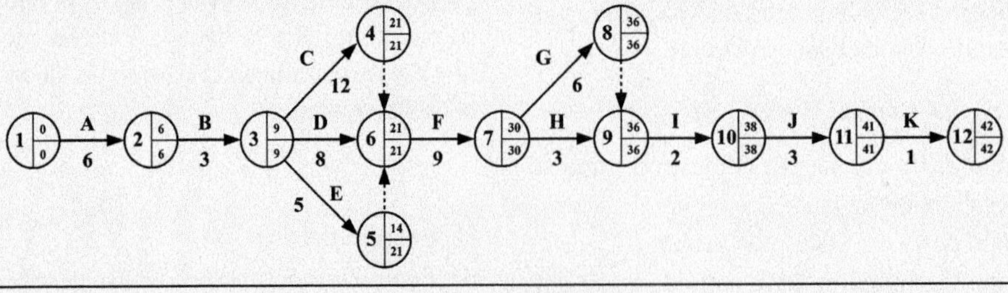

Figura 6.26. *Red PERT con tiempo* early *y tiempo* last *en cada etapa.*

(continúa)

Tabla 6.6. Holgura de cada una de las actividades

Actividad	Símbolo	Holgura
Estudio de la documentación técnica	A	0
Preparación y acondicionamiento de la zona de trabajo	B	0
Aprovisionamiento de materiales	C	0
Aprovisionamiento de herramientas y máquinas	D	4
Aprovisionamiento de suministros (agua, electricidad, alumbrado, etc.)	E	7
Trabajos de obra civil	F	0
Montaje de módulos fotovoltaicos y estructuras	G	0
Montaje de la instalación eléctrica y resto de equipos	H	3
Retirada de materiales y restos de la obra	I	0
Pruebas y verificaciones	J	0
Entrega de la instalación al cliente	K	0

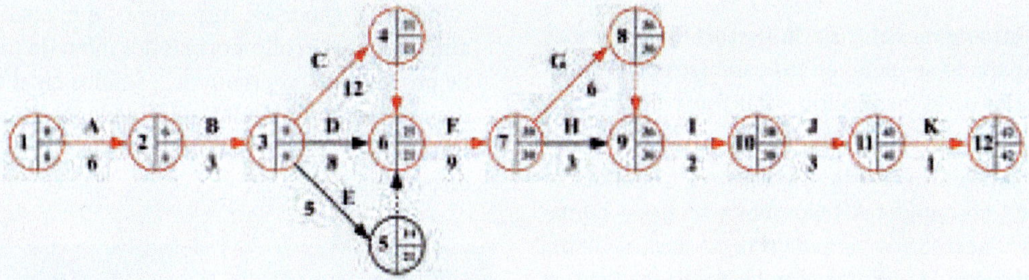

Figura 6.27. *Camino crítico de la red PERT.*

6.8. Herramientas informáticas de planificación de proyectos

Existen distintas herramientas *software* que sirven de ayuda para la planificación y gestión de proyectos. Las principales funciones que ofrecen estas herramientas son:

- Realización de diagramas de Gantt.
- Realización de redes PERT.
- Cálculo del camino crítico.
- Seguimiento de proyectos.

Se pueden encontrar aplicaciones comerciales, así como aplicaciones de código abierto:

- **Microsoft Project**. Es una herramienta de trabajo desarrollada y comercializada por Microsoft. Además de las principales funciones, ofrece la posibilidad de evaluar sobrecargas de recursos y calcular costes.

- **GanttProject.** Se trata de una aplicación de código abierto que permite asignar recursos a las tareas, establecer precedencias entre las tareas y generar informes relativos a la gestión del proyecto.
- **OpenProj.** Es una aplicación de código abierto que permite asignar recursos a las tareas y crear dependencias entre tareas. Es capaz de compartir archivos con la aplicación desarrollada por Microsoft.

6.9. El plan de montaje

El plan de montaje es un documento en el que se establecen aspectos tales como los materiales, máquinas y herramientas necesarias para el desarrollo del proceso de montaje, fases o actividades a realizar, calendarios, planificación de las actividades, ect. Al menos debe contener la siguiente información:

- **Datos generales de la instalación.** En este apartado se incluyen las características generales de la instalación solar fotovoltaica, tipo de instalación, ubicación, etc.
- **Lista de necesidades.** Incluye los materiales, herramientas, máquinas y recursos humanos necesarios para el correcto desarrollo del proceso de montaje. También debe indicar en qué momento del proceso de montaje son necesarios y durante cuánto tiempo.
- **Calendario de pedidos de materiales.** El cumplimiento del tiempo de ejecución del proyecto depende en gran medida del acopio de materiales. Por tanto, el plan de montaje debe establecer el momento en el que debe realizarse el pedido de cada uno de los materiales teniendo en cuenta los plazos de entrega.
- **Calendario de recepción de materiales.** Este calendario establece en qué momento debe llegar a la instalación cada uno de los materiales necesarios para cumplir con el tiempo de ejecución del proyecto. Los retrasos en la recepción de materiales pueden repercutir significativamente de una forma negativa en el tiempo de ejecución total del proyecto de montaje. Este calendario está relacionado con el calendario de pedidos de materiales.
- **Planificación.** El proceso de montaje se divide en una serie de tareas o actividades que deben ejecutarse de forma ordenada y coherente. Mediante la utilización de herramientas de planificación (diagramas de Gantt, método PERT) se fija en qué momento debe comenzar y debe finalizar cada una de las tareas o actividades que componen el proceso global de montaje.
- **Indicadores de control.** El plan de montaje debe fijar unos indicadores o parámetros de control que permitan evaluar el desarrollo del proceso de montaje y el grado de cumplimiento de las tareas o actividades con respecto a la planificación fijada *a priori*.
- **Plan de contingencias.** En este apartado se proponen una serie de actuaciones para aquellas situaciones en las que se produzcan contingencias o sucesos imprevistos que puedan afectar al desarrollo normal del montaje (uso de proveedores alternativos, cambios en el orden de ejecución de las actividades, subcontrataciones, redistribución de los recursos disponibles, etc.).

Figura 6.28. *La gestión del tiempo es un aspecto fundamental que se debe considerar en el plan de montaje.*

6.10. Gestión del aprovisionamiento de materiales

Una de las fases más importantes del proceso de montaje de una instalación solar fotovoltaica es el aprovisionamiento o acopio de materiales. Su correcta ejecución redundará en el éxito del desarrollo del proyecto y en el cumplimiento de los plazos de tiempo. Por tanto, es importante conocer las distintas etapas que componen el aprovisionamiento de los materiales.

6.10.1. Análisis de necesidades

En primer lugar se realiza un análisis de las necesidades de materiales a partir de los documentos técnicos del proyecto o de la memoria técnica de diseño. Es recomendable evaluar los materiales necesarios para el montaje de la instalación y en qué cantidad para poder elaborar la relación de materiales que deben comprarse. Algunas de las especificaciones que plantear son las características del producto, la calidad, la cantidad, el plazo de entrega, etc.

6.10.2. Selección de proveedores

Una vez analizadas las necesidades y elaborada la relación de materiales, el siguiente paso es la selección de los proveedores más apropiados. En muchas ocasiones las empresas suelen trabajar con los mismos proveedores, con los que ya tienen establecida una relación de confianza. Es conveniente conocer distintos proveedores, aunque no interese realizarles pedidos en un determinado momento, con el objetivo de no depender de un único proveedor. Si uno de los proveedores no puede cumplir con el suministro de los materiales necesarios, es muy importante disponer de proveedores alternativos.

Algunos de los aspectos que deben considerarse cuando se selecciona un proveedor son los siguientes:

- Disponibilidad de los materiales que deben comprarse.
- Precio de los materiales.
- Calidad de los materiales.
- Garantías.
- Cantidad que pueden suministrar.
- Cumplimiento de los plazos de entrega.
- Comportamientos anteriores.
- Ubicación geográfica.
- Estabilidad financiera del proveedor.
- Forma de pago.
- Servicio ofrecido por el proveedor (asesoramiento técnico, sustitución rápida de materiales defectuosos, cambios de materiales, etc.).

6.10.3. Emisión de pedidos

Una vez confeccionada la relación de materiales para comprar, y una vez seleccionados los proveedores adecuados, la siguiente fase es la petición de un presupuesto u oferta a los proveedores antes de emitir el pedido en firme. Los proveedores suelen indicar el periodo de tiempo válido de la oferta. Un aspecto importante que debe tratarse con los proveedores es la negociación de los precios y de las condiciones de venta: descuentos comerciales, plazo de entrega, forma de pago, costes de envío, garantías, etc.

Después de analizar todas las ofertas, se selecciona la más conveniente y se procede a formalizar el pedido mediante la hoja de pedido.

Figura 6.29. *Gestión del aprovisionamiento de materiales.*

SABÍAS QUE

La **hoja de pedido** (o también denominada «nota de pedido») es un documento con el que se procede a realizar el pedido en firme. Debe estar firmada por el comprador como señal de compromiso y aceptación.

La información que debe aparecer en la hoja de pedido es la siguiente:

- **Datos de identificación del comprador:** nombre o razón social de la empresa, dirección completa (calle, número, código postal, localidad, provincia), CIF o NIF, departamento, teléfono, fax, correo electrónico, persona que hace el pedido, número de cliente.
- **Datos de identificación del vendedor:** nombre o razón social de la empresa, dirección completa (calle, número, código postal, localidad, provincia), CIF o NIF, teléfono, fax, correo electrónico.
- **Número o referencia del pedido:** se incluye un número o referencia del pedido para poderlo referenciar de forma sencilla en otros documentos (albaranes, facturas, etc.) y facilitar el seguimiento del estado del pedido.
- **Relación de artículos solicitados:** nombre o descripción de cada artículo, código o referencia de cada artículo, unidades solicitadas de cada artículo, precios unitarios, precios totales, importe total.
- **Fecha de expedición:** fecha de emisión y de firma del documento.
- **Condiciones comerciales:** descuentos comerciales, forma de pago, número de cuenta bancaria, plazo de entrega, costes de envío, forma de envío, lugar de entrega, otras condiciones pactadas.
- **Firma autorizada:** firma del comprador como señal de compromiso y aceptación de las condiciones del pedido.

SABÍAS QUE

No siempre la oferta más económica es la más conveniente. Hay que valorar otros aspectos como la calidad, garantía, asistencia técnica, etc.

6.10.4. Recepción y verificación de pedidos

Después de emitir el pedido en firme y realizar un seguimiento de su estado, el siguiente paso es la recepción de los materiales solicitados. Normalmente en la hoja de pedido se indica el lugar de entrega de la mercancía. Puede ser en el almacén del comprador o bien directamente en la obra. Cuando se recibe el pedido se debe realizar una revisión y comprobación de la mercancía recibida. Esta inspección del envío consiste básicamente en comprobar que el material está en buen estado, que coincide con la hoja de pedido y también con la relación de artículos expuesta en el **albarán de entrega**.

El resultado de la valoración realizada puede ser:

- **Conforme.**
- **No conforme.** Las causas pueden ser diversas: artículos deteriorados, los artículos no coinciden con la hoja de pedido o con el albarán de entrega, equivocación en el envío de los materiales, etc. Las causas de la no conformidad se deben especificar en el apartado de observaciones del albarán de entrega.

La persona receptora de la mercancía debe firmar el albarán para hacer constar que ha recibido la mercancía en correctas condiciones. Normalmente el albarán se emite por triplicado: el original para el comprador, una copia para el vendedor y una copia para el transportista. Una vez firmado, el comprador se queda el original y le entrega las copias al transportista.

SABÍAS QUE

El **albarán de entrega** es un documento redactado por el vendedor que acompaña a la mercancía cuando es enviada al comprador.

Sirve como prueba documental para acreditar la entrega correcta de un pedido y también para facilitar la posterior emisión de la factura correspondiente.

Datos identificativos del vendedor					
Nombre o razón social				CIF	
Calle				N.°	
Código postal		Localidad		Provincia	
Teléfono		Fax		Correo electrónico	
Datos identificativos del comprador					
Nombre o razón social				CIF	
Calle				N.°	
Código postal		Localidad		Provincia	
Teléfono		Fax		Correo electrónico	
Persona de contacto				N.° de cliente	

Referencia	**Cantidad**	**Descripción del artículo**	**P. Unidad**	**P. Total**
			BASE IMPONIBLE	
			IVA	
			TOTAL	

Forma de pago	
Lugar de entrega	
Observaciones	

Fecha:

Firma:

Figura 6.30. *Modelo de hoja de pedido.*

La información que debe aparecer en el albarán de entrega es la siguiente:

- Lugar y fecha de emisión.
- Número o código del documento.
- Datos de identificación del comprador.
- Datos de identificación del vendedor.
- Cantidad y descripción de los artículos.
- Lugar y fecha de entrega.
- Firma y sello del receptor de la mercancía.

Actividad propuesta 6.6

Consigue un albarán de entrega real y comprueba la información que contiene.

6.10.5. Aprobación y pago de facturas

Una vez entregado el pedido en correctas condiciones y aceptado el albarán, los proveedores proceden a emitir la factura correspondiente. En ocasiones, en lugar de emitir una factura por cada albarán, los proveedores acostumbran a incluir en una única factura mensual todos los albaranes de entrega emitidos durante un mes.

Seguidamente, el comprador procede a cotejar y comprobar la información contenida en la factura, en los albaranes de entrega y en la hoja de pedido, y emite la **orden de pago** al proveedor en caso de confirmar la plena coincidencia.

SABÍAS QUE

Una **factura** es un documento que acredita una operación de compra-venta de un bien o servicio, en la que se incluye toda la información de la operación.

A continuación se enumeran algunas de las formas de pago más utilizadas comúnmente:

- **En efectivo.** Se entienden por efectivo los medios de pago siguientes:
  - Papel moneda y moneda metálica.
  - Cheques bancarios al portador.
  - Cualquier otro medio físico, incluidos los electrónicos, concebido para utilizarse como medio de pago al portador.

  El artículo 7 de la Ley 7/2012 establece que no podrán pagarse en efectivo las operaciones en las que alguna de las partes intervinientes actúe en calidad de empresario o profesional, con un importe igual o superior a 2500 euros. Esta limitación no es aplicable a los pagos e ingresos realizados en entidades de crédito.
- **Transferencia bancaria.** Es una operación en la que una persona (el ordenante) ordena a su entidad bancaria que envíe una determinada cantidad de dinero desde su cuenta a la cuenta del proveedor (el beneficiario) de su misma o de otra entidad. Se denomina «traspaso interno» cuando la transferencia se ejecuta entre dos cuentas de la misma entidad bancaria. Una transferencia puede conllevar gastos adicionales.
- **Cheque.** Es un documento por el cual una persona (la que expide el cheque, denominada «librador») ordena a una entidad bancaria («librado») que pague una determinada cantidad de dinero a otra persona o empresa («beneficiario»). Debe hacerse efectivo sin ninguna restricción siempre que haya fondos en la cuenta de cargo. Si en la cuenta no hay suficientes fondos, la entidad bancaria lo tiene que pagar parcialmente. La presentación del cheque para el cobro debe de realizarse en 15 días desde la fecha de emisión.

  Para que un cheque sea válido debe incluir la palabra cheque, la orden de pagar la suma de dinero indicada, el nombre de la entidad bancaria que debe pagar y la firma de quien lo expide. Las entidades financieras ponen a disposición de los clientes los talonarios de cheques correspondientes.
- **Tarjetas bancarias.** Son conocidas como «dinero de plástico». Los principales tipos de tarjetas son la tarjeta de crédito y la de débito. Existen otros tipos menos frecuentes, como las tarjetas-monedero y las tarjetas comerciales.

Una tarjeta de débito sirve para utilizar los fondos depositados en una cuenta a la que está asociada. La operación se registra instantáneamente en la cuenta. Una tarjeta de crédito permite hacer pagos sin necesidad de disponer fondos en la cuenta bancaria en ese momento. El usuario de la tarjeta debe devolver el dinero en los plazos y con las condiciones previstas.

- **Pagaré.** Es un documento por el que una persona física o jurídica se compromete a realizar el pago de una cantidad de dinero determinada en una fecha futura.
- **Letra de cambio.** Es un mandato de pago por el que la persona que emite el documento («librador») ordena al librado el pago de una cantidad de dinero en una fecha determinada («vencimiento») a favor de un tercero, cuyo nombre debe figurar en la letra de cambio.

Actividad propuesta 6.7

Busca una factura real y analiza la información que contiene.

6.10.6. Control de resultados

Para conseguir una mejora continua en el proceso de aprovisionamiento, es necesario evaluar el grado de consecución de los objetivos iniciales y tomar medidas correctoras en función del resultado obtenido. Para realizar esta valoración se utilizan los denominados «indicadores de control del aprovisionamiento» (*Key Performance Indicator* [KPI]). Estos indicadores se comparan con unos valores de referencia para facilitar la toma de decisiones y mejorar de esta forma la gestión del aprovisionamiento. Algunos de los indicadores de control del aprovisionamiento más utilizados por las empresas son:

- **Coste medio del orden de compra** = Coste total del aprovisionamiento / N.° de órdenes de compra
- **Coste medio de materias primas sobre el total de ventas** = Gasto total en materias primas / Ventas totales
- **Plazo medio de aprovisionamiento** = Media de la diferencia entre la fecha de recepción y la de emisión del pedido al proveedor
- **N.° medio de pedidos por proveedor** = N.° de pedidos realizados totales / N.° de proveedores habituales
- **Rotación de *stock* de materias primas** = Coste de productos vendidos / *Stock* medio de materias primas
- **Proporción de pedidos recibidos en plazo** = N.° de pedidos recibidos en el plazo previsto · 100 / N.° de pedidos totales
- **Proporción de pedidos recibidos correctos** = N.° de pedidos recibidos correctamente · 100 / N.° de pedidos recibidos
- **Proporción de errores en facturas** = N.° de facturas con errores · 100 / N.° total de facturas emitidas
- **Plazo medio de pago** = Suma del n.° de días pasados desde que se emiten las facturas hasta el pago / N.° total de facturas

6.11. Documentos en el proceso de montaje

Durante el proceso del montaje de una instalación solar fotovoltaica intervienen distintos documentos. Además de la documentación técnica del proyecto, otros documentos importantes son los partes de trabajo y las certificaciones de obra.

6.11.1. Partes de trabajo

Un **parte de trabajo** es un documento en el que se recogen las tareas que ha realizado un trabajador a lo largo del día, el tiempo empleado, los materiales y las herramientas utilizadas. Además de los datos personales del trabajador y de la fecha de realización de las tareas, también puede incluir quién ha realizado el encargo, dónde se ha realizado el trabajo, etc.

Datos de la empresa		Fecha	
Datos del trabajador		Orden de trabajo	
Cliente			
Domicilio			

Trabajos realizados		
H. Inicio-h. Fin	Descripción del trabajo	Horas

Materiales empleados		
Cantidad	Referencia	Descripción del artículo

Figura 6.31. *Modelo de parte de trabajo.*

6.11.2. Certificaciones de obra

En aquellos proyectos de cierta envergadura se suelen acordar pagos fraccionados durante el desarrollo de la obra en función de su grado de ejecución. De esta forma, el constructor o empresa instaladora recibe pagos a cuenta durante la ejecución del trabajo, en lugar de recibir un pago único al finalizar la obra. Esto le permite hacer frente al pago de proveedores, recursos humanos, etc. durante la ejecución del trabajo.

Una **certificación de obra** es un documento por el cual la dirección facultativa ratifica los trabajos ejecutados hasta una fecha determinada, así como su valoración. Por tanto, los trabajos realizados hasta ese momento pueden ser abonados por el cliente al constructor o empresa instaladora, de acuerdo con las condiciones económicas establecidas en el contrato y en el pliego de condiciones.

Los pasos básicos para preparar una certificación de obra son mediciones, aplicación de precios, valoración, revisión acordada, aplicación de porcentajes y retenciones, certificación, aprobación de la certificación y pago de la certificación.

RECUERDA

Las principales figuras jurídicas que intervienen durante la ejecución de una obra son:

- El **cliente** o **promotor** es la persona física o jurídica por cuenta de la cual se realiza una obra. Es quien **encarga** la obra o instalación.
- El **contratista** es la persona física o jurídica que contrata con el promotor la realización de los trabajos. Se denomina **subcontratista** a la persona física o jurídica que contrata con el contratista la realización de una parte de los trabajos. El contratista/subcontratista **ejecuta** la obra.
- La **dirección facultativa** es el técnico competente designado por el promotor encargado de la dirección y del control de la ejecución de la obra, de acuerdo con los documentos del proyecto. Es quien **dirige** la obra.

PLANIFICACIÓN Y GESTIÓN DEL MONTAJE DE INSTALACIONES SOLARES FOTOVOLTAICAS

- INTRODUCCIÓN AL PROYECTO TÉCNICO
  - Fases del proyecto técnico
  - Documentación técnica según REBT
- EL PROYECTO
  - Memoria
  - Planos
  - Pliego de condiciones
  - Mediciones
  - Presupuesto
  - Anexos
  - Estudio de seguridad y salud
  - Estudio de impacto ambiental
- LA MEMORIA TÉCNICA DE DISEÑO
- MANEJO DE *SOFTWARE* PARA LA REPRESENTACIÓN DE INSTALACIONES SOLARES FOTOVOLTAICAS
  - Conceptos básicos
  - Operaciones básicas con archivos gráficos
- PROCESOS DE MONTAJE DE INSTALACIONES SOLARES FOTOVOLTAICAS
- HERRAMIENTAS DE PLANIFICACIÓN: DIAGRAMAS DE GANTT

MAPA CONCEPTUAL

- HERRAMIENTAS DE PLANIFICACIÓN: EL MÉTODO PERT-CPM
  - Grafos
  - Principios básicos
  - Tiempo *early* y tiempo *last*
  - Holguras y camino crítico
- HERRAMIENTAS INFORMÁTICAS DE PLANIFICACIÓN
- EL PLAN DE MONTAJE
- GESTIÓN DE APROVISIONAMIENTO
  - Análisis de necesidades
  - Selección de proveedores
  - Emisión de pedidos
  - Recepción y verificación de pedidos
  - Recepción y pago de facturas
  - Control de resultados
- DOCUMENTOS EN EL PROCESO DE MONTAJE
  - Partes de trabajo
  - Certificaciones de obra

De comprobación

6.1. Las fases de realización de un proyecto, en orden cronológico, son:

a) Anteproyecto, estudio preliminar, diseño de detalle, realización.

b) Estudio preliminar, diseño básico, diseño de detalle, realización.

c) Estudio preliminar, proyecto, anteproyecto, realización.

d) Estudio preliminar, diseño de detalle, diseño básico, realización.

6.2. En todo proyecto técnico hay que llegar a un compromiso entre tres magnitudes fundamentales:

a) Tiempo, coste y calidad.

b) Normativa, tiempo y coste.

c) Formación, recursos disponibles y coste.

d) Cliente, instalador y proyectista.

6.3. Previamente a su ejecución, requieren memoria técnica de diseño:

a) Todas las instalaciones solares fotovoltaicas.

b) Las instalaciones solares fotovoltaicas con una potencia nominal superior a 10 kW.

c) Las instalaciones solares fotovoltaicas con una potencia nominal inferior o igual a 10 kW.

d) Las instalaciones solares fotovoltaicas con una potencia nominal inferior a 10 kW.

6.4. Los documentos técnicos que forman el proyecto, según la norma UNE 157001:2014 «Criterios generales para la elaboración formal de los documentos que constituyen un proyecto técnico» son:

a) Memoria, planos, pliego de condiciones y presupuesto.

b) Índice, memoria, planos, pliego de condiciones, presupuesto y anexos.

c) Índice, memoria, planos, plan de montaje, pliego de condiciones, presupuesto y anexos.

d) Índice, memoria, planos, pliego de condiciones, mediciones, presupuesto y anexos.

6.5. Un esquema eléctrico que representa cada circuito con una sola línea se denomina:

a) Esquema unifilar.

b) Esquema unificar.

c) Esquema multifilar.

d) Ninguna de las anteriores.

6.6. Elige la respuesta correcta:

a) La superficie de una hoja A1 es el doble que la superficie de una hoja A2.

b) La superficie de una hoja A1 es cuatro veces la superficie de una hoja A4.

c) La superficie de una hoja A2 es la mitad que la superficie de una hoja A3.

d) La superficie de una hoja A2 es el doble que la superficie de una hoja A3.

6.7. ¿En qué documento del proyecto se incluyen los cálculos?

a) Memoria.

b) Anexos.

c) Pliego de condiciones.

d) Estudios con entidad propia.

6.8. ¿Cuál de los siguientes grosores de línea no es un valor normalizado?

a) 0.35 mm.

b) 1 mm.

c) 0.7 mm.

d) 0.28 mm.

6.9. El método PERT permite identificar:

a) Las actividades críticas cuya demora en su ejecución no implica una demora en el tiempo total de ejecución del proyecto.

b) El tiempo medio de ejecución del proyecto.

c) El tiempo mínimo de ejecución del proyecto.

d) La sucesión de actividades de menor duración que une el suceso inicial y el suceso final del proyecto.

6.10. Dentro del plan de montaje, los indicadores de control:

a) Permiten evaluar el desarrollo del proceso de montaje y el grado de cumplimiento de las tareas o actividades con respecto a la planificación fijada *a priori*.

b) Establecen en qué momento debe llegar a la instalación cada uno de los materiales necesarios para cumplir con el tiempo de ejecución del proyecto.

c) Proponen una serie de actuaciones para aquellas situaciones en las que se produzcan contingencias o sucesos imprevistos que pueden afectar al desarrollo normal del montaje.

d) Especifican en qué momento debe comenzar y debe finalizar cada una de las tareas o actividades que componen el proceso de montaje.

6.11. El documento que acompaña a la mercancía cuando es entregada al comprador es:

a) La hoja de pedido.

b) La oferta.

c) El albarán.

d) La factura.

6.12. El documento que acredita una operación de compra-venta de un bien o servicio, en la que se incluye toda la información de la operación, es:

a) La hoja de pedido.

b) La factura.

c) El albarán.

d) La certificación de obra.

6.13. No es un indicador de control del aprovisionamiento:

a) La proporción de pedidos recibidos correctos.

b) El plazo medio de pago.

c) El número medio de pedidos por proveedor.

d) El calendario de recepción de materiales.

6.14. La persona física o jurídica por cuenta de la cual se realiza una obra se denomina:

a) Contratista.

b) Dirección facultativa.

c) Promotor.

d) Subcontratista.

De aplicación

6.15. Explica las diferencias entre los proyectos de utilidad pública y los proyectos de iniciativa privada.

6.16. Enumera los contenidos mínimos que debe tener la memoria técnica de diseño según la ITC-BT-04 del Reglamento Electrotécnico para Baja Tensión.

6.17. Se desea representar sobre un plano la longitud de una canalización eléctrica de 16 metros. ¿Cuál es la longitud sobre el plano si se utiliza la escala 1:100?

6.18. Representa el símbolo del conductor de neutro en un esquema unifilar.

6.19. Indica los grosores normalizados típicos utilizados en las líneas de los planos.

6.20. Realiza el diagrama de Gantt correspondiente al montaje de una instalación cuya previsión de tareas se representa en la Tabla 6.7.

Tabla 6.7. Tabla de prelaciones y tiempos

Actividad	Símbolo	Actividades precedentes	Duración (días)
Estudio de la documentación técnica	A		2
Preparación y acondicionamiento de la zona de trabajo	B	A	1
Aprovisionamiento de materiales	C	B	8
Aprovisionamiento de herramientas y máquinas	D	B	4
Aprovisionamiento de suministros (agua, electricidad, alumbrado, etc.)	E	B	1
Trabajos de obra civil	F	C, D, E	2
Montaje de módulos fotovoltaicos y estructuras	G	F	1
Montaje de la instalación eléctrica y resto de equipos	H	F	3
Retirada de materiales y restos de la obra	I	H, G	1
Pruebas y verificaciones	J	I	1
Entrega de la instalación al cliente	K		1

6.21. Realiza el diagrama PERT correspondiente al montaje de una instalación cuya previsión de tareas se representa en la siguiente tabla. Calcula la holgura de cada una de las tareas y determina el camino crítico. ¿Cuál es el tiempo mínimo de realización del montaje?

Tabla 6.8. Tabla de prelaciones y tiempos

Actividad	Símbolo	Actividades precedentes	Duración (días)
Estudio de la documentación técnica	A		2
Preparación y acondicionamiento de la zona de trabajo	B	A	3
Aprovisionamiento de materiales	C	B	3
Aprovisionamiento de herramientas y máquinas	D	B	7
Aprovisionamiento de suministros (agua, electricidad, alumbrado, etc.)	E	B	1
Trabajos de obra civil	F	C, D, E	13
Montaje de módulos fotovoltaicos y estructuras	G	F	7
Montaje de la instalación eléctrica y resto de equipos	H	F	4
Retirada de materiales y restos de la obra	I	H, G	3
Pruebas y verificaciones	J	I	2
Entrega de la instalación al cliente	K		1

ACTIVIDADES FINALES

6.22. Calcula la holgura de cada una de las tareas y determina el camino crítico del siguiente diagrama PERT. Determina también el tiempo mínimo necesario para finalizar el proceso.

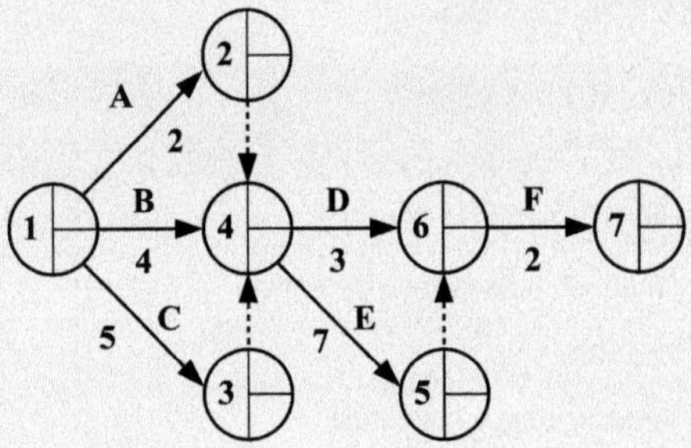

Figura 6.32. *Red PERT.*

6.23. Si ocurre un retraso superior a su holgura en una actividad que no se encuentra en el camino crítico, ¿qué ocurrirá con la fecha de finalización del proceso de montaje?

6.24. Si ocurre un retraso inferior a su holgura en una actividad que no se encuentra en el camino crítico, ¿qué ocurrirá con la fecha de finalización del proceso de montaje?

6.25. Si ocurre un retraso en una actividad que se encuentra en el camino crítico, ¿qué ocurrirá con la fecha de finalización del proceso de montaje?

6.26. Indica los contenidos mínimos que debe incluir un plan de montaje.

6.27. Enumera las etapas que componen la gestión del aprovisionamiento.

6.28. Explica las diferencias entre una tarjeta de crédito y una tarjeta de débito.

6.29. ¿Para qué sirve la certificación de obra?

6.30. ¿Cuáles son los indicadores de control del aprovisionamiento más importante?

6.31. Enumera y explica las principales figuras jurídicas que intervienen durante la ejecución de una obra.

6.32. Indica las principales ventajas del diseño asistido por ordenador. ¿Qué es una entidad?

De ampliación

6.33. Representa el diagrama de Gantt y aplica el método PERT de la Actividad 6.21 utilizando un *software* de planificación de proyectos de código abierto. Compara los resultados.

6.34. Realiza una descomposición de tareas y una planificación de la fase de aprovisionamiento de materiales genérica. Aplica las herramientas de planificación de proyectos (diagramas de Gantt y PERT).

6.35. Realiza un listado con las posibles contingencias que pueden suceder durante el proceso de montaje de una instalación solar fotovoltaica. Para ello, analiza cada una de las actividades que componen el proceso de montaje.

6.36. Dibuja el esquema de una instalación solar fotovoltaica aislada de red con apoyo energético mediante un *software* de representación gráfica.

La última fase del proyecto técnico es la realización, montaje o ejecución de la instalación. Esta fase de montaje, cuyo objetivo es transformar la información del documento técnico en el objeto físico (la instalación solar fotovoltaica), se desarrolla a partir de la documentación técnica de diseño. En esta fase se incluyen multitud de operaciones y procedimientos: replanteo, izado de equipos y materiales, montaje de las estructuras soporte, módulos, etc. Finalmente se procede a la entrega de la instalación al cliente, previa comprobación y verificación de su correcto funcionamiento.

Montaje de instalaciones solares fotovoltaicas

7

Contenidos

Objetivos

- Conocer los procedimientos y las operaciones de replanteo de las instalaciones.
- Distinguir y conocer los medios utilizados y las recomendaciones básicas para el izado de equipos y materiales.
- Identificar y seleccionar el tipo de estructura soporte en función de la aplicación.
- Comprender el procedimiento de montaje de los módulos fotovoltaicos, del sistema de acumulación de energía, del regulador de carga y del inversor.
- Seleccionar los dispositivos de maniobra y protección de una instalación solar fotovoltaica.
- Dominar el procedimiento de montaje de los equipos de tarificación.
- Desarrollar el manual de puesta en marcha de la instalación.

7.1. Procedimientos y operaciones de replanteo de las instalaciones

El **replanteo** de una obra consiste en marcar y dibujar sobre el terreno, a tamaño real, la disposición física de los distintos elementos constructivos que componen la instalación, según lo dispuesto en la documentación técnica del proyecto. Es imprescindible prestar atención y desarrollar correctamente esta tarea, realizando tantas mediciones como sea necesario para estar seguros de que el replanteo se ha realizado sin errores. Un error en el replanteo detectado a tiempo consiste, simplemente, en borrar las marcas y dibujarlas de nuevo. Sin embargo, la realización de los trabajos de montaje sobre un replanteo erróneo puede tener consecuencias desastrosas.

Se recomienda realizar las mediciones al menos dos veces y trazar marcas resistentes que aguanten todo el tiempo que dure la obra.

7.1.1. Fases del replanteo

En general, el trabajo de replanteo consta de las siguientes fases:

- Recopilación de información y comprobación.
- Encaje del proyecto y obtención de coordenadas de los puntos a replantear.
- Replanteo en campo.
- Elaboración de la documentación del replanteo.

7.1.2. Herramientas

Para desarrollar correctamente el replanteo es imprescindible disponer de las herramientas necesarias. A continuación se enumeran algunas de las herramientas más habituales:

- **Regla.** Se trata de un perfil metálico hueco de sección cuadrada, utilizado para trazar líneas rectas.
- **Escuadra.** Normalmente está formada por perfiles metálicos que forman un triángulo equilátero o isósceles. Sirve para trazar rectas perpendiculares y ángulos de 30° y 60°.
- **Plomada.** Se compone de un peso colgado de un cordel o alambre. Marca la vertical y se utiliza para comprobar la verticalidad de cualquier elemento de la obra. Cuando se trata de elementos de altura considerable es necesario que el peso sea adecuado, con el fin de estabilizarlo y evitar movimientos debidos a la inercia o el viento.
- **Nivel de burbuja.** Es una pieza paralelepípeda que posee un tubo transparente relleno de un líquido con una burbuja transparente en su interior, la cual tiende a colocarse en el punto más alto del tubo. Cuando la burbuja se sitúa entre las dos marcas del tubo, el nivel indica que se encuentra ubicado sobre un plano horizontal.

Figura 7.1. *Nivel de burbuja.*

- **Nivel de agua.** Es una manguera transparente de plástico rellena con agua. Se basa en el principio de los vasos comunicantes y sirve para marcar niveles.
- **Jalón.** Es una barra cilíndrica metálica con una punta en la parte inferior. Se clava en el terreno y sirve para marcar alineaciones y puntos.

Figura 7.2. *Jalón y estaca.*

- **Cinta métrica.** Es un instrumento de medida formado básicamente por una cinta flexible graduada.
- **Espray y pintura.** En el mercado se pueden encontrar espráis y pinturas para realizar las marcas sobre el terreno.

7.2. Izado de equipos y materiales

Durante las tareas de montaje de una instalación solar fotovoltaica aparece frecuentemente la necesidad de realizar trabajos de izado y desplazamiento de materiales y equipos. Algunas de las normas generales a tener en cuenta durante las operaciones de izado y transporte de cargas son:

- Los equipos de trabajo se deben utilizar de forma que se garantice su estabilidad durante su empleo en las condiciones previsibles. Para ello es necesario respetar las siguientes indicaciones:
  - Realizar los desplazamientos de elevación y bajada de las cargas de forma lenta y siguiendo una trayectoria vertical.
  - Evitar balanceos de las cargas.
  - Respetar la carga máxima admisible del equipo.
- La elevación de trabajadores solamente se permite mediante equipos de trabajo y accesorios previstos para este fin.
- Evitar la presencia de trabajadores bajo las cargas suspendidas. No se deben trasladar las cargas por encima de lugares ocupados habitualmente por trabajadores.
- Los accesorios de elevación se deben seleccionar en función de las características específicas del trabajo concreto por realizar.
- Los accesorios de elevación se deben almacenar de forma que se evite su deterioro. Antes de su utilización se requiere realizar una inspección previa.
- Adoptar las medidas necesarias para evitar las colisiones entre equipos de elevación cuyos campos de acción se solapen.
- En caso de que el operador de la máquina de elevación no pueda observar todo el trayecto de la carga debe designarse un encargado de señales para guiar al operador.
- El trabajo debe estar perfectamente organizado. La máquina de elevación no se debe poner en funcionamiento hasta que la persona que cuelga o descuelga la carga haya dado la autorización para ello.
- Como norma general no se deben dejar las cargas suspendidas.
- Los trabajos de elevación de cargas al aire libre se deben detener si las condiciones meteorológicas son adversas.

7.2.1. Máquinas de elevación

Se denominan máquinas de elevación a aquellos mecanismos o aparatos que se utilizan para el izado y transporte de cargas. Se pueden dividir en máquinas elementales y máquinas compuestas.

Máquinas de elevación elementales

Algunas de las máquinas elementales más comunes son:

- **Gatos hidráulicos o mecánicos.** Se trata de máquinas que permiten la elevación de cargas de gran peso a poca altura.

Figura 7.3. *Gato hidráulico.*

- **Tornos y cabrestantes.** Constan de un tambor sobre el que se enrolla el cable que está unido a la carga. En los tornos el tambor es horizontal y en los cabrestantes el tambor es vertical.
- **Mecanismos diferenciales y polipastos.** Son máquinas compuestas por varias poleas y una cadena, cable o cuerda que va pasando alternativamente por cada una de ellas. Las poleas del grupo superior están montadas sobre un eje fijo y las del grupo inferior, sobre un eje móvil sobre el cual se aplica la fuerza de la carga a elevar.

Máquinas de elevación compuestas

Las más utilizadas son:

- **Grúas-torre.** Se componen de una torre vertical o mástil fijada al suelo, un contrapeso, una pluma y un carro que se desliza por la pluma. Son las más habituales en las obras de construcción.
- **Grúas móviles autopropulsadas.** Son aparatos de elevación con medios de conducción y propulsión propios que permiten su desplazamiento por vías públicas.

Figura 7.4. *Grúa móvil autopropulsada.*

- **Montacargas.** Se utilizan básicamente en edificación y solamente son adecuadas para pequeñas cargas.
- **Carretillas elevadoras.** Son vehículos autónomos que se desplazan por el suelo en zonas restringidas. Pueden ser eléctricos o de combustión interna y constan de dos ejes: el motriz (delantero) y directriz (el trasero).

7.2.2. Accesorios de elevación

Para levantar las cargas mediante máquinas de elevación se utilizan distintos tipos de accesorios:

- **Eslinga.** Accesorio que permite unir las cargas al gancho de la máquina de elevación. Los tipos más comunes son las eslingas textiles de cinta cosida, las de cable de acero y las de cadena.
- **Cáncamo.** Anillo destinado a ser roscado en la carga.
- **Cáncamo para soldar.** Anillo destinado a ser soldado a la carga.
- **Orejeta de elevación.** Placa de acero perforada para ser soldada a la carga.

Figura 7.5. *Orejeta de elevación soldada en un transformador.*

- **Anclaje de elevación.** Accesorio destinado a ser integrado en una estructura (bloque de hormigón, panel de hormigón, etc.).
- **Gancho C.** Accesorio con forma de «C» que se utiliza para elevar cargas huecas, como bobinas.

- **Pinza o tenaza.** Accesorio utilizado para manejar cargas apretando sobre una parte específica de la carga.
- **Horquilla de elevación.** Accesorio para cargas paletizadas, que consiste en dos o más brazos fijados a un montante con un brazo superior.

7.3. Estructuras soporte y anclajes

La **estructura soporte** es un elemento auxiliar de la instalación solar cuya función principal es proporcionar la sujeción adecuada al conjunto de módulos fotovoltaicos que componen el generador fotovoltaico. Las funciones principales de la estructura que soporta los módulos fotovoltaicos son:

- Servir de soporte de sujeción de los módulos fotovoltaicos.
- Ajustar la orientación e inclinación de los módulos fotovoltaicos en función de la aplicación específica.

Para seleccionar la estructura más adecuada, es imprescindible tener en cuenta la carga propia de los módulos fotovoltaicos, así como las cargas ocasionadas por fenómenos meteorológicos tales como el viento o la nieve.

Se trata de un componente que se encuentra a la intemperie y debe ser seleccionado en función de las condiciones ambientales en las que va a trabajar. Las estructuras se fabrican habitualmente con hierro protegido contra la corrosión mediante tratamientos de galvanizado. En ambientes corrosivos es recomendable utilizar acero inoxidable. En el caso de estructuras ligeras o pequeñas, también se pueden construir con aluminio anodizado.

A continuación se enumeran algunos de los criterios que se deben tener en cuenta cuando se elige una estructura soporte para una instalación solar fotovoltaica:

- Características del lugar de fijación de la estructura (suelo, tejado, pared, etc.).
- Cantidad, peso y medidas de los módulos fotovoltaicos.
- Viento en el lugar de la instalación (velocidad, frecuencia, etc.) que puede dar lugar a sobrecargas.
- Posibles sobrecargas ocasionadas por acumulación de nieve sobre los módulos fotovoltaicos.

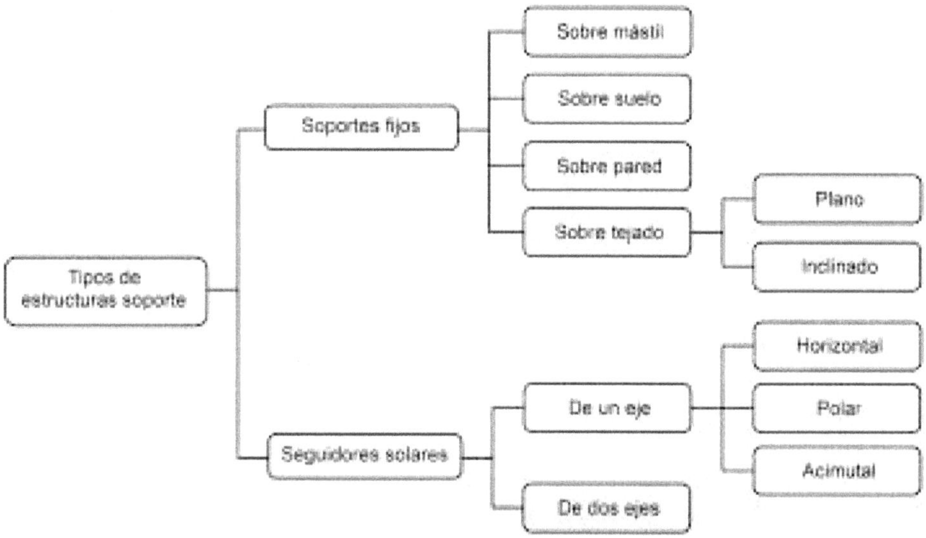

Figura 7.6. *Tipos de estructuras soporte de módulos fotovoltaicos en función de la forma de instalación.*

- Características ambientales del lugar (temperaturas extremas, ambientes salinos, lluvias abundantes, etc.).

¡! IMPORTANTE

Los ambientes con lluvias frecuentes y copiosas suponen un aumento de la velocidad de oxidación de los materiales. Los ambientes marinos suponen un alto poder corrosivo para los materiales.

Los **anclajes** son las piezas de fijación que se encargan de unir firmemente distintos elementos entre sí. Estos elementos de fijación dependen del fabricante y de las condiciones de trabajo que van a soportar.

Las estructuras soporte se pueden clasificar en función de la forma de instalación en soportes fijos y seguidores solares. Las estructuras fijas mantienen su posición fija a lo largo del año, aunque cabe la posibilidad de realizar un ajuste estacional de la inclinación de los módulos en función de la época del año para maximizar la captación de energía solar. Los seguidores solares varían su posición a lo largo del día siguiendo la trayectoria diaria del Sol.

7.3.1. Estructuras fijas

Las estructuras fijas de sujeción de los módulos fotovoltaicos se clasifican en los siguientes tipos:

- **Estructura soporte sobre mástil.** Las estructuras soporte para montar sobre mástil se utilizan para pequeños generadores fotovoltaicos con una superficie pequeña. Normalmente se componen de uno o dos módulos fotovoltaicos. Entre sus principales aplicaciones se encuentran las señales de tráfico, farolas de alumbrado público, etc. Este sistema también se utiliza en instalaciones repetidoras, donde ya se dispone de una estructura que puede hacer las veces de mástil. En general, la estructura se fija al mástil mediante bridas metálicas y la tornillería correspondiente, siguiendo las instrucciones del fabricante.

Figura 7.7. *Estructura soporte sobre mástil.*

- **Estructura soporte sobre pared.** En este caso la estructura soporte se instala sobre una pared o una fachada de la vivienda o edificio en cuestión, siempre que esta se encuentre orientada hacia el sur cuando nos encontramos en el hemisferio norte. Entre sus ventajas cabe destacar la simplicidad del montaje y la protección que ofrece contra los efectos del viento, ya que el efecto de este queda drásticamente disminuido. La estructura lleva distintos taladros ya preparados para realizar la instalación mediante los tacos de expansión y tornillos indicados por el fabricante, en función del tipo de pared. Otra forma de instalación es la inserción en la estructura del edificio mediante obra de fábrica.

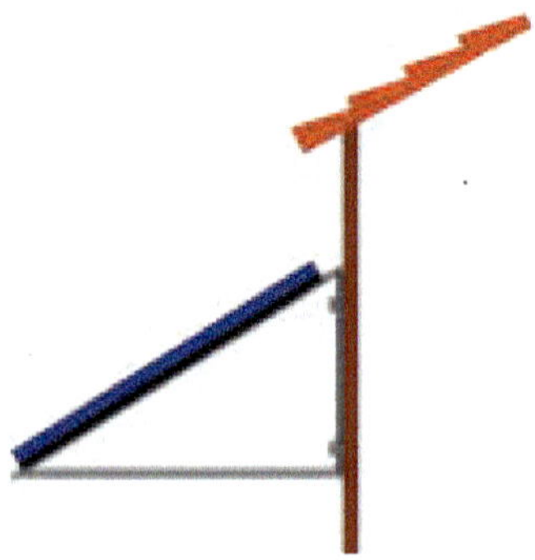

Figura 7.8. *Estructura soporte sobre pared.*

- **Sobre tejado plano.** Otra posibilidad es el montaje de estructuras soporte sobre tejados o cubiertas planas. En este caso, el peso que supone la estructura soporte junto con el peso de los módulos fotovoltaicos supone una carga adicional sobre el tejado. También debe considerarse la posible carga debida a la acumulación de nieve. Por tanto, es imprescindible realizar un estudio de cargas y valorar la máxima carga puntual y superficial que admite el tejado.

  En general, las estructuras soporte sobre tejado plano se pueden instalar de dos formas diferentes:

  – *Estructura soporte fijada por gravedad utilizando contrapesos.* En este tipo de montaje la estructura soporte no se fija a la estructura de la cubierta. Además del peso de la estructura y de los módulos fotovoltaicos, hay que contemplar la carga añadida que suponen los contrapesos sobre la cubierta y asegurarse de que este peso añadido no suponga ningún problema para la edificación.

  – *Estructura soporte fijada a la estructura de la cubierta.* Este método de fijación consiste en anclar la estructura soporte sobre la misma cubierta. Habitualmente es necesario realizar taladros sobre la cubierta. Siempre se deben seguir las instrucciones del fabricante y utilizar los sistemas de fijación indicados (tortillería, grapas, etc.).

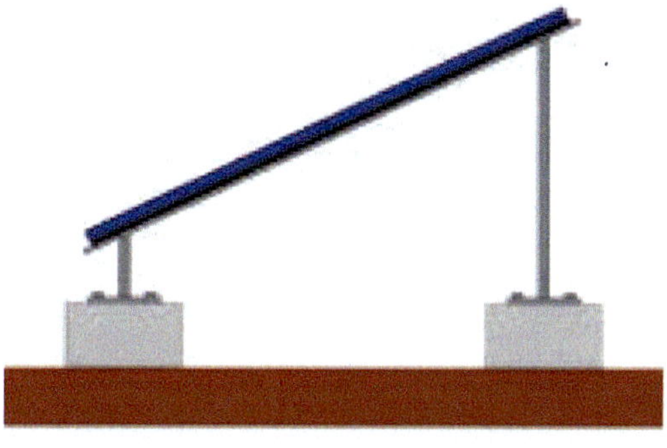

Figura 7.9. *Estructura soporte sobre tejado plano soportada por gravedad.*

¡! IMPORTANTE

La **carga puntual admisible** es la máxima carga que puede soportar la cubierta en un punto en concreto. Si se supera este límite, la cubierta puede sufrir daños (hundimiento del contrapeso, sobretensiones en la cubierta, etc.).

La **carga superficial admitida** es la máxima carga que puede soportar la superficie completa de la cubierta o partes. Si se supera este límite puede llegar a derrumbarse la cubierta.

Figura 7.10. *Estructura soporte sobre tejado plano con fijación a la cubierta.*

- **Sobre tejado inclinado.** El sistema de fijación de la estructura soporte depende del tipo de cubierta: chapa sándwich, teja, planchas de fibrocemento, etc.

  Cuando se trata de una cubierta de teja se utilizan ganchos especiales que se anclan a la estructura del tejado, en función del tipo de teja. Durante el proceso de montaje se deben retirar algunas tejas para fijar los ganchos a la estructura del tejado. Después se procede a colocar de nuevo la teja en su posición inicial. Posteriormente se fijan sobre los ganchos los perfiles metálicos que componen la estructura soporte. En la Figura 7.11 se pueden apreciar los ganchos especiales y los perfiles metálicos que componen la estructura soporte.

  En el caso de cubiertas con planchas de fibrocemento, el sistema de fijación suele estar basado en un espárrago especial que se atornilla a través de la cubierta sobre la estructura del tejado.

Figura 7.11. *Estructura soporte sobre tejado inclinado.*

- **Sobre suelo.** El montaje de las estructuras soporte y los módulos fotovoltaicos a nivel del suelo resulta más fácil, en comparación con el montaje en un tejado inclinado. También resultan más accesibles para realizar tareas de mantenimiento. Esta accesibilidad también puede suponer un problema, ya que la instalación puede ser objeto de actos vandálicos o robos o de desperfectos causados por animales. Estas instalaciones suelen estar protegidas por un cerco metálico y una alarma.

  Otro de los problemas de las estructuras soporte sobre suelo es la fuerza elevadora que puede ejercer el viento sobre los módulos fotovoltaicos. Para minimizar el efecto del viento se pueden instalar cortavientos, para evitar de esta forma el vuelco.

  Cuando se monta un generador fotovoltaico sobre suelo se deben tener en cuenta una serie de consideraciones en cuanto a la posible aparición de sombras:

  - Es necesario respetar la distancia entre filas de módulos fotovoltaicos para evitar la proyección de sombras entre ellos.
  - La estructura debe estar elevada con respecto al suelo una altura conveniente para que los módulos no puedan quedar enterrados por la nieve, aunque sea parcialmente, en áreas de montaña. Asimismo, la altura mínima con respecto al suelo debe ser tal que el posible crecimiento de la vegetación no dé lugar a sombras sobre los módulos fotovoltaicos.

  La forma más habitual de colocación de estructuras es el anclaje sobre cimentaciones de hormigón. Los bulones de fijación a los que se anclan las estructuras se incrustan en el hormigón antes de que este haya fraguado. Otra forma de colocación consiste en taladrar el hormigón y utilizar tacos de expansión.

Figura 7.12. *Estructura soporte sobre suelo.*

¡! IMPORTANTE

Conviene dejar una pequeña separación entre los módulos fotovoltaicos para que el viento pueda circular entre ellos y el generador fotovoltaico ofrezca una resistencia menor.

Actividad propuesta 7.1

Busca y analiza la información suministrada por los fabricantes de diferentes tipos de estructuras soportes en sus catálogos.

Posición óptima de un módulo fotovoltaico en instalaciones fijas

- **Orientación.** En el hemisferio norte los módulos fotovoltaicos deben estar orientados hacia el sur (ángulo de acimut óptimo 0°).
- **Inclinación.** Depende de las características de la instalación.

Tabla 7.1. Inclinación óptima en función del periodo de máxima captación de energía (φ = latitud)

Periodo de máxima captación de energía	Inclinación óptima	Ejemplos de instalaciones
Invierno	φ + 10°	Aislada con consumo anual constante
Verano	φ – 20°	Bombeo de agua
Anual	φ – 10°, o bien 3.7 + 0.69 · |φ|	Conectada a red

7.3.2. Efecto del viento sobre el generador fotovoltaico

El viento es el movimiento del aire que tiene lugar entre dos zonas con distinta presión atmosférica. Debido a la amplia superficie de los módulos fotovoltaicos, el efecto del viento se debe tener en cuenta cuando se selecciona la estructura soporte.

Cuando el viento incide por la parte anterior del módulo fotovoltaico ejerce una fuerza de compresión sobre la estructura que se transmite a los anclajes y al suelo.

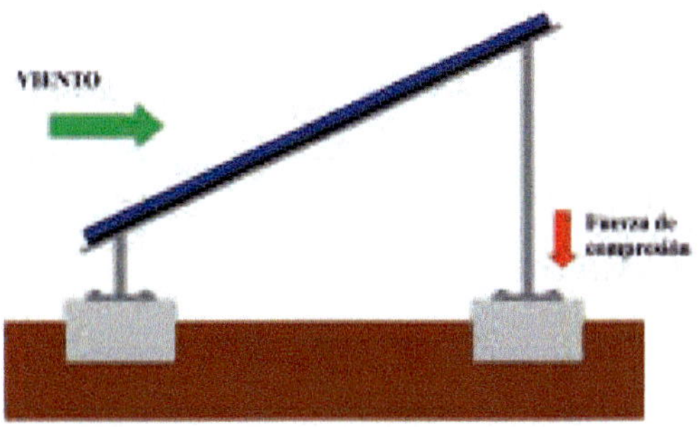

Figura 7.13. *Fuerza de compresión.*

Cuando el viento incide por la parte posterior del módulo fotovoltaico ejerce una fuerza de tracción sobre la estructura que se transmite a los anclajes. Este sentido del viento es el más peligroso, ya que puede arrancar la estructura y los módulos fotovoltaicos.

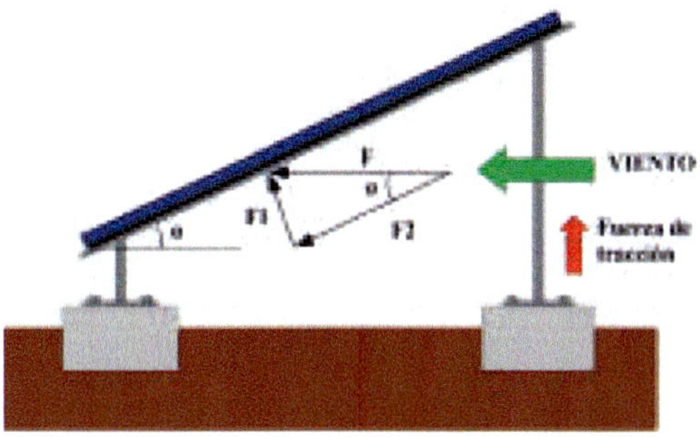

Figura 7.14. *Fuerza de tracción.*

La fuerza F producida por el viento se descompone en una fuerza F1 perpendicular a los módulos fotovoltaicos y una fuerza F2 paralela a los módulos que provoca el deslizamiento del aire. La fuerza F1 que actúa sobre los módulos fotovoltaicos se puede calcular con la expresión:

$$F_1 = p \cdot S \cdot sen^2\alpha$$

S: superficie de los módulos fotovoltaicos en m^2.

α: ángulo de inclinación de los módulos.

p: presión frontal que haría el viento sobre los módulos si estuvieran en posición perpendicular al viento.

Tabla 7.2. Presión frontal del viento en función de su velocidad

Velocidad del viento (m/s)	Velocidad del viento (km/h)	Presión del viento (N/m²)
28	100.8	479
30	108	550
32	115.2	626
34	122.4	707
36	129.6	792
38	136.8	883
40	144	978
42	151.2	1078
44	158.4	1184
46	165.6	1294
48	172.8	1409
50	180	1528
52	187.2	1653
54	194.4	1783
56	201.6	1917
58	208.8	2057
60	216	2201

7.3.3. Distancia entre filas de módulos fotovoltaicos o entre una fila y un obstáculo

En ciertas ocasiones, bien sea debido a un problema de espacio, bien sea debido a la necesidad de utilización de un elevado número de módulos fotovoltaicos, es necesario colocar dichos módulos en distintas filas. El Pliego de Condiciones Técnicas de Instalaciones Conectadas a Red del IDAE recomienda que la distancia mínima entre filas de módulos fotovoltaicos o entre una fila y un obstáculo de altura h, situado sobre el mismo plano que pueda proyectar sombras sobre estos, sea tal que se garanticen como mínimo cuatro horas de sol en torno al mediodía del solsticio de invierno. Considerando d como la distancia entre el final de un módulo y el principio del siguiente de la sucesiva fila, debe ser como mínimo:

$$d = k \cdot h$$

k es un factor adimensional que adopta el valor obtenido según la siguiente expresión, siendo φ la latitud del lugar. La variable h adopta el valor de la diferencia de alturas entre la parte baja de una fila y la parte alta de la fila u obstáculo anterior:

$$k = \frac{1}{\mathrm{tg}(61 - \varphi)}$$

Actividad resuelta 7.1

Calcula la fuerza que ejerce un viento de unos 130 km/h sobre un generador fotovoltaico compuesto por seis módulos fotovoltaicos, con una superficie de 0.8 m², inclinado un ángulo de 50°, con viento incidente por la parte posterior.

Solución:

La superficie total de los módulos fotovoltaicos es:

$$S = 0.8 \cdot 6 = 4.8\, m^2$$

La fuerza ejercida de forma perpendicular sobre el conjunto de módulos fotovoltaicos resulta:

$$F_1 = p \cdot S \cdot sen^2\alpha = 792 \cdot 4.8 \cdot sen^2 50^\circ = 2230.8\, N$$

Tabla 7.3. Valores significativos del factor *k* en función de la latitud del lugar

Latitud	29°	37°	39°	41°	43°	45°
k	1.600	2.246	2.475	2.747	3.078	3.487

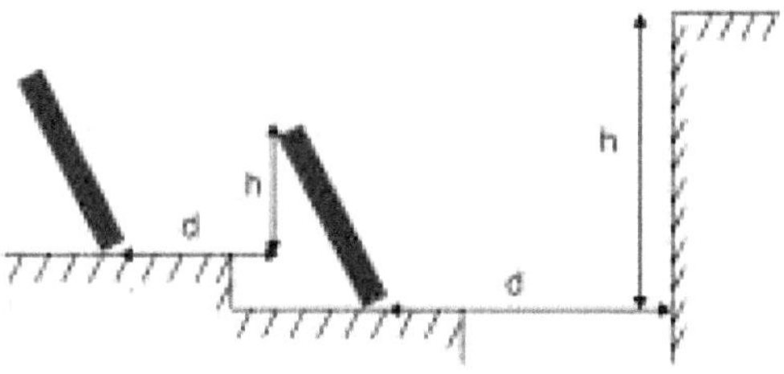

Figura 7.15. *Distancia entre filas de módulos fotovoltaicos o entre una fila y un obstáculo.*

¡! IMPORTANTE

Estas expresiones son válidas cuando el ángulo de acimut de los módulos fotovoltaicos adopta un valor próximo a 0° (orientación sur).

Si se considera también el espacio ocupado por los módulos fotovoltaicos, la distancia total entre filas resulta:

$$d = l \cdot \left(\frac{\text{sen}(\beta)}{\tan(61-\varphi)} + \cos(\beta) \right)$$

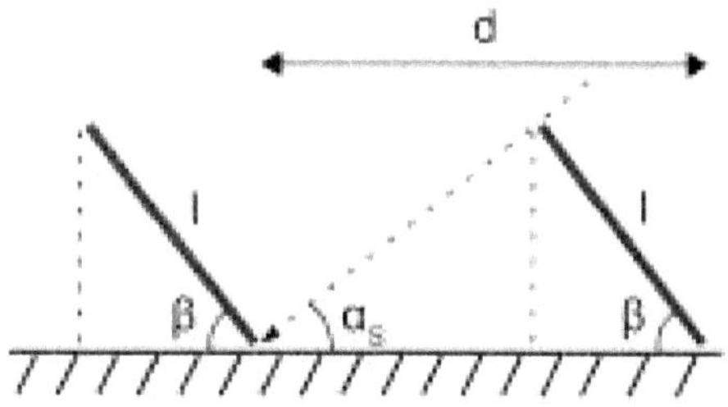

Figura 7.16. *Distancia entre filas de módulos fotovoltaicos.*

Actividad resuelta 7.2

Determina la distancia mínima entre filas de una instalación ubicada en Valencia (Latitud 39° 28' 12" N) para disponer de cuatro horas de sol en torno al solsticio de invierno, en los siguientes casos:

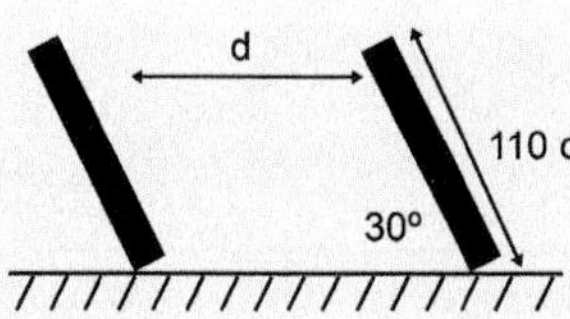

Figura 7.17. *Caso a).*

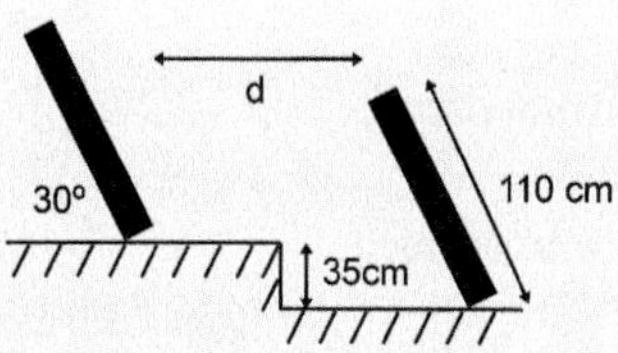

Figura 7.18. *Caso b).*

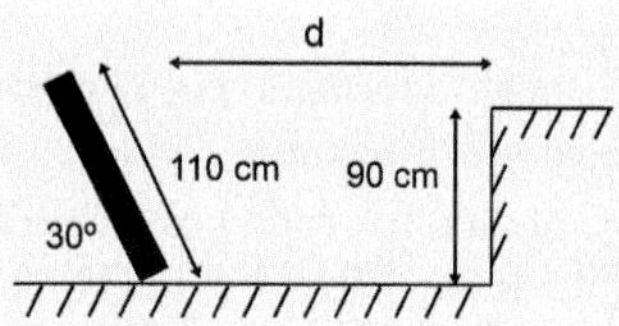

Figura 7.19. *Caso c).*

Solución:

Para la latitud especificada una vez expresada en grados el factor k resultante es:

$$k = \frac{1}{\text{tg}(61-39.46)} = 2.53$$

(continúa)

a) La altura h del módulo fotovoltaico instalado se puede calcular de la siguiente forma:

$$\text{sen}(30) = \frac{h}{110} \quad \Rightarrow \quad h = 110 \cdot \text{sen}(30) = 55\ cm$$

Por tanto, la distancia mínima entre módulos fotovoltaicos debe ser:

$$d = 2.53 \cdot 55 = 139.15\ cm$$

Si se considera también el espacio ocupado por los módulos fotovoltaicos, la distancia total entre filas resulta:

$$d = 110 \cdot \left(\frac{\text{sen}(30)}{\tan(61 - 39.46)} + \cos(30) \right) = 234.61\ cm$$

b) En este caso, la altura *h* es:

$$h = 55 - 35 = 20\ cm$$

Por tanto, la distancia mínima entre módulos fotovoltaicos debe ser:

$$d = 2.53 \cdot 20 = 50.6\ cm$$

c) En este caso, la altura h del obstáculo con respecto al módulo fotovoltaico es de 90 cm. Por tanto, la distancia mínima entre el módulo fotovoltaico y el obstáculo debe ser:

$$d = 2.53 \cdot 90 = 227.7\ cm$$

Montaje sobre superficie inclinada

En el caso de que las filas de módulos fotovoltaicos se instalen sobre una superficie inclinada un ángulo γ, la distancia mínima es:

$$d = l \cdot \left(\frac{\text{sen}(\beta - \gamma)}{\tan(61 - \varphi + \gamma)} + \cos(\beta - \gamma) \right)$$

β: ángulo formado por el módulo fotovoltaico y la horizontal.

β-γ: ángulo formado por el módulo fotovoltaico y la superficie inclinada.

ϑ: latitud del lugar.

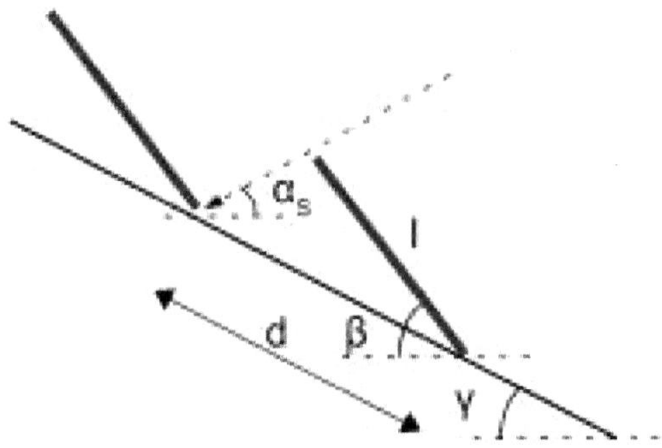

Figura 7.20. *Distancia entre filas de módulos fotovoltaicos situados sobre una superficie inclinada.*

Actividad propuesta 7.2

Determinar la distancia mínima entre filas de módulos fotovoltaicos de una instalación ubicada en tu localidad para disponer de cuatro horas de sol en torno al solsticio de invierno sobre una superficie inclinada 40°. La longitud de los módulos es de 110 cm y su ángulo de inclinación de 50°.

7.3.4. Seguidores solares

Los seguidores solares varían la posición de los módulos fotovoltaicos para aprovechar al máximo la radiación solar. El objetivo de los sistemas de seguimiento es conseguir una incidencia lo más perpendicular posible de la radiación solar sobre los módulos fotovoltaicos.

Figura 7.21. *Seguidor solar.*

Sistemas automáticos de seguimiento solar

Para realizar esta tarea estos dispositivos utilizan un sistema automático de seguimiento solar, basado habitualmente en un autómata programable.

En la Figura 7.22 se representa el esquema de un sistema de control automático en bucle cerrado. La posición deseada de la estructura soporte en cada momento (orientación, inclinación) o señal de referencia se obtiene a partir de un algoritmo basado en programación astronómica o bien mediante sensores que determinan la posición del Sol en cada instante.

Por otro lado, mediante la utilización de sensores (por ejemplo, *encoders*) se mide la posición instantánea de la estructura soporte. La posición deseada se compara con la posición real. A partir de esta comparación, el dispositivo regulador o controlador decide las acciones de control para que se igualen ambas magnitudes. Estas decisiones de control se envían al actuador (puede ser un motor-reductor eléctrico, un sistema hidráulico, etc.) para que cambie la posición de la estructura soporte ajustándola a la posición deseada, y cerrar así el bucle de control.

7.3.5. Integración arquitectónica y urbanística. Estética y técnica

Se entiende que existe **integración arquitectónica** cuando los módulos fotovoltaicos cumplen una doble función energética y arquitectónica (revestimiento, cerramiento o sombreado), y sustituyen elementos constructivos convencionales o bien son elementos constituyentes de la composición arquitectónica. La función de **revestimiento** tiene lugar cuando los módulos fotovoltaicos constituyen parte de la envolvente de una construcción arquitectónica. La función de **cerramiento** ocurre cuando los módulos fotovoltaicos constituyen el tejado o la fachada de la construcción arquitectónica, y deben garantizar la debida estanqueidad y aislamiento térmico. Los módulos fotovoltaicos se consideran elementos de **sombreado** cuando protegen a la construcción arquitectónica de la sobrecarga térmica causada por los rayos solares, y proporcionan sombras en el tejado en la fachada.

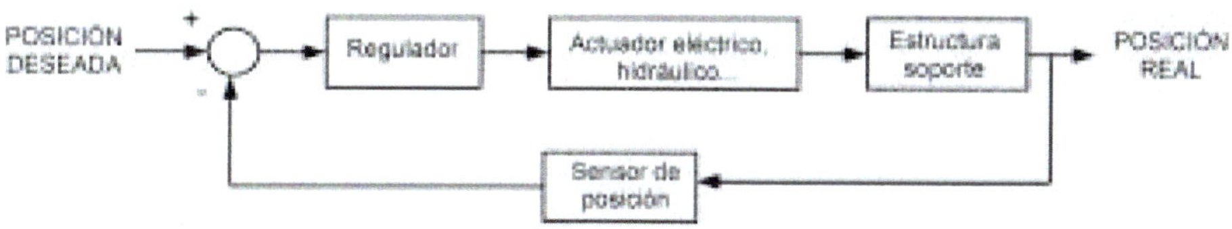

Figura 7.22. *Sistema automático de control en bucle cerrado.*

Por otro lado, se considera que existe **superposición** cuando la colocación de los módulos fotovoltaicos se realiza de forma paralela a la envolvente del edificio sin la doble funcionalidad energética y arquitectónica, y no se acepta la disposición horizontal, con el fin de favorecer la autolimpieza de los módulos fotovoltaicos.

La integración arquitectónica desplaza los costes de los elementos convencionales de construcción y los sustituye por los costes de los elementos fotovoltaicos, los cuales además de funcionar como elementos constructivos desarrollan la función de generación de energía. Entre los inconvenientes cabe destacar que los dispositivos fotovoltaicos se deben instalar siguiendo las líneas de la edificación, en perjuicio de su posición óptima. Se deben utilizar los elementos fotovoltaicos específicos para este fin. En el mercado se pueden encontrar soluciones diversas, tales como los vidrios fotovoltaicos transparentes, de colores, de seguridad, etc.

La integración de los módulos fotovoltaicos en edificios se suele realizar de las siguientes formas:

- Cubierta inclinada.
- Cubierta plana.
- Elementos de fachada.
- Fachada.
- Viseras y parasoles.
- Acristalamientos, muros cortina.
- Pérgolas y aparcamientos.
- Mobiliario urbano.

Figura 7.23. *Integración arquitectónica en un aparcamiento.*

VOCABULARIO Inglés-español

Building Integrated Photovoltaics (BIPV): integración arquitectónica de la energía fotovoltaica.

7.4. Conductores y cables eléctricos

Los cables eléctricos son los elementos necesarios para realizar la conexión entre los distintos dispositivos y aparatos que forman parte de una instalación eléctrica, con el objetivo de poder transportar la energía eléctrica.

7.4.1. Constitución de un cable eléctrico

Pueden estar constituidos por un conductor único (cables unipolares) o por un conjunto de varios conductores eléctricos agrupados bajo una misma cubierta (cables multiconductores). Un cable eléctrico está formado por las siguientes partes:

- **Conductor eléctrico.** El conductor eléctrico es la parte metálica del cable eléctrico aislado que conduce la corriente eléctrica. Los materiales más utilizados en los cables de baja tensión son el cobre (Cu) y el aluminio (Al). Otro material utilizado también como conductor en el neutro fiador de las instalaciones aéreas es el almelec, una aleación de aluminio, magnesio y silicio.
- **Aislante.** Los materiales aislantes más utilizados en los cables eléctricos de baja tensión son el PVC (policloruro de vinilo), XLPE (polietileno reticulado), EPR (etileno propileno), HEPR (etileno-propileno de alto módulo).
- **Capa de relleno.** Algunos cables contienen una capa de relleno consistente en un material aislante que envuelve a los conductores, cuando estos son de cierto tamaño, para mantener una sección circular en el conjunto.

- **Armadura.** Consiste en un recubrimiento metálico ubicado debajo de la cubierta, para proteger el cable contra daños mecánicos (impactos, esfuerzos, acción de roedores, etc.).
- **Cubierta.** Es la envolvente exterior que protege al aislamiento de los efectos mecánicos debidos fundamentalmente a la acción de factores medioambientales (temperatura, lluvia, incidencia solar, etc.). No tiene una función eléctrica de aislamiento.

7.4.2. Flexibilidad

La norma UNE 21022 establece cuatro clases de conductores en función de su flexibilidad:

- **Conductor rígido.** Se clasifican en:
  - *Clase 1.* El conductor está constituido por un solo hilo conductor macizo. Se suele utilizar esta forma constructiva hasta la sección de 4 mm^2.
  - *Clase 2.* El conductor está constituido por varios hilos conductores macizos agrupados en forma helicoidal. Se suele utilizar esta forma constructiva a partir de la sección de 6 mm^2.
- **Conductor flexible.** Se clasifican en:
  - *Clase 5.* El conductor está constituido por varios hilos finos de material conductor agrupados en forma helicoidal.
  - *Clase 6.* El conductor está constituido por varios hilos finos de material conductor agrupados en forma helicoidal. Se trata de cables extraflexibles.

7.4.3. Comportamiento frente al fuego

Se consideran **cables de alta seguridad** (designación AS) aquellos que cumplen lo prescrito en los siguientes ensayos:

- No propagación de la llama.
- No propagación del incendio.
- Opacidad de humos.
- Reducida emisión de sustancias tóxicas.
- No emisión de sustancias corrosivas.

Se consideran **cables de alta seguridad aumentada** (designación AS+) aquellos que, además de cumplir las características de los cables de alta seguridad, cumplen con el ensayo de resistencia al fuego.

7.4.4. Tipos de cables utilizados en las instalaciones solares fotovoltaicas

Debido a sus características particulares, las instalaciones generadoras fotovoltaicas están sometidas a los rigores de la intemperie y a condiciones ambientales específicas. Una de ellas es la elevada temperatura que se alcanza en el dorso de los paneles fotovoltaicos, que puede superar incluso los 90 °C. Esto invalida la utilización de cables cuya temperatura máxima de servicio de su aislante es de 90 °C, tales como el RZ1-K.

La norma UNE-EN 50618:2015 «Cables eléctricos para sistemas fotovoltaicos» se aplica a los cables unipolares flexibles con aislamiento y cubierta de compuesto reticulado libre de halógenos y con baja emisión de humos, para ser utilizados en el lado de corriente continua de los sistemas fotovoltaicos con una tensión nominal en corriente continua de 1.5 kV entre conductores y entre conductor y tierra. Estos cables están diseñados para trabajar a una temperatura máxima nominal de 90 °C, aunque se permite una temperatura máxima del conductor de 120 °C a una temperatura ambiente máxima de 90 °C durante 20 000 horas como máximo.

También se pueden encontrar cables con armadura para los casos en que la línea entre la caja de conexiones del generador y el inversor se va a realizar en bandeja, sobre paredes o directamente enterrada, para añadir resistencia frente a la acción de los roedores.

7.5. Sistemas de tubos protectores

Los sistemas de tubos protectores que alojan los cables eléctricos se clasifican en:

- **Sistemas de tubos rígidos (UNE-EN 50.086-2-1).** Son aquellos que requieren técnicas especiales para su curvado. Se suelen utilizar en instalaciones superficiales.
- **Sistemas de tubos curvables (UNE-EN 50.086-2-2).** Son aquellos que pueden curvarse manualmente, aunque no están diseñados para trabajar en movimiento. Se conocen también por «tubos corrugados».
- **Sistemas de tubos flexibles (UNE-EN 50.086-2-3).** Son aquellos que están diseñados para soportar a lo largo de su vida útil un número elevado de operaciones de flexión. Se suelen utilizar en instalaciones con partes móviles.
- **Sistemas de tubos enterrados (UNE-EN 50.086-2-4).** Son aquellos destinados para su utilización en instalaciones enterradas.

Las características básicas más importantes de los tubos protectores se representan mediante un código de cuatro cifras, junto con la característica de propagador o no propagador de la llama.

- **Tubos en canalizaciones fijas en superficies.** En este tipo de instalación los tubos deben ser preferentemente rígidos y, en casos especiales, pueden ser curvables. El código del tubo será, como mínimo, 4321 no propagador de la llama.

Figura 7.24. *Canalización fija en superficie.*

- **Tubos en canalizaciones empotradas.** Los tubos protectores pueden ser rígidos, curvables o flexibles. El código mínimo de los tubos empotrados en obras de fábrica (paredes, techos y falsos techos), huecos de la construcción o canales protectoras de obra es 2221 no propagador de la llama. En el caso de tubos empotrados embebidos en hormigón, el código mínimo es 3322 no propagador de la llama.
- **Tubos en canalizaciones enterradas.** Los tubos protectores utilizados en las canalizaciones enterradas deben ser conformes a lo establecido en la norma UNE-EN 50.086 2-4.

¡! IMPORTANTE

En la norma UNE 20460-5-523:2004 se indican las intensidades máximas admisibles de los conductores eléctricos en función del método de instalación.

7.6. Montaje de módulos fotovoltaicos

El montaje de módulos fotovoltaicos comprende, principalmente, dos tipos de tareas:

- La fijación mecánica a las estructuras soporte.
- La instalación y conexión eléctrica.

Además es conveniente tener en cuenta una serie de precauciones durante el manejo de los módulos fotovoltaicos.

7.6.1. Precauciones en la manipulación de módulos fotovoltaicos

Durante la manipulación y montaje de los módulos fotovoltaicos es necesario considerar las siguientes precauciones y recomendaciones generales:

- No tocar los terminales eléctricos de los módulos fotovoltaicos cuando están sometidos a la radiación solar u a otra fuente de luz durante su instalación, porque producen electricidad en cuanto incide la luz sobre las células, ya que habrá tensión eléctrica entre sus bornes. Se recomienda cubrir los módulos con una cubierta opaca durante la instalación.

- No aplicar fuerzas ni cargas sobre el módulo fotovoltaico, ya que no está diseñado para este fin. La cara frontal se compone de una capa de vidrio que puede llegar a romperse. No se deben pisar ni dejar caer objetos.
- No aplicar pinturas ni materiales adhesivos sobre el módulo fotovoltaico.
- Permitir la circulación del aire para facilitar la refrigeración y evitar sobrecalentamientos en la colocación de los módulos sobre la estructura soporte.
- No transportar el módulo fotovoltaico estirando desde los cables de conexión.
- Evitar los golpes sobre el módulo fotovoltaico.
- No desmontar ni manipular el módulo fotovoltaico.
- No instalar módulos fotovoltaicos que se encuentren dañados.
- No instalar el módulo fotovoltaico en un lugar donde pudiera estar inmerso en agua o continuamente expuesto al agua, como podría ser un aspersor de riego o una fuente.
- No instalar el módulo fotovoltaico en ambientes salinos. Si esto no es posible, instalar aisladores para evitar la corrosión galvánica entre el módulo y la estructura soporte.
- No conectar/desconectar los cables eléctricos en carga.

7.6.2. Instalación mecánica

Los módulos fotovoltaicos se fijan sobre las estructuras soporte de forma que estas nunca transmitan esfuerzos mecánicos sobre los módulos. La instalación mecánica de los módulos fotovoltaicos sobre la estructura soporte se puede realizar básicamente de dos formas:

- **Directamente sobre la estructura.** Los marcos de los módulos fotovoltaicos disponen de una serie de taladros para fijarlos a la estructura soporte mediante tornillería. El fabricante indica el tipo de tortillería que utilizar y el par de apriete necesario. En la Figura 7.25 se representa el detalle de fijación de un módulo fotovoltaico a la estructura soporte mediante este sistema.

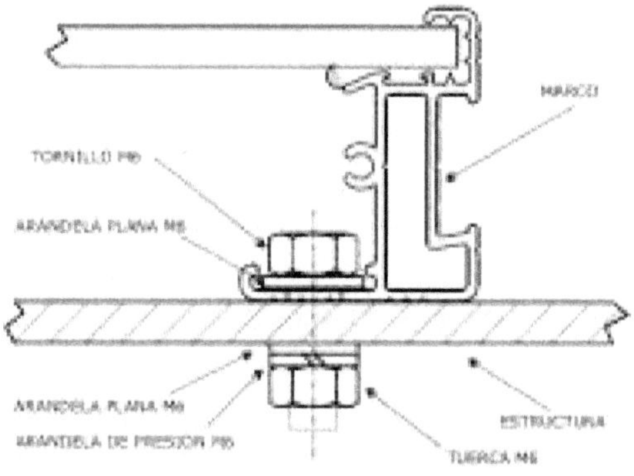

Figura 7.25. *Montaje directo sobre la estructura soporte.* (Fuente: *ATERSA.*)

- **Mediante grapas.** En este método de fijación los marcos de los módulos deben disponer de unos canales laterales preparados para este fin. Se deben utilizar al menos cuatro grapas por módulo fotovoltaico, y se pueden utilizar grapas comunes para la fijación de dos módulos consecutivos. El montaje se puede realizar sobre estructuras con perfil estándar o sobre perfil tipo «U», seleccionando para ello las grapas adecuadas.

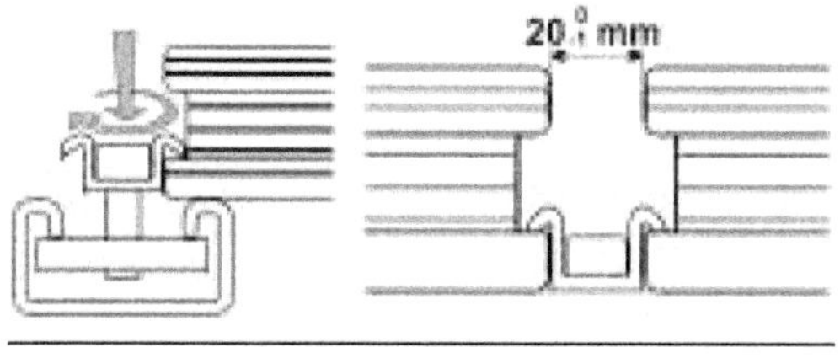

Figura 7.26. *Fijación mediante grapas.* (Fuente: *ATERSA.*)

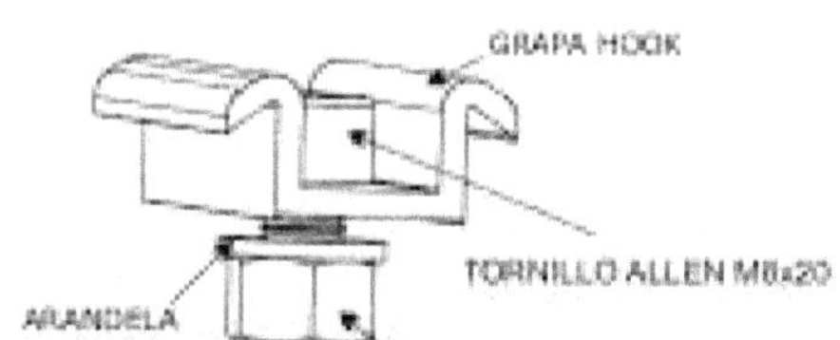

Figura 7.27. *Grapa para perfil estándar.* (Fuente: *ATERSA.*)

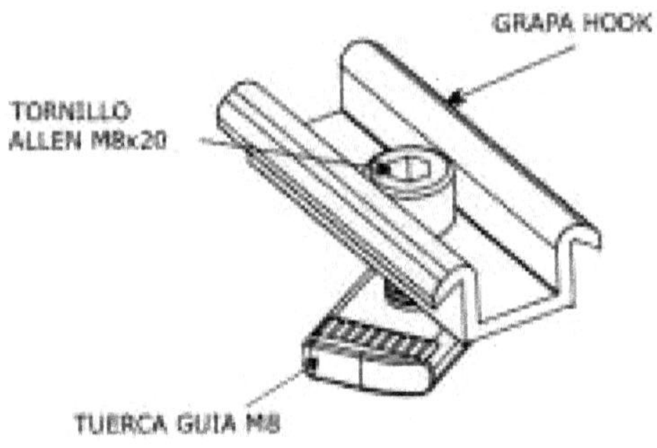

Figura 7.28. *Grapa para perfil tipo «U».* (Fuente: *ATERSA.*)

7.6.3. Instalación eléctrica

En las instalaciones solares, los módulos fotovoltaicos y los cables eléctricos de interconexión se encuentran sometidos a los rigores de la intemperie, están expuestos a las inclemencias meteorológicas y deben trabajar en unas condiciones específicas. Por este motivo se requiere la utilización de cables especiales para este tipo de aplicaciones. La sección de los conductores debe evitar caídas de tensión considerables.

Los terminales positivo y negativo del módulo fotovoltaico se encuentran disponibles en la caja de conexiones, ubicada en la parte posterior. Durante las operaciones de conexión eléctrica se debe prestar especial atención a la identificación de la polaridad, ya que los módulos trabajan en corriente continua. La conexión de módulos en paralelo aumenta la intensidad del generador fotovoltaico, y mantiene la tensión. La conexión de módulos en serie aumenta la tensión, y mantiene la intensidad.

Para minimizar los efectos de las sobretensiones que pueden originar los rayos indirectos, es conveniente minimizar el área formada por los conductores eléctricos y trenzar los conductores.

Cálculo de la sección de un conductor por criterio de caída de tensión

El cálculo de la sección de un conductor de una línea de corriente continua o de corriente alterna monofásica por criterio de caída de tensión se realiza con la expresión:

$$S = \frac{2 \cdot L \cdot P}{c \cdot e \cdot V}$$

S: sección de la línea (mm²).
L: longitud de la línea (m).
c: conductividad del material conductor.
P: potencia de la línea.
e: máxima caída de tensión permitida (V).
V: tensión de la línea (V).

El cálculo de la sección de un conductor de una línea de corriente alterna trifásica equilibrada por criterio de caída de tensión se realiza con la expresión:

$$S = \frac{L \cdot P}{c \cdot e \cdot V}$$

S: sección de la línea (mm²).
L: longitud de la línea (m).
c: conductividad del material conductor.
P: potencia de la línea.
e: máxima caída de tensión permitida (V).
V: tensión compuesta de la línea trifásica (V).

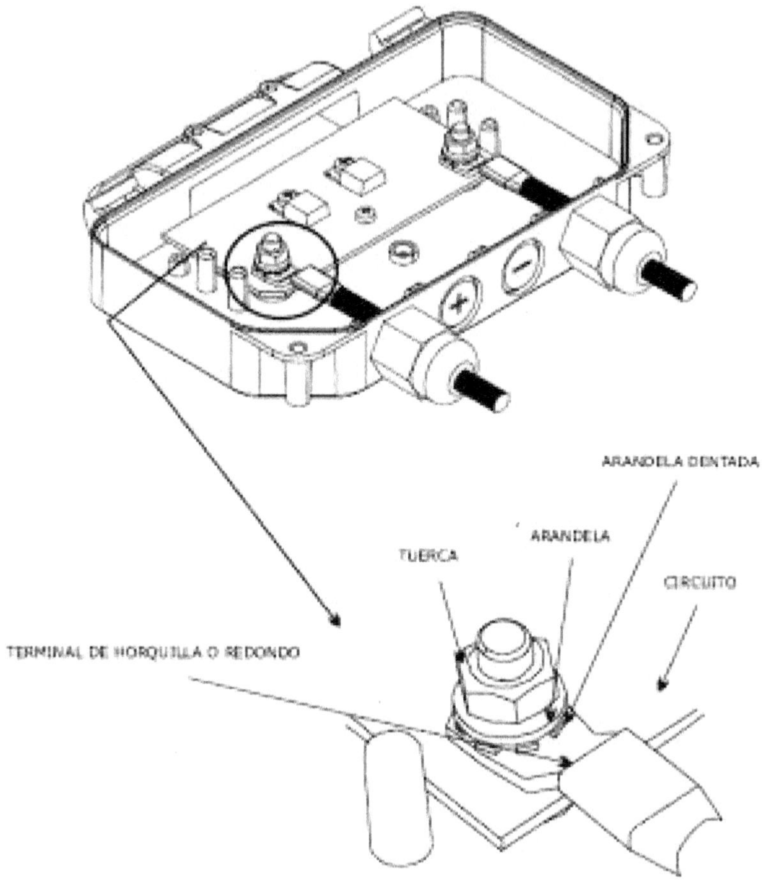

Figura 7.29. *Caja de conexiones.* (Fuente: *ATERSA.*)

Para facilitar las conexiones entre módulos, se suelen utilizar **conectores** especiales para aplicaciones fotovoltaicas. Existen conectores simples macho y hembra, así como conectores de derivación. En el mercado se pueden encontrar distintos modelos, tales como el MC3 y MC4.

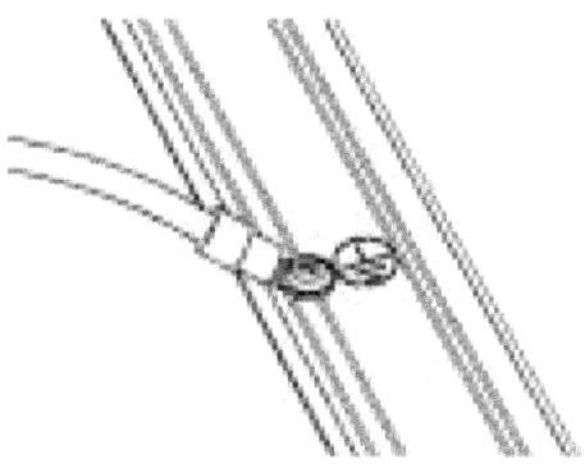

Figura 7.30. *Conexión a tierra de los marcos de los módulos fotovoltaicos.* (Fuente: *ATERSA.*)

Los marcos de los módulos fotovoltaicos disponen de unos taladros específicos para realizar su **conexión a tierra** como medida de protección.

7.6.4. Elementos de guiado del cableado eléctrico

Todos los cables utilizados para la conexión eléctrica de los módulos fotovoltaicos deben quedar sujetos y fijados. De esta forma se evitan movimientos que pueden ocasionar el deterioro o la rotura de estos. En el mercado se pueden encontrar bridas especiales para facilitar el guiado y sujeción de los cables de conexiones a lo largo del marco de aluminio (Figuras 7.31

y 7.32). Para instalar la brida, primero se fija uno de los laterales en el interior del marco (1). Seguidamente se presiona la brida por el lateral hasta que se introduzca y clipe en el marco (2).

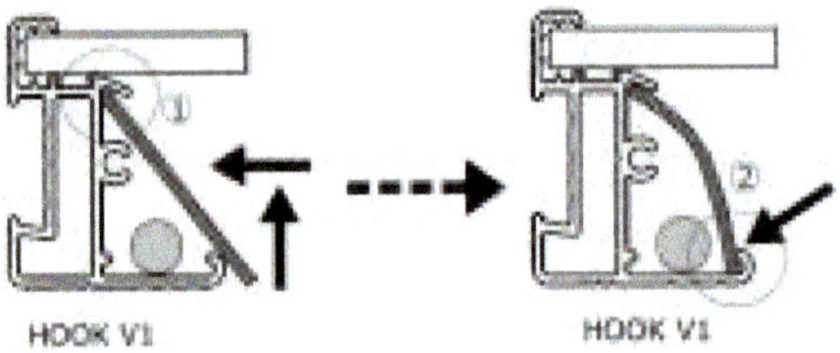

Figura 7.31. *Elementos de guiado.* (Fuente: *ATERSA.*)

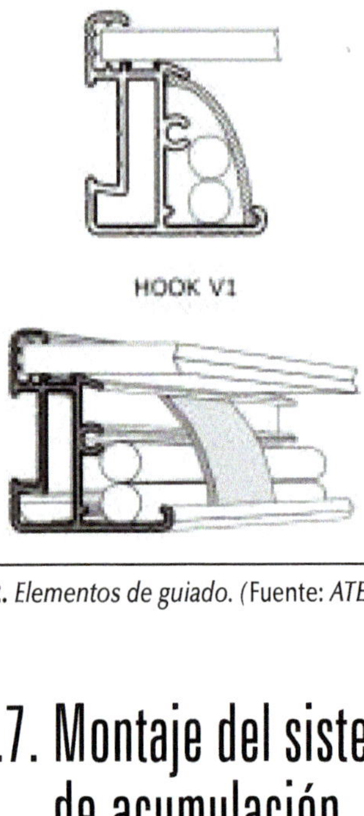

Figura 7.32. *Elementos de guiado.* (Fuente: *ATERSA.*)

7.7. Montaje del sistema de acumulación de energía

En la mayoría de las instalaciones fotovoltaicas aisladas se utilizan un sistema de acumulación para disponer de energía en aquellos momentos en los que la radiación solar es insuficiente. En instalaciones de pequeña potencia se suelen utilizar baterías monoblock. Cuando se trata de instalaciones de gran potencia se emplean vasos o elementos individuales conectados eléctricamente para conseguir la tensión y capacidad deseada. Una de las ventajas de esta opción es la facilidad de sustitución de un vaso o elemento en caso de avería, así como la facilidad del manejo debido al peso que pueden llegar a alcanzar las baterías.

Es conveniente instalar los vasos sobre una bancada para facilitar su colocación. De esta forma se consigue aislar las baterías del suelo, se dota de estabilidad al conjunto y se facilitan las tareas de sustitución y mantenimiento de los vasos.

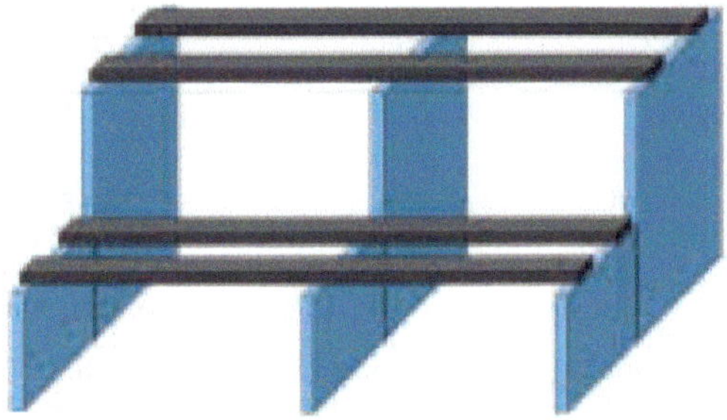

Figura 7.33. *Bancada para la colocación de los elementos que forman el sistema de acumulación de energía.*

¡! IMPORTANTE

Se debe prestar especial cuidado durante el montaje de las baterías, ya que se trata de componentes muy pesados, no siempre fácilmente manejables.

Por otro lado, también hay que evitar el vertido de electrolito durante su manipulación.

En cuanto a su colocación sobre la bancada, conviene ir distribuyendo el peso de forma equilibrada para evitar que esta llegue a volcar.

¡! IMPORTANTE

Consulta en la instrucción técnica ITC-BT-30 del Reglamento Electrotécnico para Baja Tensión las especificaciones que deben cumplir los locales en que deban disponerse baterías de acumuladores con posibilidad de desprendimiento de gases.

7.7.1. Instalación eléctrica

La asociación serie de vasos o elementos permite aumentar la tensión eléctrica del sistema, y mantener el valor de la capacidad nominal. La asociación paralelo de vasos o elementos permite aumentar la capacidad nominal del sistema, y mantener el valor de la tensión. Las conexiones eléctricas entre las baterías se pueden realizar mediante pletinas rígidas o bien mediante cables flexibles.

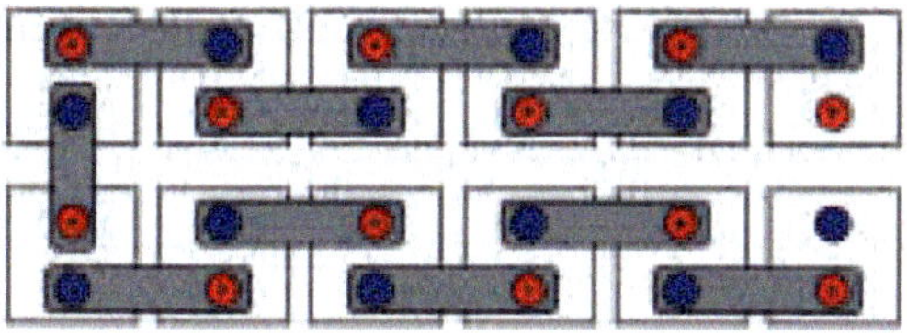

Figura 7.34. *Conexión de elementos de 2 V en serie para formar un sistema de 24 V.*

El sistema de acumulación de energía se debe montar lo más cerca posible del resto de componentes de la instalación para reducir así las distancias y limitar la caída de tensión en los conductores y las pérdidas de energía. Asimismo, también se deben adoptar las medidas de protección necesarias para evitar el cortocircuito accidental de los terminales del acumulador, por ejemplo, mediante cubiertas aislantes.

¡! IMPORTANTE

Cuando se monta una instalación eléctrica no se debe trabajar con pulseras, cadenas o cualquier otro elemento de joyería, ya que pueden dar lugar a contactos eléctricos accidentales y peligrosos.

7.7.2. Verificaciones

Es importante comprobar que el electrolito se encuentre entre los niveles máximo y mínimo indicados por el fabricante en cada uno de los vasos. En caso contrario hay que ajustar el nivel. Una vez realizada la conexión eléctrica también es necesario comprobar la tensión eléctrica que suministra el sistema completo, así como la tensión que suministra cada vaso. Estas medidas se realizan con el voltímetro.

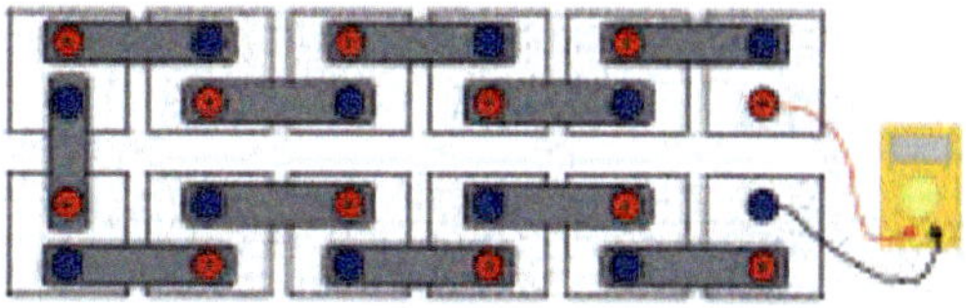

Figura 7.35. *Medida de la tensión eléctrica del sistema de acumulación de energía con el voltímetro.*

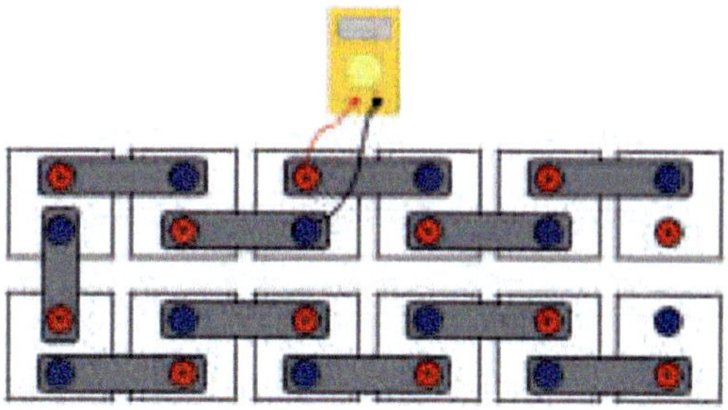

Figura 7.36. *Medida de la tensión eléctrica de un vaso con el voltímetro.*

RECUERDA

La tensión eléctrica del sistema de acumulación de energía es en corriente continua. Para medir sus tensiones se debe utilizar un voltímetro configurado para realizar medidas en corriente continua y respetar la polaridad.

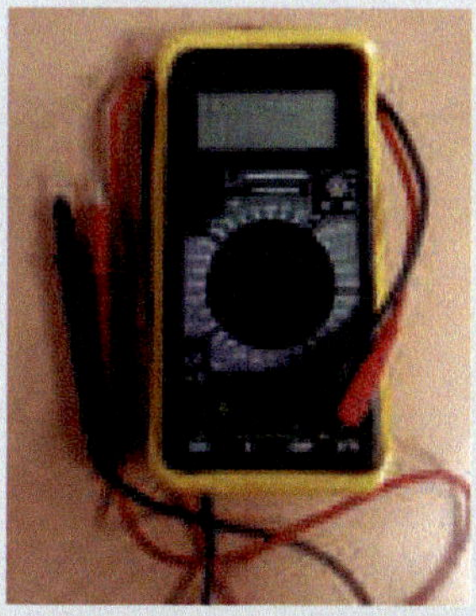

Figura 7.37. *Configuración del multímetro para realizar medidas de tensión en corriente continua.*

7.8. Montaje del regulador de carga

El regulador de carga se debe instalar en un lugar protegido de la intemperie, seco, fresco y ventilado, y evitar así la posible acumulación de gases de las baterías. Debe instalarse los más próximo posible de las baterías para reducir la longitud de los conductores. A su vez, el lugar debe ser accesible para el usuario, pero inaccesible para niños y animales domésticos.

7.8.1. Instalación mecánica

El regulador de carga se debe montar en la posición especificada por el fabricante en el manual de instalación para facilitar la disipación de calor, de tal forma que el disipador quede libre de objetos que impidan la circulación de aire. Los cables eléctricos de conexión se deben fijar de modo que no tiren del regulador. Los reguladores disponen de orificios en su parte posterior para su fijación.

7.8.2. Instalación eléctrica

Es imprescindible comprobar la polaridad de los conductores antes de realizar cualquier conexión eléctrica en el regulador de carga, ya que se trata de líneas en corriente continua.

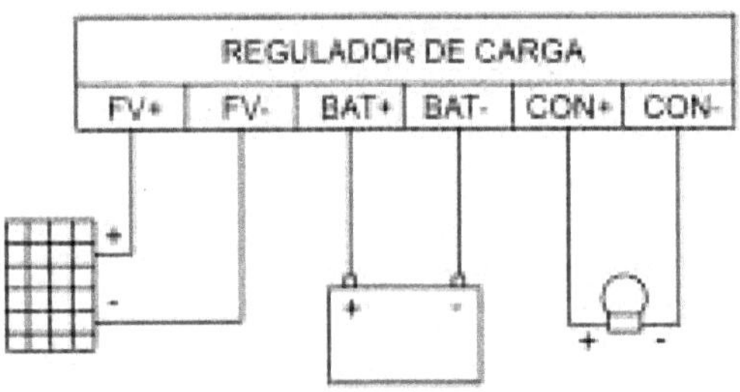

Figura 7.38. *Esquema de conexión eléctrica del regulador de carga.*

Para realizar correctamente los trabajos del conexionado eléctrico siempre es necesario seguir cuidadosamente las instrucciones del fabricante. La batería es el primer elemento que se conecta al regulador de carga y el último en desconectarse en caso de desmontaje de la instalación. Debe evitarse la desconexión de la batería con el generador fotovoltaico o la línea de consumo conectada. En general, se deben seguir los siguientes pasos de montaje:

1. Conectar el regulador de carga a las baterías. Para evitar posibles cortocircuitos en este paso, en primer lugar se conectan los cables al regulador de carga, y posteriormente se conectan a la batería.
2. Conectar al regulador de carga la línea de consumo.
3. Conectar al regulador de carga la línea del generador fotovoltaico.

RECUERDA

En general, durante el montaje eléctrico del regulador de carga, lo primero en conectarse y lo último en desconectarse es la batería.

Algunos reguladores de carga pueden incorporar ciertos elementos auxiliares:

- Un sensor para medir la temperatura de la batería.
- Una resistencia calibrada para medir la intensidad que consume el inversor cuando se conecta directamente a las baterías.
- Una entrada auxiliar para medir la tensión de la batería.

7.8.3. Configuración del regulador de carga

Algunos regulares de carga ofrecen la posibilidad de variar los parámetros del sistema en función de sus características y del funcionamiento deseado (selección del tipo de batería, ajuste de las tensiones de regulación, ajuste de la profundidad de descarga máxima deseada, habilitación de alarmas, etc.).

7.8.4. Errores comunes durante el montaje

Algunos errores comunes durante el montaje del regulador son los siguientes:

- Cortocircuito de la batería debido a un error por inversión de polaridad en la conexión del generador fotovoltaico y el regulador de carga.
- Cortocircuito de la batería debido a un cortocircuito en el generador fotovoltaico.

RECURSOS DIGITALES

La explicación detallada de los **errores comunes durante el montaje del regulador de carga**, cuya consulta recomendamos para la ampliación de la materia de estudio de la presente unidad, se puede consultar entre los recursos digitales del libro, a los que se puede acceder mediante un sencillo registro desde la pestaña de «Recursos previo registro» de la ficha web de la obra (en www.paraninfo.es).

Actividad propuesta 7.3

Consigue el manual de instalación de un regulador de carga y consulta la información relativa a las instrucciones de montaje.

7.9. Montaje del inversor

Siempre se deben seguir las instrucciones del manual de instalación suministrado por el fabricante. El inversor se debe instalar en un lugar con temperaturas adecuadas, seco, seguro, ventilado y libre de suciedades.

7.9.1. Instalación mecánica

El inversor solar debe montarse en la posición indicada por el fabricante en el manual de instalación. Normalmente, por encima y por debajo del dispositivo debe dejarse un espacio mínimo para conseguir una correcta ventilación del aparato. Los inversores solares disponen de orificios en su parte posterior para su fijación.

7.9.2. Instalación eléctrica

La entrada del inversor se conecta a la tensión de corriente continua del generador fotovoltaico o de las baterías. Para reducir el riesgo de electrocución durante el montaje, es conveniente cubrir los módulos fotovoltaicos con un material opaco, para reducir la tensión del generador, y medir la tensión del circuito antes realizar la conexión. Hay que comprobar la correcta polaridad de los cables de conexión.

El inversor también dispone de los terminales correspondientes para conectar el circuito de corriente alterna. Habitualmente se denominan «L1» y «N», en caso de un circuito monofásico, y «L1», «L2», «L3» y «N», en caso de un circuito trifásico. Asimismo incorporan un terminal de conexión para conectar el conductor de protección.

Las secciones de los cables deben dimensionarse en función de la intensidad máxima admisible y la máxima caída de tensión permitida.

7.10. Cuadros y dispositivos de protección

Un cuadro de protección es un cuadro eléctrico que aloja los dispositivos destinados a proteger una determinada instalación eléctrica. Los principales elementos de protección utilizados en los cuadros son el interruptor diferencial, el interruptor magnetotérmico, el fusible y los dispositivos de protección contra sobretensiones.

Además de los elementos de protección, un cuadro eléctrico puede contener dispositivos de maniobra (seccionadores, interruptores, etc.) y dispositivos de medida (voltímetros, amperímetros, etc.).

Figura 7.39. *Cuadro de protección.* (Fuente: *ABB.)*

RECURSOS DIGITALES

El estudio sobre los **choques eléctricos en el generador fotovoltaico y en la instalación de CA en las instalaciones aisladas**, cuya consulta recomendamos para la ampliación de la materia de estudio de la presente unidad, se puede consultar entre los recursos digitales del libro, a los que se puede acceder mediante un sencillo registro desde la pestaña de «Recursos previo registro» de la ficha web de la obra (en **www.paraninfo.es**).

7.10.1. Dispositivos de maniobra

Un **interruptor** es un aparato mecánico de conexión que permite establecer, soportar e interrumpir intensidades eléctricas en condiciones normales y sobrecargas. No puede interrumpir intensidades de cortocircuito.

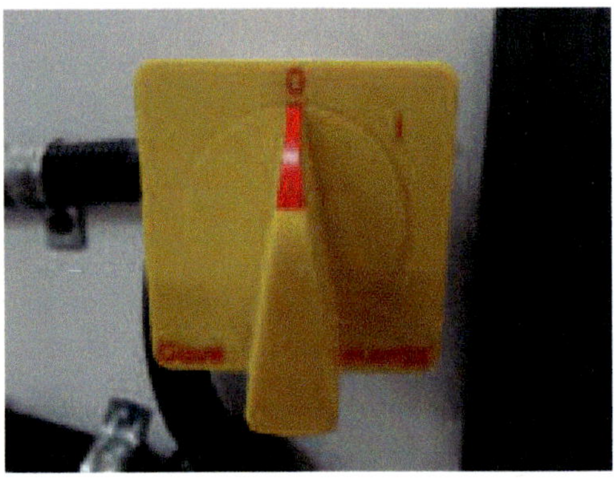

Figura 7.40. *Dispositivo de maniobra para aplicaciones fotovoltaicas.*

Un **seccionador** es un aparato mecánico de conexión que, por razones de seguridad, en posición abierta asegura una distancia de seccionamiento que satisface unas condiciones específicas.

Un **interruptor-seccionador** es un interruptor que cumple las especificaciones de aislamiento de un seccionador en su posición abierto.

7.10.2. El interruptor diferencial

Según la ITC-BT-01 del REBT, un **interruptor diferencial** es un «aparato electromecánico o asociación de aparatos destinados a provocar la apertura de los contactos cuando la corriente diferencial alcanza un valor dado». El interruptor diferencial compara la suma de las intensidades que entran con la intensidad que sale de la instalación. Si esa diferencia es superior al valor de su sensibilidad, entonces el interruptor diferencial desconecta el circuito.

Es un dispositivo de protección que se instala en el circuito en el que se desea proteger a las personas e interrumpe la alimentación cuando detecta una corriente de defecto. Si en la instalación no hay puesta a tierra, el interruptor diferencial detecta el fallo en el momento en el que la intensidad de defecto circula a través de la persona. Si existe puesta a tierra, el interruptor diferencial detecta el fallo en el momento en que ocurre, antes de que llegue a circular la intensidad por la persona.

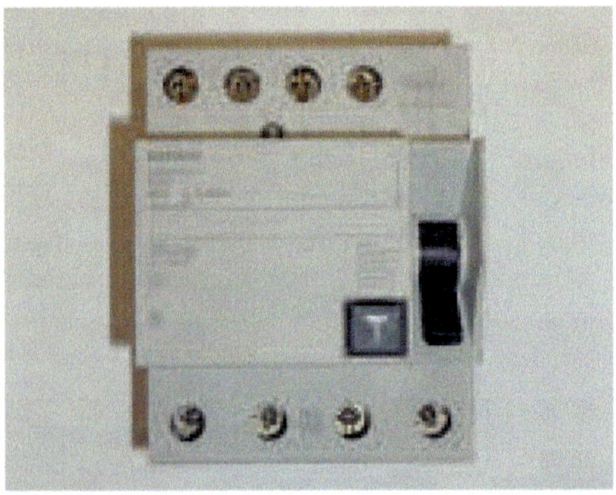

Figura 7.41. *Interruptor diferencial trifásico.*

Características

La **intensidad nominal** es el valor de la corriente que puede soportar el interruptor diferencial en servicio ininterrumpido sin deteriorarlo.

La **sensibilidad nominal** es el valor mínimo de la corriente diferencial a partir del cual se dispara el interruptor diferencial y abre el circuito.

El **poder de corte** es la máxima intensidad que es capaz de interrumpir el dispositivo sin deteriorarse.

7.10.3. El interruptor magnetotérmico

Según la ITC-BT-01 del REBT, un **interruptor automático** es un aparato capaz de establecer, mantener e interrumpir las intensidades de corriente de servicio o de establecer e interrumpir automáticamente, en condiciones predeterminadas, intensidades de corriente anormalmente elevadas, tales como las corrientes de cortocircuito. Un interruptor automático es un dispositivo que protege contra sobrecargas y contra cortocircuitos. En el mercado se pueden encontrar interruptores automáticos para corriente alterna y para corriente continua.

Figura 7.42. *Interruptor magnetotérmico de dos polos para corriente continua.*

RECUERDA

La **intensidad de servicio** es la máxima intensidad que absorbe un receptor o instalación, en régimen permanente de funcionamiento, sin alcanzar los límites fijados por el calentamiento.

Una **sobrecarga** es una intensidad no admisible que sobrepasa a la de servicio, siendo la impedancia en el punto donde se produce dicha intensidad la del propio circuito y distinta de cero.

Un **cortocircuito** es una intensidad que sobrepasa a la de servicio, debida a un fallo en la instalación, siendo la impedancia en el punto en donde se produce muy baja o prácticamente cero.

Características

La **intensidad nominal** o calibre es el valor de corriente o intensidad de referencia dado por el fabricante. Es la intensidad dada por el fabricante que el interruptor automático puede soportar en servicio ininterrumpido a una temperatura ambiente de referencia especificada.

La **curva de funcionamiento** refleja el tiempo de desconexión del interruptor en función de la intensidad que circula por el circuito. Las curvas de disparo más usuales son:

- **Curva B.** Se utiliza para la protección de receptores sin sobrecargas importantes y grandes longitudes de cable. El disparo ante cortocircuito actúa cuando circula una intensidad superior a 3-5 veces la intensidad nominal.
- **Curva C.** Se utiliza en aplicaciones domésticas e industriales para proteger cables que alimentan receptores clásicos. El disparo ante cortocircuito actúa cuando circula una intensidad superior a 5-10 veces la intensidad nominal.
- **Curva D.** Se utiliza para proteger cables que alimentan receptores con fuertes puntas de arranque, como motores, baterías de condensadores, etc. El disparo ante cortocircuito actúa cuando circula una intensidad superior a 10-20 veces la intensidad nominal.

El **poder de corte** es la máxima intensidad que puede interrumpir el interruptor magnetotérmico.

7.10.4. El fusible

Un **fusible** es un dispositivo de protección cuyo cometido es el de interrumpir el circuito en el que está intercalado, por fusión de uno de sus elementos, cuando la intensidad que recorre el elemento sobrepasa, durante un tiempo determinado, un cierto valor (ITC-BT-01 del REBT).

Características

La **intensidad asignada** es el valor de intensidad que el fusible puede soportar de forma continuada sin deteriorarse.

La **curva característica tiempo-intensidad** indica el tiempo de prearco o de funcionamiento en función de la intensidad.

El **poder de corte** es la intensidad que el fusible es capaz de interrumpir en unas condiciones determinadas.

7.10.5. Controlador permanente de aislamiento

Normalmente el generador fotovoltaico funciona aislado de tierra de forma flotante. Ninguno de los conductores activos de la instalación de corriente continua del generador fotovoltaico (positivo o negativo) se conecta a tierra. En caso de que ocurra un primer fallo de aislamiento no circularía ninguna intensidad de defecto. Sin embargo, se debe reparar la avería lo antes posible. Si ocurre un segundo defecto de aislamiento se cierra el bucle a través del doble defecto a tierra y circularía una intensidad de defecto considerable.

Un controlador permanente de aislamiento (también denominado «dispositivo de vigilancia del nivel de aislamiento») es un dispositivo de que mide constantemente la resistencia de aislamiento entre los conductores activos del generador fotovoltaico y tierra. En caso de un primer defecto a tierra, el controlador emite un aviso. En ocasiones esta función de vigilancia del nivel de aislamiento se encuentra integrada en el inversor.

7.11. Montaje de equipos de tarificación

La medida de la energía eléctrica se realiza mediante **contadores**. En la actualidad se utilizan contadores de energía electrónicos basados en un microcontrolador, que ofrecen múltiples funciones. Incluyen un reloj interno de tiempo real, así como una memoria no volátil para guardar las constantes de parametrización y los datos medidos por el contador. En el contador hay una pantalla de cristal líquido (LCD) que permite visualizar los datos de parametrización y los datos acumulados. También incorporan una fuente de alimentación que mantiene a los equipos electrónicos desde la red eléctrica. Cuando la tensión de la red se desconecta, los circuitos electrónicos se alimentan a partir de una batería auxiliar. Algunos modelos también permiten medir energía reactiva y energía aparente.

Figura 7.43. *Contador digital.*

Los contadores pueden ser **unidireccionales** o **bidireccionales**. Los contadores unidireccionales solamente miden la energía en un único sentido. Es el caso, por ejemplo, de una vivienda típica que consume energía desde la red. En cambio, los contadores bidireccionales pueden medir la energía eléctrica en ambos sentidos. Por ejemplo, una instalación solar fotovoltaica interconectada consume energía de la red cuando la energía demandada por su instalación interior es mayor que la energía producida por el generador fotovoltaico. En cambio, cuando la energía producida es superior a la energía consumida por la instalación interior, el excedente puede ser vertido en la red.

Además de los terminales de conexión a la red eléctrica, los contadores electrónicos incorporan interfaces de comunicación para la transmisión local de datos del contador a un ordenador y para la programación del contador. Los contadores se pueden clasificar según la red de distribución, en monofásicos o trifásicos.

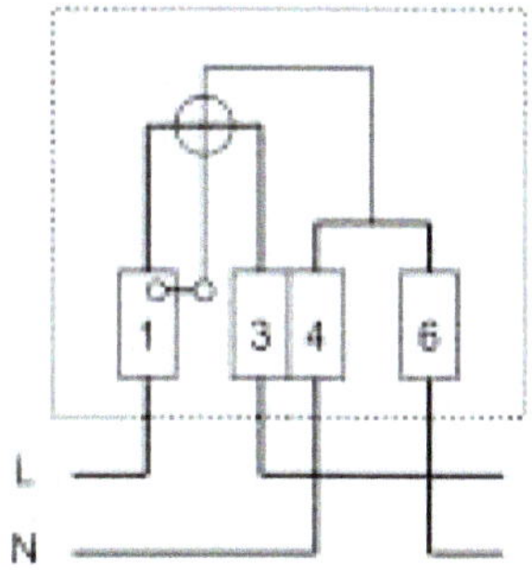

Figura 7.44. *Esquema de conexiones de un contador monofásico.*

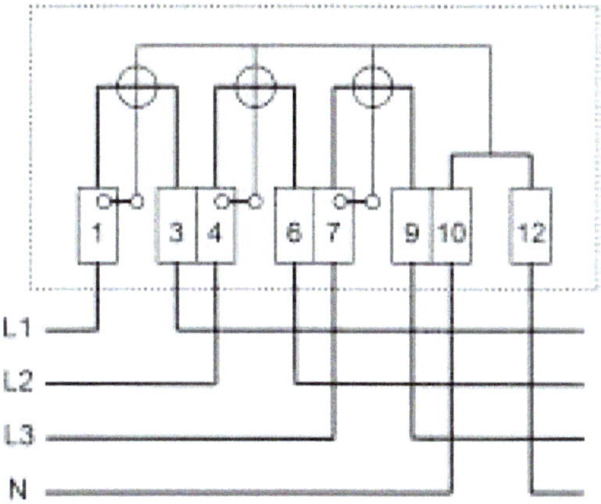

Figura 7.45. *Esquema de conexiones de un contador trifásico.*

7.12. Útiles, herramientas y medios utilizados durante el montaje

Para realizar las tareas de montaje y mantenimiento de las instalaciones solares fotovoltaicas se requiere la utilización de una serie de útiles y herramientas. Deben ser de buena calidad y encontrarse en buenas condiciones de uso.

7.12.1. Herramientas manuales

Son herramientas de mano para cuyo funcionamiento solamente actúa el esfuerzo físico del ser humano que las utiliza. Se pueden clasificar en varios grupos:

- Herramientas de torsión: llaves, destornilladores, etc.
- Herramientas de golpeo: martillos.
- Herramientas de corte: alicates, tijeras, tenazas, etc.
- Dispositivos de sujeción y fijación: sargentos, mordazas, etc.
- Otras herramientas: remachadora manual, etc.

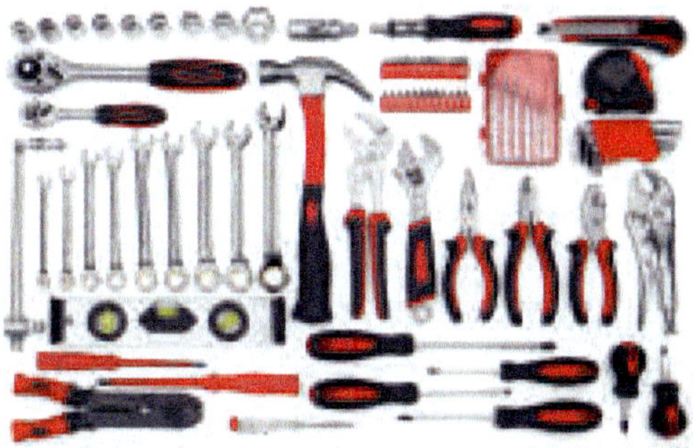

Figura 7.46. *Herramientas manuales.*

SABÍAS QUE

Un **destornillador** se compone de tres partes: el mango, el vástago y la punta. Es fundamental que la punta del destornillador sea adecuada en forma y tamaño a las características de la cabeza del tornillo. Las puntas más habituales son la plana, la punta en estrella (también llamada Phillips), la *pozidrive*, la *torx* y la hexagonal.

7.12.2. Herramientas motorizadas

Las herramientas motorizadas, aunque están dirigidas por el ser humano, funcionan con una fuente de energía adicional (electricidad, presión neumática, presión hidráulica). Entre las herramientas más utilizadas cabe destacar las siguientes:

- Máquinas de taladrar.
- Atornilladores.
- Amoladoras.
- Martillos neumáticos.
- Remachadoras neumáticas.

7.12.3. Herramientas y medios auxiliares

Algunas de las herramientas y medios auxiliares más habituales son:

- Equipos de soldadura.
- Grupos electrógenos.
- Medios y útiles de transporte y elevación.
- Compresores para alimentar herramientas neumáticas.
- Bancos de trabajo.

Figura 7.47. *Equipo de soldadura.*

7.12.4. Instrumentación solar

Para medir la radiación solar se emplean el pirheliómetro y el piranómetro.

- **Pirheliómetro.** Es un instrumento que mide la radiación solar directa. Solamente mide la radiación procedente del Sol y de una región anular del cielo muy próxima a este.
- **Piranómetro.** Es un instrumento que mide la radiación solar global. En ocasiones se utiliza para medir la radiación incidente sobre superficies inclinadas. Si se dispone en posición invertida, es capaz de medir la radiación global reflejada o albedo. Cuando se desea medir solamente la radiación difusa, la radiación directa se cubre mediante un sistema de pantalla o sombreado.

7.12.5. Aparatos de medida de magnitudes eléctricas

Los principales instrumentos para medir las magnitudes eléctricas de una instalación son:

- **Amperímetro.** Es un instrumento para medir la intensidad eléctrica que circula por un circuito.
- **Voltímetro.** Es un instrumento para medir la tensión eléctrica o diferencia de potencial entre dos puntos.
- **Multímetro o polímetro.** Es un aparto portátil que permite medir distintas magnitudes eléctricas (tensión y corrientes en CC y CA, prueba de continuidad, resistencias, capacidades, etc.).
- **Frecuencímetro.** Es un instrumento para medir la frecuencia de una señal alterna.
- **Pinza amperimétrica.** Permite medir la intensidad que circula por una línea sin abrir el circuito.
- **Analizador de redes.** Es un dispositivo avanzado de medida con altas prestaciones que permite medir y visualizar en un *display* gran cantidad de magnitudes eléctricas.

- **Telurómetro.** Es un aparato para medir la resistencia de tierra de una instalación.
- **Megóhmetro o medidor de aislamiento.** Es un aparato para medir la resistencia de aislamiento de una instalación.

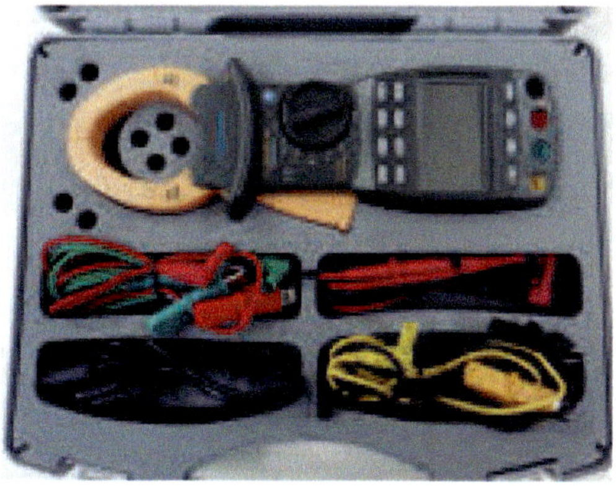

Figura 7.48. *Pinza amperimétrica.*

7.12.6. Aparatos de medida de magnitudes mecánicas

En el montaje mecánico de la instalación solar fotovoltaica se requieren diferentes aparatos de medida. Entre los más importantes se encuentran los siguientes:

- **Flexómetro y cinta de medida.** Instrumentos utilizados para realizar medidas de longitud.
- **Micrómetro.** Este instrumento se emplea para realizar medidas de precisión muy pequeñas.
- **Calibre o pie de rey.** Es un instrumento que se utiliza para medir dimensiones de objetos relativamente pequeños.
- **Brújula.** Es un instrumento de orientación que señala los puntos cardinales de un punto geográfico. Las típicas brújulas señalan el norte-sur magnético terrestre. Debido a que los polos magnéticos no coinciden exactamente con los polos geográficos, la aguja magnética no indica el norte geográfico, sino el magnético. A esta diferencia se la denomina «declinación magnética».
- **Niveles.** Están basados en un tubo transparente relleno de un líquido con una burbuja transparente en su interior, la cual tiende a colocarse en el punto más alto del tubo. Cuando la burbuja se sitúa entre las dos marcas del tubo, el nivel indica que se encuentra ubicado sobre un plano horizontal.
- **Escuadras y reglas.** Cuando la escuadra es móvil se denomina falsa escuadra.

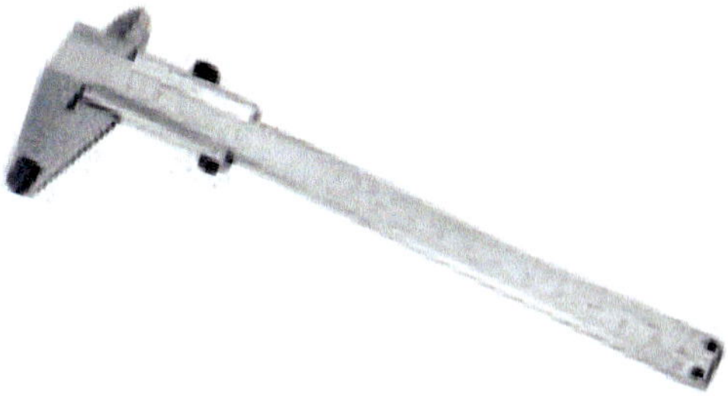

Figura 7.49. *Pie de rey.*

7.12.7. Técnicas de utilización. Recomendaciones generales

Para desarrollar correctamente los trabajos de montaje y evitar también posibles accidentes, es indispensable seguir una serie de medidas generales:

- Utilizar las herramientas adecuadas para el trabajo por realizar.
- Emplear las herramientas de forma correcta.
- No utilizar herramientas defectuosas.
- Llevar un adecuado mantenimiento.
- Almacenar las herramientas en un lugar adecuado.
- No abandonar las herramientas en lugares o zonas peligrosas que puedan originar un accidente.
- Utilizar los equipos de protección adecuados al trabajo y herramienta empleada.

7.13. Puesta en marcha de la instalación

La etapa final del montaje de una instalación solar fotovoltaica es la puesta en marcha. Es muy recomendable la elaboración de un **manual de puesta en marcha** para fijar y estandarizar los procedimientos a seguir antes de poner en funcionamiento la instalación y entregarla al cliente. A su vez, cada uno de los procedimientos debe contener:

- El objeto del procedimiento.
- Los medios, herramientas y aparatos de medida necesarios para su ejecución.
- La documentación técnica necesaria (planos, catálogos, manuales de equipos, etc.).
- La descripción detallada de las operaciones que componen el procedimiento.

A continuación se indica, con carácter orientativo, una serie de procedimientos usuales que se pueden incluir en un manual de puesta en marcha.

Tabla 7.4. Procedimientos más usuales del manual de puesta en marcha

Alcance	Aspecto considerado	Referencia del procedimiento
Generador fotovoltaico	Características eléctricas	P01
	Conexionado eléctrico	P02
	Estado de limpieza de la superficie de los módulos	P03
	Sujeción de los módulos	P04
	Sujeción de la estructura soporte	P05
Sistema de acumulación de energía	Conexionado eléctrico	P06
	Estado de limpieza del sistema de acumulación	P07
	Comprobación del electrolito líquido	P08
Regulador de carga	Estado general, conexionado, funcionamiento, sujeción	P09
Inversor	Estado general, conexionado, funcionamiento, sujeción	P10
Cableado de la instalación	Estado del cableado	P11
	Comprobación de las caídas de tensión	P12
Puesta en servicio y funcionamiento global	Instalaciones aisladas	P13
	Instalaciones asistidas	P14
	Instalaciones interconectadas	P15

En la siguiente tabla se detalla, de forma genérica y con carácter orientativo, el procedimiento de comprobación de las características eléctricas del generador fotovoltaico (P01). Hay que recordar que los procedimientos se deben adaptar y modificar en función de las características particulares de cada instalación solar fotovoltaica.

Tabla 7.5. Procedimiento de comprobación de las características eléctricas del generador fotovoltaico.

Procedimiento P01	
Objeto	Comprobación de las características eléctricas (tensión e intensidad) del generador fotovoltaico
Medios y herramientas necesarios	Multímetro, pinza amperimétrica, juego de destornilladores
Documentación técnica	Plano del conexionado eléctrico del generador fotovoltaico Valores de tensión e intensidad del generador fotovoltaico Plano de distribución para conocer la ubicación del generador fotovoltaico
Descripción de las operaciones	1. Realizar las medidas en las horas centrales de un día soleado 2. Medir la tensión en la salida del generador fotovoltaico con el multímetro en la función de voltímetro, en la escala adecuada 3. Medir la intensidad en la salida del generador fotovoltaico con el multímetro en la función de amperímetro, en la escala adecuada, o bien utilizar la pinza amperimétrica 4. Verificar que los datos medidos se aproximan a los datos esperados. En caso contrario, iniciar la búsqueda de la avería o el motivo de la discrepancia

Por otro lado, el **manual de operación y mantenimiento** que se entrega al cliente debe contener:

- Las instrucciones de operación: modo de funcionamiento de cada componente, modos de funcionamiento de la instalación, significado de las señales ópticas-acústicas y de los valores de los indicadores, funcionamiento y significado de las protecciones, etc.
- Las instrucciones de mantenimiento: procedimientos de mantenimiento de cada uno de los elementos de la instalación.

Actividad propuesta 7.4

Realiza un procedimiento para la comprobación de la sujeción de los módulos fotovoltaicos.

El procedimiento debe incluir el objeto, los medios y las herramientas necesarios para su ejecución, la documentación técnica y la descripción detallada de las operaciones.

MAPA CONCEPTUAL

MONTAJE DE INSTALACIONES SOLARES FOTOVOLTAICAS

- PROCEDIMIENTOS Y OPERACIONES DE REPLANTEO DE LAS INSTALACIONES
  - Fases del replanteo
  - Herramientas
- IZADO DE EQUIPOS Y MATERIALES
  - Máquinas de elevación
  - Accesorios de elevación
- ESTRUCTURAS SOPORTE
  - Estructuras fijas
  - Efecto del viento
  - Distancia entre filas de módulos fotovoltaicos
  - Seguidores solares
  - Integración arquitectónica y urbanística
  - Anclajes y resistencia de elementos constructivos
- CONDUCTORES Y CABLES ELÉCTRICOS
  - Constitución de un cable
  - Flexibilidad
  - Comportamiento frente al fuego
  - Tipos de cables utilizados en instalaciones fotovoltaicas
- SISTEMAS DE TUBOS PROTECTORES

MONTAJE DE LOS MÓDULOS FOTOVOLTAICOS
Precauciones en la manipulación
Instalación mecánica
Instalación eléctrica
Elementos de guiado
MONTAJE DEL SISTEMA DE ACUMULACIÓN
Instalación eléctrica
Verificaciones
MONTAJE DEL REGULADOR DE CARGA
Instalación mecánica
Instalación eléctrica
Configuración del regulador
Errores comunes
MONTAJE DEL INVERSOR
Instalación mecánica
Instalación eléctrica
CUADROS Y DISPOSITIVOS DE PROTECCIÓN
Dispositivos de maniobra
Interruptor diferencial
Interruptor magnetotérmico
Fusible
Controlador permanente de aislamiento
MONTAJE DE EQUIPOS DE TARIFICACIÓN
ÚTILES, HERRAMIENTAS Y MEDIOS
PUESTA EN MARCHA DE LA INSTALACIÓN

De comprobación

7.1. ¿Cuál de las siguientes no es una máquina de elevación compuesta?

a) Montacargas.
b) Polipasto.
c) Grúa-torre.
d) Carretilla elevadora.

7.2. Es un accesorio de elevación:

a) El cáncamo para soldar.
b) El gato hidráulico.
c) El cabrestante.
d) El jalón.

7.3. Elige la respuesta correcta:

a) En las estructuras soporte sobre mástil, el efecto del viento queda drásticamente disminuido.
b) Las estructuras soporte sobre pared se instalan sobre fachadas orientadas hacia el norte en el hemisferio norte.
c) La carga superficial admisible es la máxima carga que puede soportar la cubierta en un punto en concreto.
d) Uno de los problemas de la estructuras soporte sobre suelo es la fuerza elevadora que puede ejercer el viento sobre los módulos fotovoltaicos.

7.4. Un cable de alta seguridad aumentada (AS+) se diferencia de un cable de alta seguridad (AS) en que:

a) Mantiene el servicio durante y después de un incendio.
b) No propaga el incendio.
c) No propaga la llama.
d) La reducida emisión de sustancias tóxicas.

7.5. Durante el montaje eléctrico de un regulador de carga, lo primero en conectarse y lo último en desconectarse es:

a) La batería.
b) El generador fotovoltaico.
c) El inversor.
d) El convertidor CC/CC.

7.6. La intensidad nominal de un interruptor diferencial es:

a) El valor mínimo de la intensidad diferencial a partir del cual se dispara el interruptor diferencial y se abre el circuito.
b) La máxima intensidad que es capaz de interrumpir el dispositivo sin deteriorarse.
c) La máxima intensidad que absorbe el receptor o la instalación, en régimen permanente de funcionamiento, sin alcanzar los límites fijados por el calentamiento.
d) El valor de la intensidad que puede soportar el interruptor diferencial en servicio ininterrumpido sin deteriorarlo.

7.7. La curva de funcionamiento de un interruptor magnetotérmico que se utiliza para proteger una línea que alimenta a un motor debe ser:

a) Curva B.
b) Curva C.
c) Curva D.
d) No importa el tipo de curva de funcionamiento.

7.8. Un megóhmetro es un instrumento para medir:

a) La intensidad eléctrica que circula por un circuito.
b) La resistencia de tierra de una instalación.
c) La resistencia de aislamiento de una instalación.
d) Ninguna de las anteriores.

7.9. Una amoladora es:

a) Una herramienta manual.
b) Una herramienta motorizada.
c) Un aparato de medida de magnitudes eléctricas.
d) Un aparato de medida de magnitudes mecánicas.

7.10. La intensidad de servicio es:

a) Una intensidad no admisible que sobrepasa a la de servicio, siendo la impedancia en el punto donde se produce dicha intensidad la del propio circuito y distinta de cero.

b) La máxima intensidad que absorbe un receptor o instalación, en régimen permanente de funcionamiento, sin alcanzar los límites fijados por el calentamiento.

c) Una intensidad debida a un fallo en la instalación, siendo la impedancia en el punto en donde se produce muy baja o prácticamente cero.

d) Ninguna de las anteriores.

De aplicación

7.11. Enumera las etapas que componen el proceso de replanteo.

7.12. Indica los tipos de máquinas de elevación y enumera las más comunes.

7.13. ¿Qué criterios se deben tener en cuenta cuando se elige una estructura soporte para una instalación solar fotovoltaica?

7.14. ¿Qué consideraciones se deben tener en cuenta cuando se monta un generador fotovoltaico sobre suelo en cuanto a la posible aparición de sombras?

7.15. Calcula la fuerza que ejerce un viento de unos 115 km/h sobre un generador fotovoltaico compuesto por cuatro módulos fotovoltaicos, con una superficie de 0.8 m^2, inclinados un ángulo de 40º, con viento incidente por las parte posterior.

7.16. Determina la distancia mínima entre filas de módulos fotovoltaicos de una instalación ubicada en Pamplona (latitud 42.81º N), para disponer de cuatro horas de sol en torno al solsticio de invierno, en los siguientes casos:

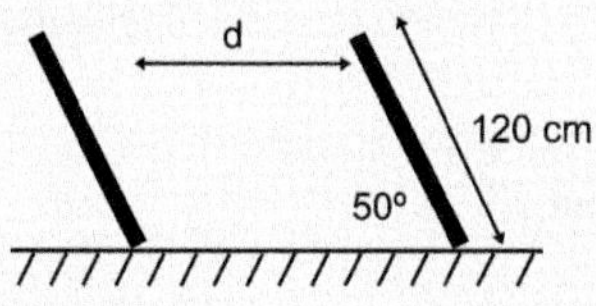

Figura 7.50. *Distancia entre filas de módulos fotovoltaicos.*

a) Distancia entre el final de un módulo y el principio del siguiente sobre una superficie horizontal.

b) Distancia total entre filas de módulos fotovoltaicos sobre una superficie horizontal.

7.17. Determina la distancia mínima entre filas de módulos fotovoltaicos de una instalación ubicada en una Pamplona (latitud 42.81º N), para disponer de cuatro horas de sol en torno al solsticio de invierno. Los módulos, de 100 cm de longitud, están instalados sobre un tejado inclinado 40º. La inclinación de los módulos con respecto a la horizontal debe ser de 55º.

7.18. Representa el esquema de un sistema automático de control de la posición de una estructura soporte y explica brevemente su funcionamiento.

7.19. Explica la diferencia entre integración arquitectónica y superposición.

7.20. En general, ¿de qué formas se puede realizar la instalación de los módulos fotovoltaicos sobre la estructura soporte?

7.21. Indica los pasos generales que se deben seguir para realizar el montaje de un regulador de carga.

7.22. ¿En qué grupos se pueden clasificar los útiles, herramientas y medios utilizados en el montaje? Pon un ejemplo en cada uno de los grupos.

7.23. Realiza un procedimiento para comprobación de estado general, conexionado, funcionamiento y sujeción del regulador de carga.

De aplicación práctica

7.24. **Montaje de una instalación solar fotovoltaica aislada de red.** Monta una pequeña instalación solar fotovoltaica aislada de red. Para ello utiliza un módulo fotovoltaico, un regulador de carga, una batería, un inversor, dispositivos de maniobra y protección y cargas en corriente continua y en corriente alterna. Sigue los pasos adecuados para realizar el montaje y comprueba su funcionamiento.

De ampliación

7.25. Busca algunas de las soluciones que se pueden encontrar en el mercado para la integración arquitectónica de la energía fotovoltaica (*Building Integrated Photovoltaics* [BIPV]).

7.26. ¿Se puede utilizar un interruptor magnetotérmico de corriente alterna para proteger un circuito eléctrico en corriente continua?

7.27. Consulta la guía técnica de aplicación de la instrucción ITC-BT-05 del Reglamento Eléctrico para Baja Tensión, sobre las verificaciones previas a la puesta en servicio e inspecciones de las instalaciones eléctricas.

La ejecución de las operaciones de mantenimiento asegura el correcto funcionamiento, aumenta la fiabilidad y prolonga la vida útil de las instalaciones solares fotovoltaicas. Aunque la mayoría de las actuaciones son ejecutadas por personal técnico cualificado, algunas de estas tareas puede llevarlas a cabo el usuario habitual.

Es importante conocer las principales averías que pueden suceder en una instalación solar fotovoltaica, ya que se favorece y facilita su detección y diagnóstico. Para cumplir las contingencias en tiempo y forma, también es importante la función que ejerce el almacén desde el punto de vista del mantenimiento, así como la gestión del *stock*.

Mantenimiento de instalaciones solares fotovoltaicas

Unidad 8

Contenidos

Objetivos

- Conocer los tipos posibles de mantenimiento.
- Definir las operaciones de mantenimiento preventivo a realizar por el usuario.
- Describir las operaciones de mantenimiento preventivo a realizar por el personal técnico cualificado.
- Distinguir e identificar las principales averías.
- Aplicar medidas de protección frente a factores meteorológicos adversos.
- Analizar la documentación del mantenimiento.
- Redactar el plan y las fichas de operaciones de mantenimiento.
- Comprender las características del almacén y gestionar el *stock*.

8.1. Introducción al mantenimiento

Debido a sus características particulares, las instalaciones solares fotovoltaicas se caracterizan por requerir un bajo mantenimiento. La ejecución de las operaciones de mantenimiento asegura el correcto funcionamiento, aumenta la fiabilidad y prolonga la vida útil de la instalación. Se definen tres tipos de actuaciones:

- **Mantenimiento correctivo.** Comprende las operaciones de sustitución de componentes y equipos deteriorados cuando se produce una avería en la instalación.
- **Mantenimiento preventivo.** Son las operaciones de inspección visual, verificación de actuaciones, sustitución de componentes y otras que, aplicadas a la instalación solar fotovoltaica, deben permitir mantener las condiciones de funcionamiento, prestaciones, protección y durabilidad de la instalación (Pliego de Condiciones Técnicas IDAE). Una de las tareas del mantenimiento preventivo es la sustitución de los componentes de la instalación cuando finaliza su vida útil, antes de que pueda producirse una avería.
- **Mantenimiento predictivo.** Consiste en realizar un seguimiento del estado de la instalación para predecir la aparición de un fallo antes de que este ocurra. De esta forma se consigue subsanar el problema antes de que tenga lugar la avería. Este tipo de mantenimiento permite realizar paradas programadas de la instalación, y minimizar su efecto.

La empresa instaladora garantiza el conjunto de la instalación y los equipos por un periodo mínimo establecido en la normativa vigente. La garantía incluye la reparación/reposición de los componentes y piezas defectuosas, así como la mano de obra.

El usuario de la instalación debe comunicar a la empresa instaladora las anomalías o defectos de funcionamiento de la instalación que detecte.

Indicadores de fiabilidad

Tiempo medio hasta fallo (*Mean Time To Failure* [MTTF]). Es el tiempo medio de funcionamiento correcto hasta que tiene lugar un fallo.

Tiempo medio entre fallos (*Mean Time Between Failures* [MTBF]). Es el tiempo medio entre fallos en sistemas reparables.

8.2. Operaciones de mantenimiento preventivo a realizar por el usuario

La presencia habitual del usuario en la instalación facilita el desarrollo de una serie de verificaciones y comprobaciones que redundan en un buen rendimiento de la instalación. Las operaciones de mantenimiento llevadas a cabo por el usuario son de tipo preventivo. Se trata de tareas sencillas de verificación y comprobación que se pueden realizar sin la intervención del personal técnico cualificado. El usuario nunca debe manipular los elementos ni abrir las cajas de conexión. La finalidad de estas operaciones es:

- Mantener la instalación en un buen estado de conservación y de funcionamiento.
- Detectar posibles averías o anomalías que afecten de forma negativa al buen funcionamiento de la instalación, advirtiendo al personal técnico de cualquier indicio de degradación o mal funcionamiento.

8.2.1. Mantenimiento del generador fotovoltaico

A continuación se enumeran las operaciones de mantenimiento para mantener el generador fotovoltaico en buen estado de funcionamiento que pueden ser realizadas por el usuario:

- Evitar la acumulación de suciedad y mantener siempre limpia la superficie de los módulos fotovoltaicos. No se deben emplear productos abrasivos ni estropajos que puedan dañar la superficie de los módulos. Hay que prestar especial atención en circunstancias meteorológicas adversas, tales como nevadas, lluvias de barro, etc. La acumulación de suciedad sobre la superficie reduce la generación de energía eléctrica.

- Evitar la proyección de sombras no previstas sobre los módulos fotovoltaicos debido a la presencia de objetos o elementos próximos a la instalación, así como aquellas sombras debidas al crecimiento de vegetación en los alrededores.
- Comprobar visualmente posibles deterioros en la estructura soporte y en los elementos de anclaje (puntos de oxidación, roturas, grietas, fallos de impermeabilización, etc.).
- Comprobar que los valores de la intensidad y la tensión del generador fotovoltaico se corresponden con los valores previstos. Estos datos se pueden observar en la pantalla del regulador de carga o en los elementos de monitorización. Es conveniente realizar esta verificación en las horas centrales de un día soleado. El usuario no debe manipular los circuitos eléctricos.
- Advertir al técnico ante cualquier indicio de degradación o mal funcionamiento (alteración del cableado o cajas de conexiones, deterioros de la estructura soporte, penetración de agua, aflojamientos de tornillos, etc.).

Figura 8.1. *Limpieza de módulos fotovoltaicos cubiertos de nieve.*

8.2.2. Mantenimiento del sistema de acumulación de energía

El sistema de acumulación de energía es una parte peligrosa de la instalación solar fotovoltaica debido a sus características químicas y eléctricas. El usuario nunca debe manipular las conexiones eléctricas de los acumuladores.

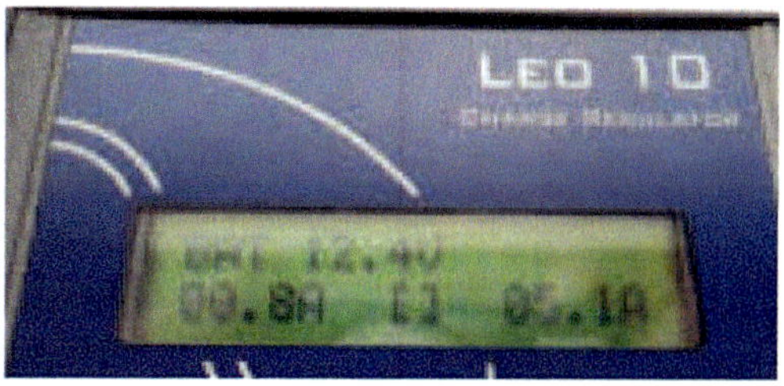

Figura 8.2. *Visualización, en un día nublado, de la intensidad del generador fotovoltaico, de la intensidad de consumo y de la tensión del sistema de acumulación de energía, en la pantalla del regulador de carga de una instalación solar fotovoltaica aislada. En este caso, la intensidad generada es inferior a la intensidad consumida.*

Entre las operaciones de mantenimiento se encuentran las siguientes:

- Mantener el local que contiene el sistema de acumulación de energía limpio, y evitar la acumulación de objetos. Este local no es un cuarto trastero.
- No dejar elementos encima de las baterías que puedan provocar cortocircuitos.
- Comprobar que el nivel del electrolito de los vasos se encuentra entre las marcas de máximo y mínimo. La reposición del electrolito la suele realizar el personal técnico cualificado durante las visitas programadas. Avisar al técnico en caso de detectar una disminución inusual. En algunos tipos de baterías no es necesaria esta tarea.
- Comprobar visualmente posibles deterioros de la bancada que soporta el sistema de acumulación de energía (roturas, puntos de oxidación, etc.).

- Verificar el estado de carga de las baterías observando los indicadores del regulador de carga o de los elementos de monitorización. Esta operación se debe realizar, especialmente, después de varios días con baja radiación solar.
- Advertir al técnico ante cualquier indicio de degradación o mal funcionamiento (corrosión, aflojamientos de terminales, sulfatación de bornes, etc.).

8.2.3. Mantenimiento del inversor y del regulador de carga

Las operaciones más importantes de mantenimiento preventivo del inversor y del regulador de carga que puede realizar el usuario son:

- Comprobar el estado de los elementos de sujeción de los equipos.
- Mantener libres de objetos los alrededores de los equipos para no dificultar su ventilación.
- Comprobar su estado de limpieza. En caso necesario, eliminar los restos de polvo y suciedad depositados sobre los equipos.
- Comprobar visualmente el estado de las conexiones eléctricas. El usuario nunca debe manipular estas conexiones.
- Verificar el correcto funcionamiento de los equipos. Seguir en este caso los procedimientos de verificación y comprobación a nivel de usuario (no a nivel de técnico cualificado): el estado de las indicaciones de los equipos y la ausencia de alarmas, zumbidos, avisos, etc.
- Advertir al técnico ante cualquier indicio de degradación o mal funcionamiento (roturas, calentamientos, disparos frecuentes de alarmas, etc.).

8.2.4. Mantenimiento de la instalación eléctrica y de los dispositivos de protección

La instalación eléctrica es una parte de la instalación que requiere un mínimo mantenimiento. Entre las operaciones básicas cabe enumerar las siguientes:

- Comprobar el funcionamiento de los interruptores diferenciales mediante el pulsador de test.
- Verificar el funcionamiento de los elementos de maniobra, tales como interruptores.
- Comprobar visualmente el estado de las canalizaciones y cables eléctricos, bornes de conexión, sujeciones, quemaduras, cuadros eléctricos, etc.
- Advertir al técnico ante cualquier indicio de degradación o mal funcionamiento.

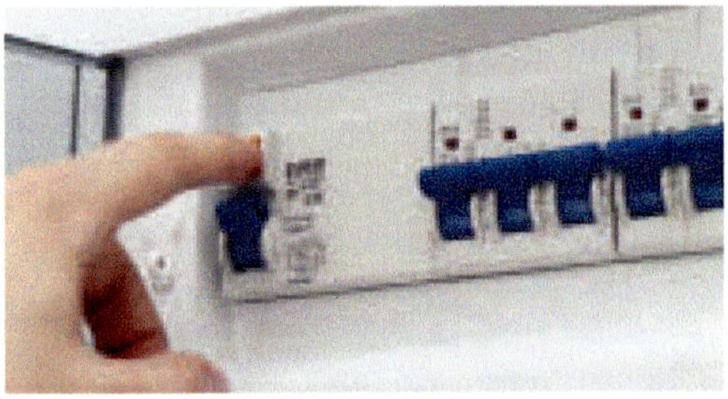

Figura 8.3. *Comprobación del funcionamiento de un interruptor diferencial mediante el pulsador de test.*

Actividad propuesta 8.1

Visualiza en la pantalla de un regulador de carga en estado operativo la información que proporciona sobre el estado de la instalación: intensidad de generación, intensidad de consumo, tensión del sistema de acumulación, estado de carga, disparo de alarmas, etc. Intenta proyectar alguna sombra sobre los módulos fotovoltaicos y varía también la demanda de energía de las cargas. Visualiza en la pantalla la variación de los parámetros.

8.3. Operaciones de mantenimiento preventivo a realizar por el personal técnico cualificado

Las operaciones de mantenimiento preventivo se llevan a cabo por el personal técnico cualificado bajo la responsabilidad de la empresa instaladora. Estas tareas se desarrollan con una periodicidad mínima estipulada por la empresa instaladora, de acuerdo con la legislación vigente. A continuación se enumeran algunas de las operaciones de mantenimiento preventivo más importantes de las instalaciones solares fotovoltaicas.

8.3.1. Revisión del funcionamiento general

Consiste en verificar el funcionamiento global de la instalación desde un punto de vista general, así como el correcto funcionamiento de cada uno de los componentes y equipos que componen la instalación.

8.3.2. Mantenimiento del generador fotovoltaico

Las tareas de mantenimiento del generador fotovoltaico se pueden desglosar en función de la parte de la instalación considerada: módulos fotovoltaicos, conexiones eléctricas y estructuras soporte.

Revisión de los módulos fotovoltaicos

- Revisar el estado general de los módulos fotovoltaicos.
- Detectar aquellos posibles daños que puedan afectar a la seguridad y al correcto funcionamiento del generador fotovoltaico.
- Comprobar la situación de los módulos fotovoltaicos con respecto al proyecto original, tanto en lo que respecta a la orientación como a la inclinación.
- Verificar el estado de limpieza de los módulos fotovoltaicos.
- Valorar la aparición de posibles sombras no previstas sobre los módulos fotovoltaicos. Estas sombras pueden estar causadas por el crecimiento de la vegetación circundante, la instalación o montaje de objetos en los alrededores del generador fotovoltaico, etc.
- Comprobar los valores de tensión e intensidad en el generador fotovoltaico en función de la radiación solar. Para medir estas magnitudes se utiliza el voltímetro, amperímetro, multímetro, pinza amperimétrica, etc. También es recomendable emplear un piranómetro para cotejar la intensidad y tensión del generador en función de la radiación solar instantánea.
- Verificar el correcto funcionamiento de los elementos de maniobra para la conexión y desconexión eléctrica del generador fotovoltaico.

Figura 8.4. *Proyección de sombras sobre el generador fotovoltaico.*

Conexiones eléctricas

- Revisar el estado de las conexiones eléctricas y comprobar la estanqueidad de las cajas de conexión.

- Apretar los bornes y conexiones eléctricas.
- Comprobar el estado de los diodos de protección.

Estructura soporte

- Revisar los posibles daños que pueden aparecer en la estructura soporte y en los elementos de anclaje.
- Analizar y asegurar la estabilidad de la estructura soporte.
- Comprobar posibles indicios de corrosión y oxidación de los materiales que componen la estructura soporte.
- Apretar los tornillos de sujeción.

Figura 8.5. *Elemento de anclaje oxidado.*

8.3.3. Mantenimiento del sistema de acumulación de energía

Entre las principales operaciones de mantenimiento del sistema de acumulación de energía a realizar por el personal técnico cabe destacar las siguientes:

- Medir la densidad del electrolito. Mediante un densímetro se mide la densidad del electrolito en cada uno de los elementos o vasos del sistema de acumulación.
- Comprobar visualmente y ajustar el nivel del electrolito en cada uno de los vasos. La disminución del nivel se debe a la evaporación del agua destilada. Cuando sea necesario, se repondrá el nivel del electrolito utilizando agua destilada. Durante este proceso se deben evitar las salpicaduras, ya que el electrolito es ácido sulfúrico diluido en agua destilada. No se puede sobrepasar el nivel máximo del electrolito, ya que este podría derramarse debido al proceso de expansión al elevarse la temperatura. Se deben emplear gafas y guantes protectores durante esta operación.
- Limpiar y engrasar los terminales de conexión de los vasos.
- Medir la tensión eléctrica de cada uno de los vasos y del sistema global. Estas mediciones se pueden realizar con un voltímetro o multímetro.
- Comprobar el estado de limpieza del sistema de acumulación.

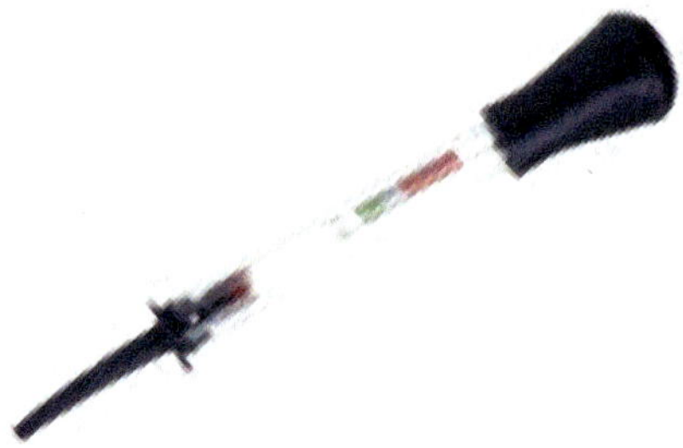

Figura 8.6. *Densímetro utilizado para la medida de la densidad del electrolito.*

Medida de la densidad del electrolito

El densímetro es un dispositivo formado por una pera de goma en la parte superior, un tubo de vidrio, un flotador y un tubo de goma. Para realizar una medida, se sumerge el tubo de goma en el electrolito, a continuación se comprime la pera y seguidamente se suelta. El electrolito es aspirado por el tubo de vidrio. El sistema de medida con una escala graduada flota sobre el electrolito. La medida de la densidad del electrolito viene dada por la longitud de la escala graduada que sobresale del electrolito.

Para realizar esta operación es imprescindible utilizar gafas protectoras y guantes resistentes al ácido sulfúrico.

Actividad propuesta 8.2

Consigue la información ofrecida por los fabricantes de baterías estacionarias y averigua la relación que existe entre la densidad del electrolito y el estado de carga de la batería.

Figura 8.7. *Medida de la tensión de un elemento del sistema de acumulación de energía.*

Actividad propuesta 8.3

La Figura 8.7 muestra la operación de medida de la tensión de uno de los elementos del sistema de almacenamiento de energía. La medida de tensión que se observa en el multímetro es de –2.132 V. ¿Por qué motivo aparece la tensión con signo negativo?

8.3.4. Mantenimiento del inversor y del regulador de carga

El inversor y el regulador de carga son unos dispositivos electrónicos que requieren unas mínimas tareas de mantenimiento:

- Comprobar y medir las tensiones de corte que activan/desactivan los modos de funcionamiento de los equipos (carga de flotación, carga profunda, desconexión de las cargas de corriente continua, etc.).
- Revisar los indicadores de los equipos y el estado de las alarmas.
- Inspeccionar el cableado eléctrico y apretar los terminales.
- Comprobar el estado de los elementos de sujeción de los equipos.
- Verificar que no existen objetos alrededor que puedan dificultar su ventilación.

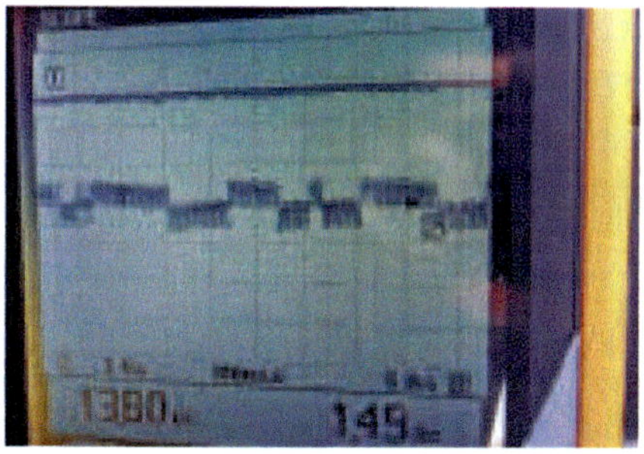

Figura 8.8. *Forma de onda de la tensión y de la intensidad de una batería durante la carga de flotación, visualizada mediante un analizador de redes.*

Actividad propuesta 8.4

Visualiza mediante un osciloscopio o analizador de redes la forma de onda de tensión e intensidad de la batería de una instalación solar fotovoltaica en función del tipo de carga (carga profunda, carga de flotación, carga de ecualización o igualación).

8.3.5. Mantenimiento del sistema de monitorización

Las operaciones de mantenimiento del sistema de monitorización consisten en la revisión de la conexión remota y del almacenamiento de registros. También es conveniente inspeccionar la conexión de terminales.

8.3.6. Mantenimiento de los dispositivos de la instalación eléctrica

En lo que respecta a los dispositivos de la instalación eléctrica, entre las operaciones de mantenimiento preventivo a cargo del técnico cualificado cabe destacar las siguientes:

- Comprobar la estanqueidad, protección y conexión de terminales, empalmes y pletinas.
- Las operaciones de mantenimiento de los elementos de maniobra consisten, básicamente, en la revisión de su correcto funcionamiento y en la comprobación del estado de los terminales de conexión.
- En cuanto a los dispositivos de protección, las principales operaciones consisten en la verificación de su correcto funcionamiento y la comprobación de las tomas de tierra.

8.3.7. Mantenimiento de las medidas de seguridad

Desde el punto de vista de la seguridad, es conveniente ejecutar las siguientes operaciones de mantenimiento preventivo:

- Comprobar las conexiones equipotenciales, cuando estas sean requeridas.
- Verificar las medidas adecuadas de seguridad contra contactos indirectos.
- Revisar el aislamiento de la instalación.
- Inspeccionar que la sección de los conductores de protección cumple con lo establecido en la reglamentación.
- Confirmar que los conductores utilizados (características, naturaleza y sección) son adecuados a su función en la instalación.
- Revisar la correcta identificación de los conductores «neutro» y «de protección», así como del conductor positivo y del conductor negativo.
- Comprobar la existencia de las protecciones adecuadas contra cortocircuitos y sobrecargas en los conductores en función de la intensidad máxima admisible en estos, dependiendo de sus características particulares y de las condiciones de la instalación.
- Revisar la continuidad de los conductores de protección, comprobando que no estén cortados.
- Verificar la adecuada ventilación de las baterías.
- Examinar y medir los valores de resistencia de tierra en función de las medidas de seguridad adoptadas.
- Constatar la conexión de los conductores de protección a las masas.
- Controlar la posible existencia de modificaciones o ampliaciones de la instalación no contempladas en la documentación.

Herramientas

La mayoría de las herramientas y medios utilizados durante el montaje de la instalación solar fotovoltaica también se utilizan durante las operaciones de mantenimiento.

8.4. Supervisión. Averías críticas en las instalaciones solares fotovoltaicas

Aunque en la realidad no son muy frecuentes, es muy importante conocer las averías y fallos más habituales que pueden aparecer en las instalaciones solares fotovoltaicas para realizar diagnósticos adecuados. Además de identificar correctamente las averías, también es fundamental conocer las causas que las originan para poder prevenir su aparición y realizar con éxito las tareas de supervisión.

8.4.1. Averías en el generador fotovoltaico

En principio, debido a los controles de calidad que se aplican a los módulos fotovoltaicos, las averías en estos elementos son poco habituales. Sin embargo, pueden sufrir distintos tipos de averías originadas por causas ajenas al proceso de fabricación:

- **Rotura de la superficie.** La rotura de la superficie de los módulos fotovoltaicos se produce por la acción de agentes externos. Los casos de rotura suelen ser ocasionados por las caídas de objetos o por la aplicación de golpes. Este tipo de avería reduce considerablemente la cantidad de energía eléctrica generada, y es conveniente reponer los módulos fotovoltaicos lo antes posible.
- **Deterioro de la superficie.** Es aconsejable utilizar paños suaves y productos no abrasivos para la limpieza de la superficie de los módulos fotovoltaicos. Los estropajos, objetos punzantes o cortantes y las sustancias abrasivas pueden dar lugar a un deterioro del vidrio, y reducir también de forma apreciable la generación de energía.
- **Penetración de humedad en el interior de los módulos.** La penetración de agua en el interior de los módulos fotovoltaicos puede producirse por un defecto en las juntas o bien por un golpe o ralladura en su superficie o en su parte posterior. La entrada de agua en el circuito eléctrico de las células provoca corrosiones en los contactos eléctricos y en las cintas colectoras. Incluso puede llegar a interrumpirse el circuito eléctrico. Llegada esta situación, el módulo fotovoltaico dejaría de funcionar adecuadamente y sería necesaria su sustitución inmediata.
- **Efecto del punto caliente.** El sombreado puntual o parcial de un módulo fotovoltaico es prácticamente inevitable. El sombreado de alguna de las células de un módulo, mientras que el resto están iluminadas, puede provocar la inversión de su polaridad pasando a funcionar como una carga eléctrica que consume energía, y aumentar considerablemente su temperatura, con lo que se podría llegar a destruirse. Para evitar este fenómeno se deben utilizar diodos de paso de protección contra puntos calientes.
- **Fallos en las conexiones eléctricas.** Una de las operaciones de mantenimiento preventivo periódico es el apriete de las conexiones eléctricas. El aflojamiento de los conectores puede ser la causa de un mal contacto eléctrico, con la consiguiente aparición de calentamientos y caídas de tensión en el circuito.

Figura 8.9. *Rotura de la superficie de un módulo fotovoltaico.*

8.4.2. Averías en el sistema de acumulación de energía

Las averías más habituales en el sistema de acumulación de energía se deben, en la mayoría de los casos, a un mantenimiento inadecuado. Los principales efectos son la reducción de la vida y de la capacidad útil del sistema de acumulación.

- **Sulfatación.** Durante el proceso de descarga de las baterías se produce sulfato de plomo, y la densidad del electrolito disminuye. Durante el proceso de carga tiene lugar el proceso inverso, se desulfata la batería y aumenta la densidad del electrolito. En cambio, después de cada ciclo de carga y descarga, una pequeña cantidad de sulfato de plomo permanece adherida en las placas, y esta capa se incrementa con el tiempo. La sulfatación de una batería aumenta su resistencia interna, reduce su tensión eléctrica y su capacidad. Si las baterías permanecen en un estado de descarga durante periodos de tiempo prolongados o el nivel del electrolito es insuficiente, entonces se acelera el proceso de sulfatación.

- **Nivel del electrolito insuficiente.** Si el nivel del electrolito es insuficiente, las placas de la batería quedan expuestas al aire. Las consecuencias de esta circunstancia son el envejecimiento prematuro del sistema de acumulación, con el consiguiente acortamiento de su vida útil y la disminución de su capacidad útil.
- **Sobrecargas excesivas y sobredescargas muy profundas.** En una instalación solar fotovoltaica, el control de la carga y descarga del sistema de acumulación de energía lo realiza el regulador de carga. Un mal ajuste o una configuración errónea del regulador de carga puede provocar sobrecargas excesivas y sobredescargas demasiado profundas que provoquen la reducción de la capacidad y de la vida útil de las baterías.
- **Ausencia de carga de ecualización.** La carga de ecualización o igualación es una forma de carga de las baterías que se debe realizar periódicamente en las baterías de plomo-ácido con electrolito líquido. Este tipo de carga fuerza la recombinación del sulfato de plomo depositado en las placas en ácido sulfúrico, y elimina la sulfatación e iguala la densidad de los elementos del sistema. Se trata de una carga que se debe realizar de forma periódica, pero no todos los reguladores de carga incorporan esta función.

¡! IMPORTANTE

En las baterías con electrolito inmovilizado no se deben realizar cargas de ecualización. Es imprescindible configurar el regulador de carga en función del tipo de baterías utilizado.

8.4.3. Averías en el regulador de carga e inversor

Las averías en estos equipos suelen consistir en fallos internos debidos a inversiones de polaridad en las conexiones o a la ausencia de medidas de protección contra sobrecargas y cortocircuitos.

- **Inversión de polaridad.** En las conexiones eléctricas de las instalaciones en corriente continua hay que prestar especial atención a la polaridad de los conductores: el conductor positivo y el conductor de masa. Algunos equipos disponen de medidas de protección contra la inversión de polaridad, pero en aquellos dispositivos que no dispongan de esta medida de protección, un intercambio en la polaridad durante la operación de conexionado eléctrico puede ocasionar serios daños en el equipo.
- **Sobrecargas y cortocircuitos.** En el mercado se pueden encontrar inversores y reguladores de carga que incluyen internamente dispositivos de autoprotección contra sobrecargas y cortocircuitos. En caso de no disponer de estas medidas de autoprotección, es muy conveniente incluir externamente medidas de protección contra sobrecargas y cortocircuitos, tales como magnetotérmicos y fusibles, para evitar la destrucción de los equipos.

8.5. Operaciones de mantenimiento correctivo

Son aquellas operaciones que se realizan para subsanar el defecto causado por una avería en la instalación. Estas actuaciones correctivas deben ser realizadas por personal técnico cualificado y, en muchas ocasiones, consisten en trabajos de desmontaje y sustitución de equipos y materiales. Siempre se deben seguir las instrucciones facilitadas por los fabricantes de los dispositivos y equipos en sus manuales de instalación y adoptar las medidas de seguridad adecuadas.

RECUERDA

En una instalación solar fotovoltaica aislada, lo primero en conectar y lo último en desconectar es el sistema de almacenamiento de energía.

8.6. Ajuste y adaptación estacional

En muchas instalaciones los módulos fotovoltaicos se instalan con un ángulo de inclinación que permanece invariable a lo largo del año. Dicho ángulo se decide en función de las características de la instalación, bien utilizando el criterio de máxima producción anual o bien el criterio del mes crítico.

La captación de energía en los módulos fotovoltaicos es máxima cuando la radiación solar incide de forma perpendicular. Sin embargo, el ángulo de incidencia de los rayos solares sobre la superficie horizontal es variable a lo largo del año.

En lugar de mantener fijo el ángulo de inclinación de los módulos fotovoltaicos a lo largo del año, cabe la posibilidad de realizar un ajuste estacional de este ángulo de inclinación, en función de la época del año, para aprovechar al máximo la energía solar disponible. La adaptación estacional consiste en ajustar el **ángulo de inclinación** de los módulos fotovoltaicos en función de la época del año.

Para cada mes del año, existe un ángulo de inclinación óptimo que consigue captar la máxima cantidad de energía solar. El ángulo de inclinación óptimo mensual en función de la ubicación de la instalación se puede consultar en la aplicación Photovoltaic Geographical Information System [PVGIS].

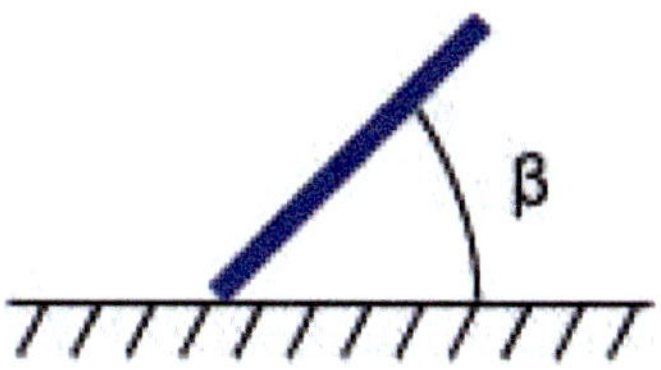

Figura 8.10. *Adaptación del ángulo de inclinación en función de la época del año.*

ENLACES WEB

Se puede acceder a la aplicación PVGIS en la dirección http://re.jrc.ec.europa.eu/pvgis/.

Actividad propuesta 8.5

Determina, para cada mes del año, el ángulo óptimo de inclinación de los módulos fotovoltaicos de una instalación fija ubicada en tu localidad. Utiliza para ello la aplicación PVGIS.

8.7. Protección de las instalaciones solares fotovoltaicas frente a factores meteorológicos adversos

Debido a la amplia superficie ocupada por los módulos fotovoltaicos, uno de los factores meteorológicos adversos más importantes es el **viento**. En el caso de instalaciones fijas, cuando el viento incide por la parte posterior de los mó-

Tabla 8.1. Ángulo óptimo de inclinación mensual de los módulos fotovoltaicos para una instalación ubicada en Pamplona, obtenido a partir de la aplicación PVGIS

Ene	Feb	Mar	Abr	May	Jun	Jul	Ago	Sep	Oct	Nov	Dic
63°	56°	44°	28°	15°	9°	13°	25°	40°	53°	61°	66°

dulos fotovoltaicos, ejerce una fuerza de tracción que puede llegar a arrancar la estructura soporte. La colocación de elementos cortavientos en la parte posterior minimiza el efecto del viento e impide su vuelco.

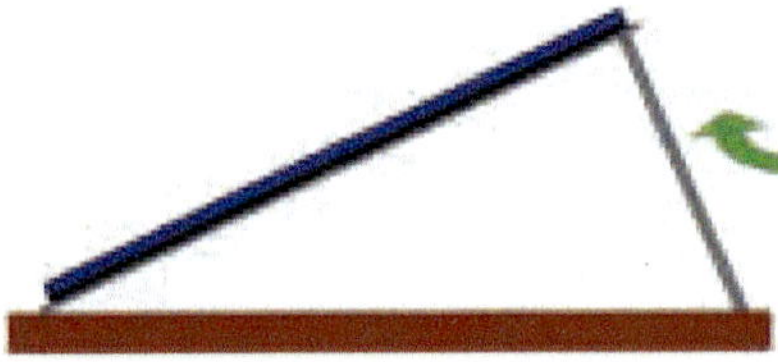

Figura 8.11. *Colocación de cortavientos en instalaciones fijas para evitar el vuelco de la estructura.*

Este mismo riesgo ocurre en el caso de las instalaciones con sistemas de seguimiento solar. Como medida de protección frente a vientos con velocidades elevadas, el sistema de control automático del seguidor coloca los módulos fotovoltaicos en posición horizontal. Para medir la velocidad del viento, el sistema utiliza un anemómetro, entrando en acción esta función de protección a partir de un valor programado de la velocidad del viento.

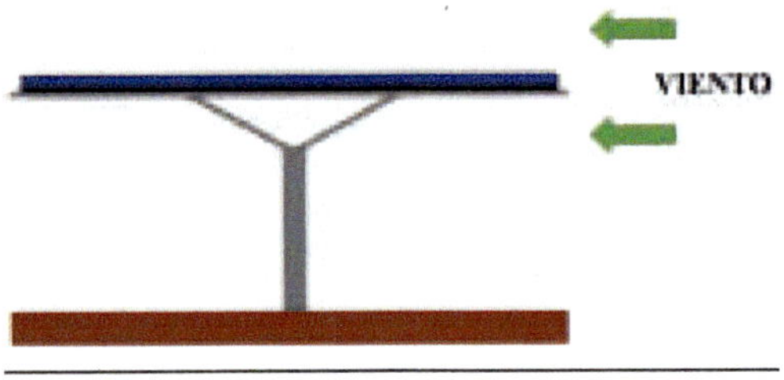

Figura 8.12. *Módulos fotovoltaicos en posición horizontal en un seguidor solar para minimizar los efectos del viento con elevadas velocidades.*

La acumulación de **nieve** sobre los módulos fotovoltaicos también es un factor meteorológico adverso para las instalaciones solares fotovoltaicas. Cuando, debido a la ubicación de la instalación, se prevea esta posibilidad, es imprescindible considerar la sobrecarga debida a la acumulación de nieve durante la fase de selección de la estructura soporte.

Los fabricantes también indican en las hojas de características los valores de carga máxima de viento y de nieve que pueden soportar los módulos fotovoltaicos. Normalmente la carga máxima del viento suele estar expresada en Pa o en km/h, mientras que la carga máxima de nieve se expresa en Pa o en kg/m^2. La carga máxima que va a soportar el módulo en condiciones reales de funcionamiento no debe superar estos límites.

Actividad propuesta 8.6

Busca la hoja de características de un determinado módulo fotovoltaico y consulta la carga máxima de nieve y viento que puede soportar.

Figura 8.13. *Seguidores solares en posición horizontal.*

8.8. Documentación del mantenimiento

Las operaciones de mantenimiento de una instalación solar fotovoltaica llevan asociados una serie de documentos que es necesario conocer.

8.8.1. Manual y procedimientos de mantenimiento

Para realizar correctamente las operaciones de mantenimiento de una instalación solar fotovoltaica es muy importante disponer de una manual de mantenimiento que incluya una descripción específica de las operaciones a realizar. En el manual del mantenimiento se recoge el conjunto de fichas que describen las operaciones de mantenimiento. Cada una de estas **fichas de operaciones** incluye, al menos:

- El objeto de la operación.
- Los medios, herramientas y aparatos de medida necesarios para su ejecución.
- La documentación técnica necesaria (planos, catálogos, manuales de equipos, etc.).
- La descripción detallada de las tareas que componen la operación.

A su vez, el manual debe contener un **plan de mantenimiento** donde se especifique la periodicidad de realización de cada una de las operaciones.

8.8.2. Partes de averías

Es importante llevar un control y realizar un seguimiento de las actuaciones que se realizan en las instalaciones solares fotovoltaicas cuando ocurre una avería o incidencia. El **parte de averías** es un documento que refleja los datos de la instalación, los síntomas de la avería detectada y las actuaciones realizadas por el técnico cualificado para subsanarla.

De forma general, en el parte de averías se detallan, como mínimo, los siguientes datos:

- Datos de contacto del cliente o de la persona que avisa.
- Dirección de la instalación solar fotovoltaica.
- Descripción de la avería/incidencia detectada.
- Descripción de las actuaciones realizadas.
- Observaciones.
- Fecha, hora de inicio y hora de finalización de la realización de las actuaciones.
- Datos y firma del técnico cualificado competente.

Actividad propuesta 8.7

Busca ejemplos de partes de averías y diseña un modelo que incluya, al menos, los contenidos mínimos enumerados previamente.

8.8.3. Partes de trabajo

Un **parte de trabajo** es un documento en el que se recogen las tareas que ha realizado un trabajador a lo largo del día, el tiempo empleado, los materiales y las herramientas utilizadas. Además de los datos personales del trabajador y de la fecha de realización de las tareas, también puede incluir quién ha realizado el encargo, dónde se ha realizado el trabajo, etc.

RECUERDA

El **albarán de entrega** es un documento redactado por el vendedor que acompañada a la mercancía cuando es enviada al comprador. Sirve como prueba documental para acreditar la entrega correcta de un pedido y también para facilitar la posterior emisión de la factura correspondiente.

8.8.4. Libro de incidencias

El libro de incidencias es un documento que existe en cada centro de trabajo con fines de control y seguimiento del plan de seguridad y salud, que consta de hojas por duplicado. El libro debe ser facilitado por:

- El colegio profesional al que pertenece el técnico que haya aprobado el plan de seguridad y salud.
- La oficina de supervisión de proyectos u órgano equivalente cuando se trata de obras de las administraciones públicas.

El libro de incidencias siempre se debe mantener en la obra y debe estar en poder del coordinador en materia de seguridad y salud durante la ejecución de la obra o, cuando no fuera necesaria la designación de un coordinador, en poder de la dirección facultativa de la obra.

Además del coordinador, tienen acceso al libro la dirección facultativa de la obra, contratistas y subcontratistas y trabajadores autónomos, así como las personas u órganos con responsabilidades en materia de prevención intervinientes en la obra, los representantes de los trabajadores y los técnicos de los órganos especializados en materia de seguridad y salud en el trabajo de las administraciones públicas competentes, quienes pueden realizar anotaciones en él.

Cualquier anotación realizada en el libro debe ser notificada al contratista afectado y a los representantes de los trabajadores de este. Debe remitirse una copia a la Inspección de Trabajo y Seguridad Social en el plazo de veinticuatro horas, en los siguientes casos:

- Cuando la anotación se refiera a cualquier incumplimiento de las advertencias u observaciones previamente anotadas en el libro por las personas facultadas para ello.
- El supuesto de paralización de los tajos o de la obra.

8.8.5. Presupuesto de mantenimiento

El presupuesto de mantenimiento es un documento que detalla una previsión del coste que supondrán las operaciones de mantenimiento durante un periodo de tiempo futuro. Cuando se elabora un presupuesto anual de mantenimiento existen unos **costes constantes**, tales como la mano de obra habitual y el coste de las actuaciones programadas, pero también existen unos **costes variables** difíciles de prever que tienen que ver con las averías que se produzcan en la instalación. Todos los años no se producen las mismas averías ni tampoco tienen la misma gravedad. No es una tarea fácil realizar un presupuesto de mantenimiento, ya que se debe basar en previsiones futuras.

Para facilitar su elaboración, el presupuesto de mantenimiento se puede dividir en cuatro partidas:

- **Coste de la mano de obra** del personal destinado a las operaciones de mantenimiento.
- **Coste de los materiales** necesarios para realizar las operaciones de mantenimiento. Los tipos de materiales se pueden clasificar en repuestos y consumibles.
- **Coste de las herramientas y medios.** Incluye los costes de adquisición de nueva herramienta, reposición, alquiler, etc.
- **Costes derivados de la contratación de servicios externos.** Se trata de los costes ocasionados por la prestación de servicios por empresas externas.

8.9. Recursos humanos en las operaciones de mantenimiento

Toda empresa precisa una serie de recursos para poder desarrollar sus actividades. Entre los más importantes se encuentran los recursos humanos, los cuales constituyen una parte esencial para el funcionamiento de la empresa. La **planificación de recursos humanos** es el proceso mediante el que se identifican las necesidades de personal de la empresa, a corto, medio y largo plazo, tanto en lo que respecta al perfil de los puestos de trabajo como a la cantidad de personas.

8.9.1. Incorporación de personal a la empresa

El proceso de incorporación de personal a una empresa para cubrir los puestos vacantes de la organización consta de distintas fases.

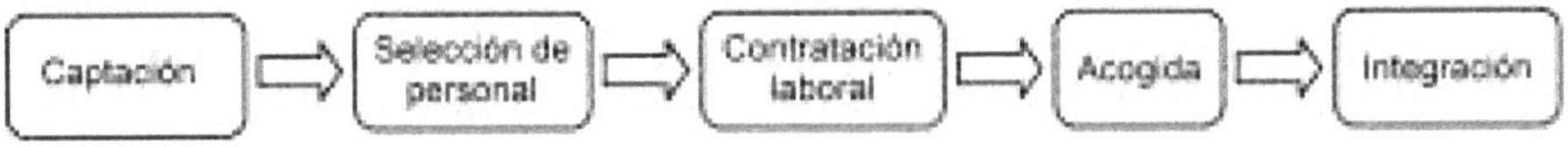

Figura 8.14. *Fases de la incorporación de personal a la empresa.*

Captación

Las empresas utilizan distintos medios con el objetivo de captar candidatos para un determinado puesto de trabajo, tales como:

- Aceptación de solicitudes espontáneas.
- Utilización de los servicios ofrecidos por empresas especializadas en recursos humanos.
- Captación en centros de formación y asociaciones profesionales.
- Publicación de anuncios en medios de comunicación.
- Oficinas públicas de empleo.

Selección de personal

Habitualmente la fase de selección de personal se compone de las siguientes etapas:

- Entrevista inicial para validar la información contenida en la documentación presentada y verificar el interés mutuo.
- Pruebas de selección con el objeto de comprobar la competencia del candidato.
- Entrevista final cuya finalidad es completar el proceso de evaluación antes de tomar una decisión definitiva.

Figura 8.15. *Durante el proceso de selección de personal se decide a qué candidato se le ofrece el puesto de trabajo.*

Contratación laboral

La contratación laboral se formaliza mediante un contrato de trabajo. Puede concertarse de duración indefinida o de duración determinada.

Acogida

Después de la celebración del contrato de trabajo se procede a la fase de acogida, durante un corto periodo de tiempo, que incluye presentaciones personales, visitas a los centros de trabajo e instalaciones de la empresa, entrega de información, etc.

Integración

La fase de integración se produce a largo plazo. Incluye factores como la formación, la valoración del rendimiento, el desarrollo individual y la carrera profesional.

> **¡! IMPORTANTE**
>
> El ***curriculum vitae*** es un documento utilizado para la búsqueda de empleo que contiene información del candidato (datos personales, formación, experiencia profesional, idiomas, competencias relacionadas con el puesto de trabajo, etc.).

8.9.2. Formación en el ámbito empresarial

Es necesaria la formación del personal de la organización para ajustarse a los cambios y nuevos retos. Es una de las formas de mantener la capacidad competitiva de la empresa y sus niveles de eficacia. El plan de formación es el documento que especifica las acciones formativas de los recursos humanos en función de la estrategia de la empresa. Es un documento flexible y dinámico, con una actualización constante.

8.10. Organización del almacén

En las tareas de mantenimiento es muy importante disponer de los materiales y equipos necesarios en la cantidad necesaria y en el momento preciso. En este sentido, el almacén juega un papel muy significativo. El **almacén** es el lugar o espacio físico en el que se depositan y se conservan las mercancías que posteriormente van a ser utilizadas en el momento en que sean requeridas. En este lugar se llevan a cabo las actividades de recepción, desplazamiento, conservación y expedición de mercancías.

8.10.1. Sistemas de almacenamiento

Es fundamental mantener las mercancías en un buen estado de conservación y optimizar el espacio y los recursos disponibles en el almacén. Los principales sistemas de almacenamiento de las mercancías se pueden clasificar en los siguientes:

- **Almacén compacto.** Este sistema de almacenaje consiste en apilar directamente las mercancías unas encima de otras, formando bloques compactos. Se puede aplicar tanto para mercancías paletizadas como no paletizadas. Es muy importante respetar la altura máxima, ya que de lo contrario existe el peligro de aplastamiento de las unidades inferiores. Los principales inconvenientes de este sistema son los límites de peso que pueden soportar las mercancías y la dificultad en el acceso a las mercancías apiladas. Para evitar este último problema es habitual formar bloques con mercancías homogéneas.

Figura 8.16. *Sistema de almacenamiento compacto.*

- **Estanterías fijas.** El almacenamiento en estanterías fijas es uno de los sistemas más empleados en los almacenes. El diseño de las estanterías se realiza teniendo en cuenta la altura necesaria, el volumen, el peso y la distribución de la carga. Permite una fácil localización de los productos almacenados y admite un cierto grado de flexibilidad en lo que respecta a cambios en la organización del almacén.

Figura 8.17. *Sistema de almacenamiento en estanterías fijas.*

- **Estanterías compactas *drive-in/drive-through*.** Se trata de un sistema de estanterías compactas que permite realizar un control de la rotación del *stock*. El sistema de estanterías *drive-in* gestiona la entrada/salida de mercancías siguiendo una estrategia LIFO *(Last In, First Out)*, donde el último palé en entrar es el primer palé en salir. El sistema *drive-through*

Figura 8.18. *Sistema de almacenamiento en estanterías dinámicas.*

permite seguir una estrategia FIFO *(First In, First Out)*, donde el primer palé en entrar es el primer palé en salir.

- **Estanterías dinámicas.** El sistema de almacenaje dinámico por gravedad está basado en una estructura compacta que utiliza caminos de rodillos ligeramente inclinados sobre los que se deslizan las unidades de carga. Estos sistemas desarrollan una estrategia FIFO.
- **Estanterías móviles.** Este tipo de estanterías, en lugar de estar ancladas al suelo, se asientan sobre una base móvil que se desplaza sobre unos carriles empotrados en el suelo. De esta forma, las estanterías se pueden desplazar para unirlas o bien para separarlas, generándose en cada caso el pasillo necesario para acceder a la mercancía. En función del tipo de accionamiento, pueden ser manuales o motorizadas. Con este sistema de almacenaje se reduce al máximo la superficie del almacén destinada a pasillos.

Figura 8.19. *Sistema de almacenamiento en estanterías móviles.*

- **Almacenes robotizados.** Este tipo de almacenes utiliza sistemas robotizados y *software* avanzado para la gestión y manipulación de las mercancías. El almacenaje automático se realiza mediante transelevadores. Son máquinas que se desplazan a lo largo de los pasillos del almacén y desarrollan las funciones de entrada, ubicación y salida de las mercancías.

RECUERDA

Las fases de la **gestión del aprovisionamiento** de materiales son:

- Análisis de necesidades.
- Selección de proveedores.
- Emisión de pedidos.
- Recepción y verificación de pedidos.
- Aprobación y pago de facturas.
- Control de resultados.

8.10.2. Gestión del *stock*

Desde el punto de visto del mantenimiento, el ***stock*** es el conjunto de materiales y equipos acumulados en el almacén en espera de ser utilizados en las operaciones de mantenimiento. Se entiende por ***stock* con amplio surtido** cuando se dispone de una amplia variedad de artículos. La función principal del *stock* es disponer de los materiales adecuados para atender las posibles incidencias en forma y tiempo adecuados.

El objetivo de la **gestión del *stock*** es determinar la cantidad de existencias de cada producto, cuándo realizar el pedido y en qué cantidad. La acumulación de un *stock* permite disponer de existencias ante la incertidumbre de un posible retraso del proveedor, así como adquirir las existencias a un precio reducido en función del volumen de compras.

Un *stock* demasiado alto aumenta los costes de almacenamiento. Entre sus inconvenientes se encuentra también la posible obsolescencia de los equipos almacenados. Por otro lado, un *stock* demasiado bajo puede que no sea suficiente para atender las necesidades en un momento determinado.

Tiene lugar una **ruptura de *stock*** cuando no se dispone en el almacén de las existencias necesarias para hacer frente a la demanda.

RECUERDA

Un producto obsoleto es un producto anticuado y tecnológicamente desfasado.

Método ABC

El método de análisis ABC se utiliza para decidir el grado de control que se dedica a los distintos productos del almacén. Se fundamenta en la idea de que solamente interesa realizar un control exhaustivo de los productos más importantes, y reducir el grado de control para aquellos productos menos importantes. Este método establece tres categorías de artículos para aplicar un grado de control diferente a cada uno de ellos:

- **Grupo A.** Está compuesto por un número reducido de artículos con un alto valor. Suele estar formado por los artículos que representan el 80 % del valor del *stock*, y que se corresponden con el 20 % del total de artículos, aproximadamente. Representa el *stock* de alto valor.
- **Grupo B.** Este grupo incluye, aproximadamente, el 15 % del valor del *stock* que supone el 30 % del total de artículos. Representa el *stock* de valor intermedio.
- **Grupo C.** Está formado por aquellos artículos que representan un alto porcentaje en unidades físicas, aunque con reducido valor. Incluye, aproximadamente, el 5 % del valor del *stock* y el 50 % del total de artículos. Representa el *stock* de bajo valor.

¡! IMPORTANTE

El valor de un artículo puede venir dado por distintos motivos (el precio de compra, la cantidad utilizada por unidad de tiempo, etc.).

El método ABC permite clasificar los artículos en función del nivel de control y atención que requieren. De esta forma:

- Los artículos del grupo A requieren un grado de control estricto. Necesitan una actualización exacta del inventario en tiempo real, por unidades.
- Para los artículos del grupo B es suficiente con un grado de control normal, realizado de forma periódica. El inventario se actualiza por lotes, en lugar de actualizarlo por unidades.
- Los artículos del grupo C requieren un grado de control simple. La actualización del inventario se realiza mediante recuentos simplificados (por cajas, montones, etc.).

SABÍAS QUE

Un **inventario** es una relación de los artículos depositados en el almacén, clasificados por grupos y categorías, indicando el lugar de ocupación.

Para aplicar el método ABC se deben seguir, en orden, los siguientes pasos:

1. Ordenar los artículos de mayor a menor valor.
2. Calcular el porcentaje que supone cada artículo sobre el total de artículos del almacén y sobre el valor total del *stock*.
3. Obtener los porcentajes acumulados de los artículos, tanto en valor como en unidades.
4. Representar los datos gráficamente y determinar los grupos A, B y C. En el eje de abscisas se representan los porcentajes acumulados de artículos y en el eje de ordenadas se representan los porcentajes acumulados del valor.

Actividad resuelta 8.1

Una determinada empresa tiene en su almacén seis productos diferentes, cuyos valores y unidades se reflejan en la Tabla 8.2. Aplica el método ABC y clasifica los productos en función del nivel de control y atención requeridos.

Tabla 8.2. Valor y unidades de los productos depositados en el almacén

Producto	Unidades	Valor unitario	Valor total
A	80	21	1680
B	130	43	5590
C	30	200	6000
D	565	5	2825
E	55	150	8250
F	840	3	2520
Total unidades	1700	**Total valor**	26 865

Solución:

Para establecer las categorías de los productos se procede a ordenar los productos en función de su valor. Seguidamente se obtienen los porcentajes acumulados de unidades y de valor para determinar el grupo de pertenencia en función de los resultados. En la Figura 8.20 se refleja la representación gráfica de la información.

Tabla 8.3. Porcentajes acumulados de los productos y clasificación

Producto	% Ud.	% Ud. acum.	% Valor	% Valor acum	Grupo
E	3.24	3.24	30.71	30.71	A
C	1.76	5	22.33	53.04	A
B	7.65	12.65	20.81	73.85	A
D	33.24	45.89	10.52	84.37	B
F	49.40	45.29	9.38	93.75	B
A	4.71	100	6.25	100	C

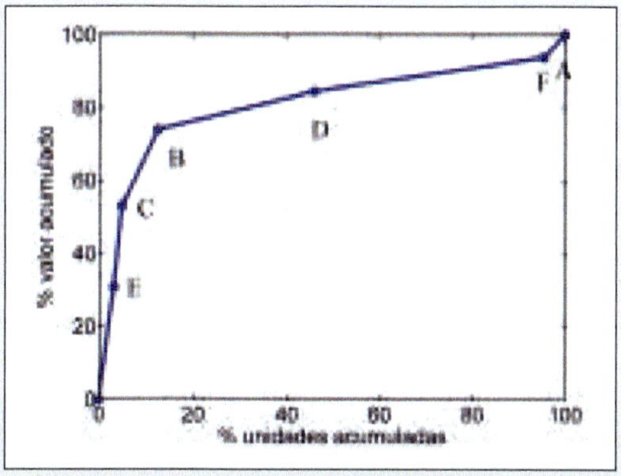

Figura 8.20. *Representación gráfica de los datos.*

8.11. *Software* informático para la gestión del plan de mantenimiento

En la actualidad se puede encontrar en el mercado una gran variedad de *softwares* informáticos para la gestión del plan de mantenimiento de las instalaciones. Algunas de las prestaciones más importantes que ofrecen estos programas informáticos son:

- Programación y temporalización de las operaciones de mantenimiento preventivo.
- Control de las posibles averías e incidencias que pueden ocurrir en la instalación. Creación de un histórico con todas las incidencias.
- Gestión y control de los recambios y de los componentes del almacén.
- Generación y seguimiento de los partes de averías y órdenes de trabajo.
- Gestión de la base de datos de proveedores.

Figura 8.21. *La utilización del* software *informático facilita considerablemente la gestión del plan de mantenimiento.*

MANTENIMIENTO DE INSTALACIONES SOLARES FOTOVOLTAICAS

- INTRODUCCIÓN AL MANTENIMIENTO
- OPERACIONES DE MANTENIMIENTO PREVENTIVO POR EL USUARIO
  - Generador fotovoltaico
  - Sistema de acumulación
  - Inversor y regulador
  - Instalación eléctrica
- OPERACIONES DE MANTENIMIENTO PREVENTIVO POR EL PERSONAL TÉCNICO CUALIFICADO
  - Funcionamiento general
  - Generador fotovoltaico
  - Inversor y regulador
  - Sistema de acumulación
  - Sistema de monitorización
  - Instalación eléctrica
  - Mantenimiento de las medidas de seguridad
- SUPERVISIÓN. AVERÍAS CRÍTICAS
  - Generador fotovoltaico
  - Sistema de acumulación
  - Inversor y regulador
- OPERACIONES DE MANTENIMIENTO CORRECTIVO
- AJUSTE Y ADAPTACIÓN ESTACIONAL
- PROTECCIÓN DE LAS INSTALACIONES SOLARES FOTOVOLTAICAS FRENTE A FACTORES METEOROLÓGICOS ADVERSOS

MAPA CONCEPTUAL

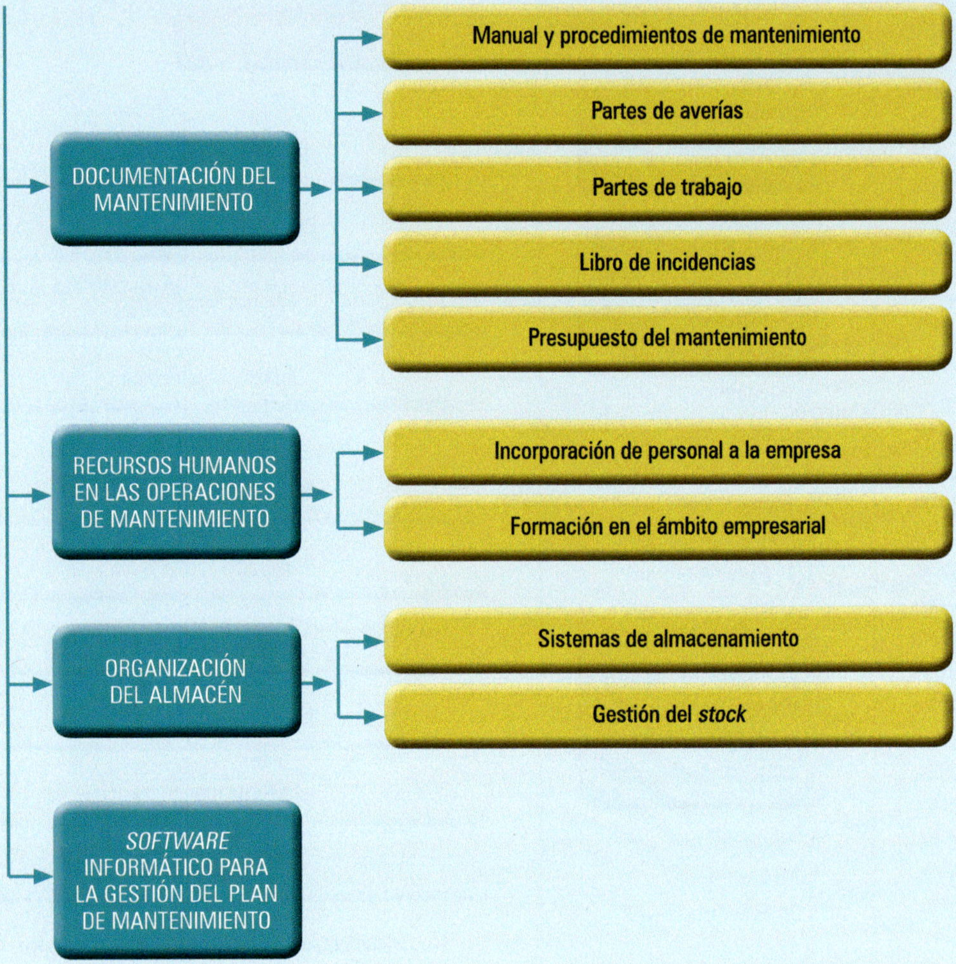

De comprobación

8.1. El tipo de mantenimiento que se realiza cuando tiene lugar una avería se denomina:

a) Mantenimiento correctivo.

b) Mantenimiento preventivo.

c) Mantenimiento predictivo.

d) Ninguna respuesta es correcta.

8.2. El tipo de mantenimiento que consiste en realizar un seguimiento del estado de la instalación para predecir la aparición de un fallo antes de que este ocurra se denomina:

a) Mantenimiento correctivo.

b) Mantenimiento preventivo.

c) Mantenimiento predictivo.

d) Ninguna respuesta es correcta.

8.3. ¿Cuál de las siguientes operaciones no puede ser realizada por el usuario?

a) Verificar el estado de carga de las baterías, observando los indicadores del regulador de carga o de los elementos de monitorización.

b) Medir la densidad del electrolito de los elementos de las baterías.

c) Comprobar visualmente posibles deterioros en la estructura soporte y los elementos de anclaje.

d) Mantener libres de objetos los alrededores de los equipos para no dificultar su ventilación.

8.4. ¿Cuál de las siguientes operaciones puede ser realizada por el usuario?

a) Apretar los bornes y conexiones eléctricas.

b) Revisar la conexión de los conductores de protección a las masas.

c) Medir la tensión eléctrica de cada uno de los elementos o vasos del sistema de acumulación de energía.

d) Comprobar visualmente en la pantalla del regulador de carga que los valores de la intensidad y la tensión del generador fotovoltaico se corresponden con los valores previstos.

8.5. La carga de ecualización:

a) Se debe realizar aleatoriamente en las baterías de plomo-ácido con electrolito líquido.

b) Se debe realizar aleatoriamente en las baterías de plomo-ácido con electrolito inmovilizado.

c) Se debe realizar periódicamente en las baterías de plomo-ácido con electrolito líquido.

d) Se debe realizar periódicamente en las baterías de plomo-ácido con electrolito inmovilizado.

8.6. La sulfatación de una batería:

a) Aumenta su resistencia interna y reduce su tensión eléctrica y su capacidad.

b) Reduce su resistencia interna, su tensión eléctrica y su capacidad.

c) Reduce su resistencia interna, aumenta su tensión eléctrica y reduce su capacidad.

d) Aumenta su resistencia interna, su tensión eléctrica y reduce su capacidad.

8.7. Indica la respuesta incorrecta.

a) El libro de incidencias siempre se debe mantener en la obra.

b) Cualquier anotación realizada en el libro debe ser notificada la Inspección de Trabajo y Seguridad Social.

c) Cualquier anotación realizada en el libro debe ser notificada al contratista afectado.

d) Cualquier anotación realizada en el libro debe ser notificada a los representantes de los trabajadores.

8.8. Indica la respuesta incorrecta. En la fase de aceptación, las empresas utilizan distintos medios con el objetivo de captar candidatos para un determinado puesto de trabajo, tales como:

a) Entrevista inicial para validar la información contenida en la documentación presentada y verificar el interés mutuo.

b) Publicación de anuncios en medios de comunicación.

c) Captación en centros de formación y asociaciones profesionales.

d) Aceptación de solicitudes espontáneas.

8.9. El sistema de almacenamiento en estanterías dinámicas:

a) Consiste en apilar directamente las mercancías unas encima de otras, formando bloques compactos.

b) Utiliza estanterías que se asientan sobre una base móvil que se desplaza sobre unos carriles empotrados en el suelo.

c) Está basado en una estructura compacta que utilizan caminos de rodillos ligeramente inclinados sobre los que se deslizan las unidades de carga.

d) Permite realizar un control de la rotación del *stock*. Pueden ser del tipo *drive-in* o *drive-through*.

8.10. Con respecto al método ABC:

a) Los artículos del grupo C requieren un grado de control estricto.

b) Los artículos del grupo A requieren una actualización del inventario mediante recuentos simplificados.

c) Los artículos del grupo B requieren un grado de control simple.

d) Los artículos del grupo A necesitan una actualización exacta del inventario en tiempo real, por unidades.

De aplicación

8.11. Explica en qué consiste el mantenimiento correctivo, preventivo y predictivo.

8.12. Enumera las principales operaciones de mantenimiento preventivo del generador fotovoltaico que puede realizar el usuario.

8.13. Enumera las principales operaciones de mantenimiento preventivo del sistema de acumulación de energía que realiza el personal técnico cualificado.

8.14. ¿Cuáles son las principales averías que puede sufrir el generador fotovoltaico?

8.15. ¿Cuáles son las principales averías que puede sufrir el sistema de acumulación de energía?

8.16. Determina, para cada mes del año, el ángulo óptimo de inclinación de los módulos fotovoltaicos de una instalación solar fija ubicada en Zaragoza.

8.17. ¿Qué método se utiliza para proteger las instalaciones solares fotovoltaicas basadas en sistemas de seguimiento solar frente a condiciones meteorológicas con fuertes vientos?

8.18. Elabora la ficha de operación de mantenimiento de la medida de la densidad del electrolito de un elemento del sistema de acumulación.

8.19. El presupuesto de mantenimiento es un documento difícil de realizar, ya que se basa en previsiones futuras. ¿En qué partidas se divide para facilitar su realización?

8.20. Relaciona las fases que componen el proceso de incorporación de personal a una empresa para cubrir los puestos vacantes de la organización.

8.21. Enumera y explica los principales sistemas de almacenamiento de mercancías.

8.22. ¿Cuándo tiene lugar una ruptura de *stock*?

8.23. Una determinada empresa tiene en las existencias de su almacén un total de seis productos diferentes, cuyos valores y unidades se reflejan en la Tabla 8.4. Clasifica los productos según su relevancia aplicando el método ABC.

Tabla 8.4. Valor y unidades de los productos depositados en el almacén

Producto	Unidades	Valor unitario	Valor total
A	340	4	1360
B	8	395	3160
C	182	12	2184
D	67	33	2211
E	15	190	2850
F	490	2	980
Total unidades	1102	**Total valor**	12 745

De ampliación

8.24. Diseña un plan de mantenimiento de una instalación solar fotovoltaica. Debes enumerar cada una de las operaciones de mantenimiento y fijar la periodicidad de realización. Para ayudarte, busca información en los manuales de instrucciones de los fabricantes de los distintos elementos que componen la instalación.

8.25. Visualiza en la pantalla de un regulador de carga en estado operativo la información que proporciona sobre el estado de la instalación: intensidad de generación, intensidad de consumo, tensión del sistema de acumulación, estado de carga, disparo de alarmas, etc. Realiza las medidas de estas intensidades y tensiones y compáralas con las medidas de la pantalla del regulador de carga. En caso de que el regulador de carga incorpore las funciones de protección correspondientes, provoca una avería para comprobar su funcionamiento.

8.26. Dada una instalación solar fotovoltaica aislada, aumenta considerablemente los consumos para descargar la batería y comprueba el funcionamiento de la protección del regulador de carga frente a sobredescargas. Compara que la tensión real de disparo de la protección coincide con la tensión de disparo configurada. Comprueba las tensiones de corte que controlan los tipos de carga de la batería (carga profunda, carga de flotación, carga de ecualización). Comprueba también el disparo de las protecciones del inversor frente a valores altos/bajos de la tensión de entrada, cortocircuitos, sobrecargas, etc.

Durante la realización de las operaciones de montaje y mantenimiento existe la posibilidad de que un trabajador sufra un determinado daño derivado del trabajo. En esta unidad se aborda el tema de la protección colectiva y protección individual, con el objeto de eliminar o disminuir los riesgos derivados del trabajo, así como la señalización de seguridad y salud en el trabajo. Se dedica un apartado a la gestión de residuos, y la unidad finaliza con la exposición de las principales medidas de protección de las instalaciones solares fotovoltaicas frente a robos.

Prevención de riesgos, seguridad y protección medioambiental

9

Contenidos

Objetivos

- Conocer la legislación sobre prevención de riesgos laborales.
- Determinar las medidas de protección individual y colectiva que se deben adoptar durante las operaciones de montaje y mantenimiento de instalaciones solares fotovoltaicas.
- Clasificar y seleccionar los equipos de protección individual en función del riesgo laboral.
- Reconocer e interpretar la señalización de seguridad y salud en el trabajo.
- Comprender la legislación sobre la gestión de residuos.
- Identificar, conocer y seleccionar las medidas de protección de las instalaciones solares fotovoltaicas frente a robos.

9.1. Prevención de riesgos laborales

Se denomina **«riesgo laboral»** a la posibilidad de que un trabajador sufra un determinado daño derivado del trabajo. La **Ley 31/1995, de 8 de noviembre, de Prevención de Riesgos Laborales** (última modificación 29 de diciembre de 2014) tiene por objeto promover la seguridad y la salud de los trabajadores mediante la aplicación de medidas y el desarrollo de las actividades necesarias para la prevención de riesgos derivados del trabajo. Esta ley determina el cuerpo básico de garantías y responsabilidades preciso para establecer un adecuado nivel de protección de la salud de los trabajadores frente a los riesgos derivados de las condiciones de trabajo, en el marco de una política coherente, coordinada y eficaz.

Según el artículo 6 de Ley 31/1995, son las normas reglamentarias las que fijan y concretan los aspectos más técnicos de las medidas preventivas. Son las normas de desarrollo reglamentario las que deben fijar las medidas mínimas que deben adoptarse para la adecuada protección de los trabajadores.

Los cuatro métodos básicos para eliminar o reducir los riesgos laborales son:

- Eliminación del riesgo.
- Aislamiento del riesgo.
- Alejamiento del trabajador.
- Protección del trabajador.

9.1.1. Definiciones

El artículo 4 de la Ley 31/1995 establece las siguientes definiciones relativas a prevención de riesgos laborales:

- **Prevención.** Conjunto de actividades o medidas adoptadas o previstas en todas las fases de actividad de la empresa con el fin de evitar o disminuir los riesgos derivados del trabajo.
- **Riesgo laboral.** Posibilidad de que un trabajador sufra un determinado daño derivado del trabajo. Para calificar un riesgo desde el punto de vista de su gravedad, se valoran conjuntamente la probabilidad de que se produzca el daño y la severidad de este.
- **Daños derivados del trabajo.** Enfermedades, patologías o lesiones sufridas con motivo u ocasión del trabajo.
- **Riesgo laboral grave e inminente.** Aquel que resulte probable racionalmente que se materialice en un futuro inmediato y pueda suponer un daño grave para la salud de los trabajadores.
- **Procesos, actividades, operaciones, equipos o productos «potencialmente peligrosos».** Aquellos que, en ausencia de medidas preventivas específicas, originen riesgos para la seguridad y la salud de los trabajadores que los desarrollan o utilizan.
- **Equipo de trabajo.** Cualquier máquina, aparato, instrumento o instalación utilizada en el trabajo.
- **Condición de trabajo.** Cualquier característica de este que pueda tener una influencia significativa en la generación de riesgos para la seguridad y la salud del trabajador.
- **Equipo de protección individual.** Cualquier equipo destinado a ser llevado o sujetado por el trabajador para que le proteja de uno o varios riesgos que puedan amenazar su seguridad o su salud en el trabajo, así como cualquier complemento o accesorio destinado a tal fin.

9.1.2. Principios generales de la acción preventiva

Los nueve principios generales de la acción preventiva son (artículo 15 de Ley 31/1995):

- Evitar los riesgos.
- Evaluar los riesgos que no se puedan evitar.
- Combatir los riesgos en su origen.
- Adaptar el trabajo a la persona, en particular en lo que respecta a la concepción de los

puestos de trabajo, así como a la elección de los equipos y los métodos de trabajo y de producción, con miras, en particular, a atenuar el trabajo monótono y repetitivo y a reducir los efectos de este en la salud.

- Tener en cuenta la evolución de la técnica.
- Sustituir lo peligroso por lo que entrañe poco o ningún peligro.
- Planificar la prevención, buscando un conjunto coherente que integre en ella la técnica, la organización del trabajo, las condiciones de trabajo, las relaciones sociales y la influencia de los factores ambientales en el trabajo.
- Adoptar medidas que antepongan la protección colectiva a la individual.
- Dar las debidas instrucciones a los trabajadores.

9.2. Protección colectiva

El artículo 15 de la Ley 31/1995 establece adoptar medidas que antepongan la protección colectiva a la individual. El objetivo de la **protección colectiva** es «eliminar la situación de riesgo», mientras que la finalidad de la **protección individual** es «eliminar o reducir las consecuencias que se derivan de dicha situación de riesgo». A diferencia de la protección colectiva, las medidas de protección individual no eliminan el riesgo, sino que anteponen la última barrera entre el riesgo y el hombre.

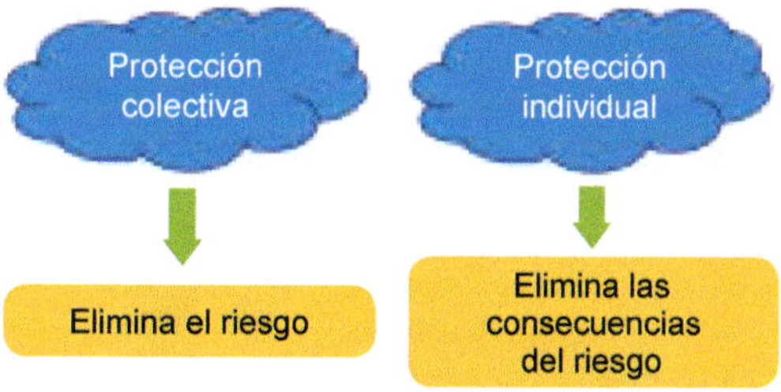

Figura 9.1. *Finalidad de la protección colectiva y la protección individual.*

Las medidas de protección colectiva se aplican de forma simultánea a varios trabajadores expuestos a un determinado riesgo y no se aplican sobre el cuerpo. Cuando el riesgo no se puede eliminar o reducir suficientemente mediante estos medios, entonces se utilizan las medidas de protección individual. Los equipos de protección individual protegen solamente a una persona y se aplican sobre el cuerpo. La utilización de estas medidas complementa la protección colectiva, pero no la sustituye.

Algunas de las medidas de protección colectiva más habituales son las siguientes:

- **Barandillas.** Su finalidad es proteger contra el riesgo de caídas de personas.
- **Redes.** Se utilizan para evitar o disminuir la caída de personas a distinto nivel.
- **Barreras de protección acústicas.** Limitan el nivel acústico.
- **Barreras de protección térmicas.** Limitan el flujo de calor.
- **Resguardos de protección de máquinas.** Impiden o dificultan el acceso de las personas o de sus miembros a la zona de peligro de una máquina.

Figura 9.2. *Resguardo de una máquina herramienta. Dificulta el acceso a la zona de peligro y limita la proyección de partículas hacia el trabajador.*

- **Vallado del perímetro de la zona de trabajo.**
- **Extintores de incendios.**
- **Señalización de seguridad y salud.**
- **Sistemas de ventilación general.** Su objetivo es el suministro y extracción de aire de un lugar. Pretenden sustituir un aire con carac-

terísticas no deseables (presencia de agentes químicos, temperatura, etc.) por otro con las condiciones adecuadas.

- **Sistemas de extracción localizada.** Captan el agente contaminante en el lugar más próximo posible del punto de generación para evitar su difusión en el ambiente.
- **Orden y limpieza en el lugar de trabajo.**

9.3. Equipos de protección individual

El Real Decreto 773/1997 establece las disposiciones mínimas de seguridad y de salud para la elección, utilización por los trabajadores en el trabajo y mantenimiento de los equipos de protección individual.

Se denomina **equipo de protección individual (EPI)** a cualquier equipo destinado a ser llevado o sujetado por el trabajador para que le proteja de uno o varios riesgos que puedan amenazar su seguridad o su salud, así como cualquier complemento o accesorio destinado a tal fin. Conviene recordar que un EPI no elimina el riesgo. La finalidad de un EPI es suprimir las consecuencias del riesgo. Su función consiste en aislar al trabajador de las agresiones externas, creando una barrera o escudo entre el riesgo y el trabajador.

No se consideran equipos de protección individual:

- La ropa de trabajo corriente y los uniformes que no estén específicamente destinados a proteger la salud o la integridad física del trabajador.
- Los equipos de los servicios de socorro y salvamento.
- Los equipos de protección individual de los militares, de los policías y de las personas de los servicios de mantenimiento del orden.
- Los equipos de protección individual de los medios de transporte por carretera.
- El material de deporte.
- El material de autodefensa o de disuasión.
- Los aparatos portátiles para la detección y señalización de los riesgos y de los factores de molestia.

9.3.1. Equipos de protección respiratoria (EPR)

Los equipos de protección respiratoria protegen las vías respiratorias reduciendo la concentración de los contaminantes aerotransportados por debajo de unos niveles recomendados. Existen dos tipos principales de equipos de protección respiratoria: los equipos filtrantes y los equipos aislantes.

Los **equipos filtrantes** purifican o filtran el aire contaminado. Se componen de una pieza facial y uno o varios filtros que eliminan los agentes contaminantes del aire antes de ser inhalado. Se subdividen en:

- Equipos filtrantes contra partículas.
- Equipos filtrantes contra gases y vapores.
- Equipos filtrantes contra partículas, gases y vapores.

Los **equipos aislantes** proporcionan aire respirable no contaminado a partir de una fuente externa. Se componen de una pieza facial y un suministro de aire. A su vez, se pueden clasificar en función de la fuente de aire o gas respirable:

- Autónomos (botella a presión portada por el usuario del equipos).
- No autónomos.

Figura 9.3. *Equipo de protección respiratoria del tipo equipo filtrante.*

ENLACES WEB

En la dirección http://www.insht.es/portal/site/Epi/ se encuentra disponible el **Portal de Equipos de Protección Individual** del Instituto Nacional de Seguridad e Higiene en el Trabajo.

9.3.2. Protección de pies y piernas

El calzado de uso profesional se utiliza para la protección de las extremidades inferiores. En función de la protección ofrecida contra el impacto y la protección en la zona de los dedos, se clasifica en:

- **Calzado de seguridad y calzado de protección.** Aunque ambos tipos garantizan la protección de la parte de los dedos, el nivel de protección es mayor en el calzado de seguridad.
- **Calzado de trabajo.** No proporciona protección en la parte de los dedos.

A su vez, los dos tipos anteriores pueden ofrecer otras protecciones específicas, tales como:

- Resistencia al deslizamiento.
- Resistencia a la penetración a través de la suela de objetos punzantes o cortantes.
- Aislamiento térmico.

En cuanto al comportamiento eléctrico, el calzado se puede clasificar en **conductor**, **aislante de la electricidad** y **antiestático**.

9.3.3. Protección de la cabeza

La función principal de los cascos de protección de **uso industrial general** es proteger la cabeza contra los impactos y contra la caída de objetos. Siempre se debe desechar el casco después de un impacto significativo. El funcionamiento conjunto del casco debe cumplir las siguientes condiciones:

- Limitar la presión aplicada al cráneo.
- Desviar la caída de objetos.
- Disipar y dispersar la energía del impacto.

Existen otros cascos diseñados para **aplicaciones específicas**. Por ejemplo, los cascos eléctricamente aislantes para uso en instalaciones de baja tensión.

Figura 9.4. *Casco de protección de uso industrial general.*

9.3.4. Protección ocular y facial

Los equipos de protección ocular y facial se pueden clasificar en función del tipo de protector y en función del campo de uso. Según el **tipo de protector**, se distinguen los siguientes:

- **Gafas de protección de montura universal.** Se componen de dos oculares montados sobre una montura.
- **Gafas de protección de montura integral.** Están formadas por una montura de plástico flexible con ocular panorámico que cubre ambos ojos. Se ajustan a la cabeza mediante una cinta elástica. Protegen los ojos desde todos los ángulos, ya que están ajustadas completamente a la cara.
- **Pantallas faciales.** Se trata de un ocular que cubre toda la región ocular y, a su vez, parte o toda la región facial, montado sobre una montura con arnés de cabeza. También existen pantallas de mano.

Según el **campo de uso**, pueden servir como:

- Protección contra impactos.
- Protección contra la penetración de partículas de polvo grueso.
- Protección contra la penetración de partículas de polvo fino y gases.
- Protección contra las salpicaduras de líquidos.
- Protección contra la penetración de gotas de líquidos.
- Protección contra el arco eléctrico de cortocircuito.

- Protección contra las radiaciones ópticas.
- Protección contra la proyección de metales fundidos y sólidos candentes.

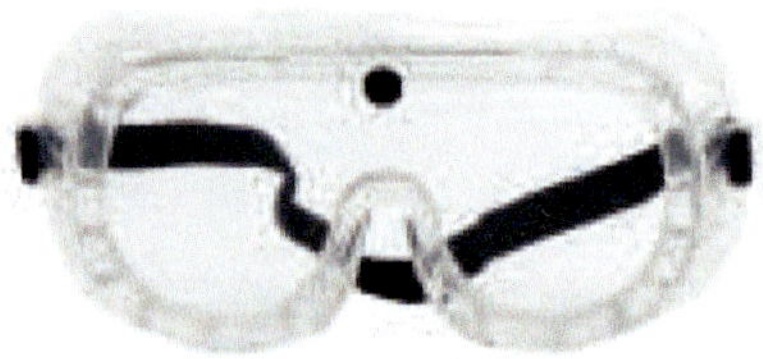

Figura 9.5. *Gafas de protección de montura integral.*

9.3.5. Protección auditiva

Los equipos de protección auditiva se pueden clasificar en función del modo de colocación. Se distinguen los siguientes tipos:

- **Orejeras.** Se componen de dos casquetes que cubren los pabellones auditivos. Se adaptan a la cabeza mediante unas almohadillas flexibles que realizan una función de sellamiento acústico. Los dos casquetes se unen mediante una cinta de plástico o de metal que ejerce la presión necesaria sobre la cabeza.
- **Orejeras acopladas a cascos de protección.** Están formadas por dos casquetes unidos fijados al casco de protección mediante brazos regulables.
- **Cascos acústicos.** Se trata de equipos que cubren también parte de la cabeza para reducir la transmisión ósea del sonido al oído interno.
- **Tapones.** Son elementos que se colocan en la entrada o dentro del conducto auditivo, y realizan así el sellado acústico.

Figura 9.6. *Orejeras.*

9.3.6. Protección contra caídas

Los sistemas anticaídas son equipos de protección individual que protegen al trabajador de una posible caída de altura. Se pueden encontrar los siguientes tipos:

- **Sistema de retención.** Este sistema restringe el desplazamiento del usuario. Impide que este alcance zonas con riesgo de caída.
- **Sistema de sujeción (o posicionamiento).** Permite que el usuario realice trabajos apoyado en tensión o suspensión, y previene una caída libre.
- **Sistema anticaídas.** Este sistema de protección detiene una caída libre y limita la fuerza del impacto que soporta el usuario durante la detención de caída mediante un absorbedor de energía. Un sistema anticaídas se compone de las siguientes partes:
  - *Arnés.* Es un dispositivo de prensión del cuerpo constituido por bandas, hebillas, etc. El usuario debe regular y ajustar correctamente el arnés antes de iniciar el trabajo.
  - *Absorbedor de energía.* Este elemento une el arnés a un sistema anticaídas o una línea de vida. Se compone de una parte elástica y una parte fija. Incluye un elemento de absorción de energía que reduce la fuerza del impacto.
  - *Dispositivos anticaídas.* Su finalidad es detener la caída de la persona mediante el bloqueo de un dispositivo. Estos dispositivos unen el absorbedor de energía a una línea de vida o a una estructura fija. Los dispositivos anticaídas pueden ser deslizantes o retráctiles.
  - *Conectores.* Son equipos metálicos provistos de apertura para enganchar los distintos componentes. Pueden ser de cierre automático o cierre de rosca, y la operación de desenganche tiene lugar por acción voluntaria.
  - *Cordajes.* Están fabricados con fibras sintéticas.

9.3.7. Protección de manos y brazos

La protección de manos y brazos frente los agentes externos se suele realizar mediante guantes de protección. Se pueden clasificar en:

- Guantes de protección contra riesgos mecánicos.
- Guantes de protección contra cortes y pinchazos producidos por cuchillos.
- Guantes de protección contra productos químicos y microorganismos.
- Guantes de protección contra el frío.
- Guantes que proporcionan protección contra riesgos térmicos.
- Guantes de protección contra riesgos eléctricos.
- Guantes de protección contra radiación ionizante y contaminación radioactiva.
- Guantes de protección antivibraciones.

9.3.8. Ropa de protección

A diferencia de la ropa de trabajo, la ropa de protección se diseña para proteger al usuario frente a un riesgo específico. Los tipos de ropa específicos más habituales son:

- Ropa de protección contra ambientes fríos.
- Ropa de protección contra el frío.
- Ropa de protección contra la lluvia.
- Ropa de protección contra cortes y pinchazos producidos por cuchillos manuales.
- Ropa de protección contra productos químicos.
- Ropa de protección contra agentes biológicos.
- Ropa de protección contra el calor y la llama.
- Ropa de protección contra contaminación radioactiva.
- Ropa de señalización de alta visibilidad.
- Rodilleras para trabajos en posición arrodillada.

9.3.9. Protección frente al riesgo eléctrico

Según el Real Decreto 614/2001, de 8 de junio, sobe disposiciones mínimas para la protección de la salud y seguridad de los trabajadores frente al riesgo eléctrico, se entiende por «riesgo eléctrico» el **riesgo originado por la energía eléctrica**. Quedan específicamente incluidos los riesgos de:

- Choque eléctrico por contacto con elementos en tensión (contacto eléctrico directo) o con masas puestas accidentalmente en tensión (contacto eléctrico indirecto).
- Quemaduras por choque eléctrico, o por arco eléctrico.
- Caídas o golpes como consecuencia de choque o arco eléctrico.
- Incendios o explosiones originados por la electricidad.

En esta definición de riesgo eléctrico se incluyen, además del riesgo del paso de la corriente eléctrica por el cuerpo humano, otros riesgos asociados a la utilización de la energía eléctrica, como quemaduras, caídas, incendios, explosiones, etc.

La variedad de riesgos asociados a la energía eléctrica dificulta la selección de los equipos de protección individual, ya que se debe compaginar la protección frente a todos ellos.

Los principales equipos de protección individual dieléctricos utilizados cuando se realizan **trabajos a tensiones peligrosas** en baja tensión son:

- Guante dieléctrico o aislante de la electricidad.
- Casco eléctricamente aislante para uso en instalaciones de baja tensión.
- Calzado aislante de la electricidad para uso en instalaciones de baja tensión.
- Ropa aislante para trabajos en instalaciones de baja tensión.

Cuando se realizan **trabajos con posibilidad de arco eléctrico peligroso**, los principales equipos de protección individual más habituales son:

- Dos o más EPI dieléctricos.
- Ropa de protección frente a los riesgos térmicos derivados del arco eléctrico.
- Protección ocular frente al arco eléctrico.

En cuanto a la realización de trabajos en atmósferas explosivas, si además existe el riesgo de choque y arco eléctrico, los equipos de protección individual utilizados son:

- Calzado antiestático.
- Ropa y guantes de protección con propiedades disipativas de la carga o «antiestáticas», cuyas propiedades térmicas sean adecuadas a las energías térmicas producidas durante un posible arco eléctrico.
- Otros EPI frente al choque y el arco eléctrico, tales como los enumerados anteriormente.

Actividad propuesta 9.1

Consulta la «Lista indicativa y no exhaustiva de actividades y sectores de actividades que pueden requerir la utilización de equipos de protección individual» presentada en el anexo III del Real Decreto 773/1997 sobre disposiciones mínimas de seguridad y de salud relativas a la utilización por los trabajadores de equipos de protección individual.

9.4. Señalización de seguridad y salud en el trabajo

Según el Real Decreto 485/1997, se entiende por **señalización de seguridad y salud en el trabajo** aquella señalización que, referida a un objeto, actividad o situación determinadas, proporcione una indicación o una obligación relativa a la seguridad o la salud en el trabajo mediante una señal en forma de panel, un color, una señal luminosa o acústica, una comunicación verbal o una señal gestual, según proceda.

¡! IMPORTANTE

La señalización no sustituye a las medidas de protección colectiva y se debe utilizar cuando no ha sido posible eliminar el riesgo o reducirlo suficientemente. Tampoco sustituye a la formación e información de los trabajadores en materia de seguridad y salud en el trabajo.

SABÍAS QUE

Un **pictograma** es una imagen que describe una situación u obliga a un comportamiento determinado, que se utiliza sobre una señal en forma de panel o sobre una superficie luminosa.

9.4.1. Colores de seguridad

En materia de señalización, la utilización de colores tiene un significado específico. Un color de seguridad es un color al que se le atribuye una significación determinada en relación con la seguridad y salud en el trabajo (Tabla 9.1). Cuando el color de seguridad se aplica sobre un color de fondo que pueda dificultar su visibilidad, se utilizan colores de contraste indicados en la Tabla 9.2.

Tabla 9.1. Colores de seguridad

Color	Significado
Rojo	Señal de prohibición
	Peligro-alarma
	Material y equipos de lucha contra incendios
Amarillo o amarillo anaranjado	Señal de advertencia
Azul	Señal de obligación
Verde	Señal de salvamento o de auxilio
	Situación de seguridad

Tabla 9.2. Colores de contraste

Color de seguridad	Color de contraste
Rojo	Blanco
Amarillo o amarillo anaranjado	Negro
Azul	Blanco
Verde	Blanco

9.4.2. Señales en forma de panel

Una señal en forma de panel es una señal que, por la combinación de una forma geométrica, de colores y de un símbolo o pictograma, proporciona una determinada información, cuya visibilidad está asegurada por una iluminación de suficiente intensidad.

- **Señales de advertencia.** Una señal de advertencia es una señal que advierte de un riesgo o peligro. Tienen forma triangular. El pictograma es de color negro sobre fondo amarillo, y los bordes de color negro. De forma excepcional, el fondo de la señal «Materias nocivas o irritantes» es de color naranja, en lugar de amarillo.
- **Señales de prohibición.** Una señal de prohibición es una señal que prohíbe un comportamiento susceptible de provocar un peligro. Tienen forma redonda. El pictograma es de color negro sobre fondo blanco y los bordes y la franja lateral son de color rojo.

Figura 9.7. *Señales de advertencia.*

Figura 9.8. *Señales de prohibición.*

- **Señales de obligación.** Una señal de obligación es una señal que obliga a un comportamiento determinado. Tienen forma redonda y el pictograma es de color blanco sobre fondo azul.

Figura 9.9. *Señales de obligación.*

- **Señales relativas a los equipos de lucha contra incendios.** Estas señales tienen forma rectangular o cuadrada, con pictograma blanco sobre fondo rojo.

Figura 9.10. *Señales relativas a los equipos de lucha contra incendios.*

- **Señales de salvamento o socorro.** Una señal de salvamento o de socorro es una señal que proporciona indicaciones relativas a las salidas de socorro, a los primeros auxilios o a los dispositivos de salvamento. Su forma es rectangular o cuadrada, con pictograma blanco sobre fondo verde.

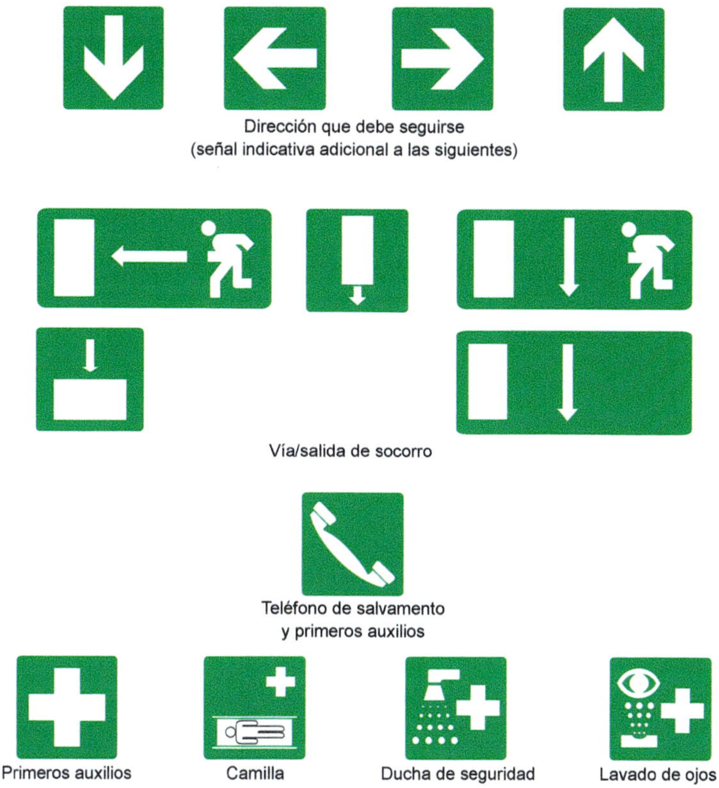

Figura 9.11. *Señales de salvamento y socorro.*

9.4.3. Señales luminosas

Una señal luminosa es una señal emitida por medio de un dispositivo formado por materiales transparentes o translúcidos, iluminados desde atrás o desde el interior, de tal manera que aparezca por sí misma como una superficie luminosa. No se deben utilizar simultáneamente dos señales luminosas que puedan dar lugar a confusión.

9.4.4. Señales acústicas

Una señal acústica es una señal sonora codificada, emitida y difundida por medio de un dispositivo apropiado, sin intervención de voz humana o sintética. El nivel sonoro de la señal acústica debe ser superior al nivel de ruido ambiental. No obstante, no se debe utilizar una señal acústica cuando el ruido ambiental sea demasiado intenso. Tampoco se deben utilizar dos señales acústicas de forma simultánea.

9.4.5. Comunicaciones verbales

Se denomina comunicación verbal a un mensaje verbal predeterminado, en el que se utiliza voz humana o sintética. Las personas implicadas deben conocer bien el lenguaje utilizado, con el objeto de poder pronunciar y comprender correctamente el mensaje verbal y adoptar, en función de este, el comportamiento apropiado en el ámbito de la seguridad y la salud.

9.4.6. Señales gestuales

Una señal gestual es un movimiento o disposición de los brazos o de las manos en forma codificada para guiar a las personas que estén realizando maniobras que constituyan un riesgo o peligro para los trabajadores. Las señales gestuales deben ser precisas, simples, amplias, fáciles de realizar y comprender y distinguibles de forma clara de cualquier otra señal gestual.

9.4.7. Señalizaciones de tuberías, recipientes y áreas de almacenamiento de sustancias y preparados peligrosos

Las etiquetas para la señalización de recipientes y tuberías se deben fijar, pegar o pintar en lugares visibles de los mismos. Los símbolos e indicaciones de peligro de las sustancias y preparados tóxicos se reflejan en la Figura 9.12.

Actividad propuesta 9.2

Consulta el conjunto de gestos codificados en el Real Decreto 485/1997, de 14 de abril, sobre disposiciones mínimas en materia de señalización de seguridad y salud en el trabajo (gestos generales, movimientos horizontales, movimientos verticales, peligro).

9.5. Protección medioambiental y gestión de residuos

En la actualidad, el aumento continuo de la producción de residuos repercute negativamente sobre el medioambiente. La Ley 22/2011, de 28 de julio, de residuos y suelos contaminados, tiene por objeto regular la gestión de los residuos, impulsando medidas que prevengan su generación y mitiguen los impactos adversos sobre la salud humana y el medioambiente, asociados a

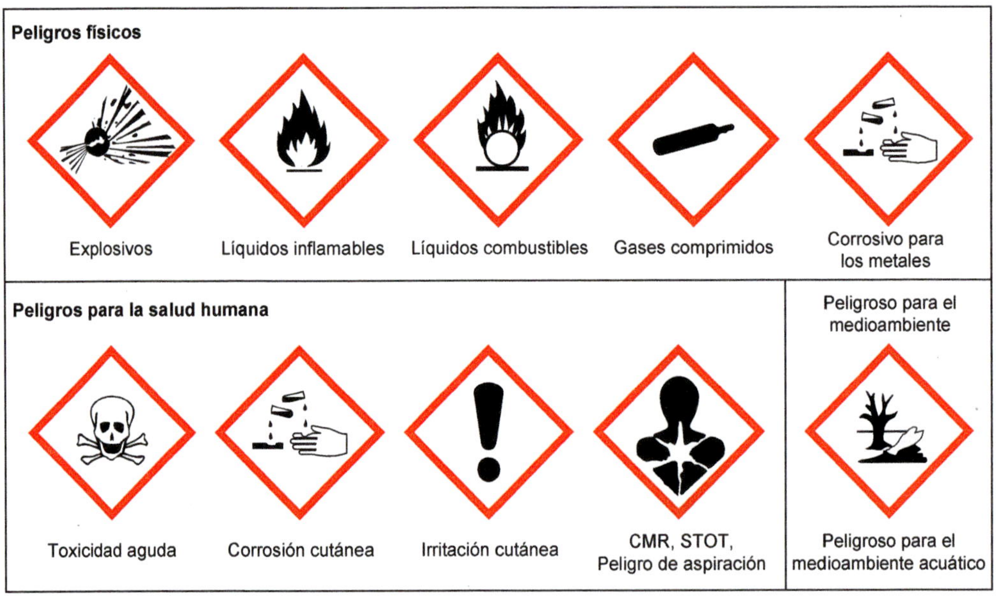

Figura 9.12. *Símbolos e indicadores de peligro.*

su generación y gestión, mejorando la eficiencia en el uso de los recursos. También tiene como objeto regular el régimen jurídico de los suelos contaminados.

El objetivo actual es sustituir un sistema económico lineal basado en la producción, consumo y desecho, por un **sistema circular** que reincorpore al proceso productivo los materiales que contienen los residuos para producir nuevos productos.

Figura 9.13. *Sistema circular.*

En el artículo 3 de Ley 22/2011 se recogen una serie de definiciones relativas a la gestión de residuos. A continuación se incluyen algunos de los conceptos clave más importantes:

- **Residuo.** Cualquier sustancia u objeto que su poseedor deseche o tenga la intención o la obligación de desechar.
- **Gestión de residuos.** La recogida, el transporte y tratamiento de los residuos, incluida la vigilancia de estas operaciones, así como el mantenimiento posterior al cierre de los vertederos, incluidas las actuaciones realizadas en calidad de negociante o agente.
- **Recogida.** Operación que consiste en el acopio de residuos, incluidos la clasificación y almacenamiento iniciales para su transporte a una instalación de tratamiento.
- **Reutilización.** Cualquier operación mediante la cual productos o componentes de productos que no sean residuos se utilizan de nuevo con la misma finalidad para la que fueron concebidos.
- **Tratamiento.** Las operaciones de valorización o eliminación, incluida la preparación anterior a la valorización o eliminación.
- **Valorización.** Cualquier operación cuyo resultado principal sea que el residuo sirva a una finalidad útil al sustituir a otros materiales, que de otro modo se habrían utilizado para cumplir una función particular, o que el residuo sea preparado para cumplir esa función en la instalación o en la economía en general.
- **Reciclado.** Toda operación de valorización mediante la cual los materiales de residuos son transformados de nuevo en productos, materiales o sustancias, tanto si es con la finalidad original como con cualquier otra finalidad. Incluye la transformación del material orgánico, pero no la valorización energética ni la transformación en materiales que se vayan a usar como combustibles o para operaciones de relleno.
- **Eliminación.** Cualquier operación que no sea la valorización, incluso cuando la operación tenga como consecuencia secundaria el aprovechamiento de sustancias o energía.

La lista europea de residuos (Decisión de la Comisión de 18 de diciembre de 2014 por la que se modifica la Decisión 2000/532/CE, sobre la lista de residuos, de conformidad con la Directiva 2008/98/CE del Parlamento Europeo y del Consejo) clasifica los residuos en los capítulos indicados en la Tabla 9.3.

SABÍAS QUE

El Real Decreto 110/2015, de 20 de febrero, sobre residuos de aparatos eléctricos y electrónicos (RAEE), tiene por objeto regular la prevención y reducción de los impactos adversos causados por la generación y la gestión de los residuos de los aparatos eléctricos y electrónicos sobre la salud humana y el medioambiente, determinar los objetivos de recogida y tratamiento de estos residuos y los procedimientos para su correcta gestión, trazabilidad y contabilización.

Tabla 9.3. Lista europea de residuos

Capítulos de la lista europea de residuos	
1	Residuos de la prospección, extracción de minas y canteras y tratamientos físicos y químicos de minerales
2	Residuos de la agricultura, horticultura, acuicultura, silvicultura, caza y pesca; residuos de la preparación y elaboración de alimentos
3	Residuos de la transformación de la madera y de la producción de tableros y muebles, pasta de papel, papel y cartón
4	Residuos de las industrias del cuero, de la piel y textil
5	Residuos del refino de petróleo, purificación del gas natural y tratamiento pirolítico del carbón
6	Residuos de procesos químicos inorgánicos
7	Residuos de procesos químicos orgánicos
8	Residuos de la fabricación, formulación, distribución y utilización (FFDU) de revestimientos (pinturas, barnices y esmaltes vítreos), adhesivos, sellantes y tintas de impresión
9	Residuos de la industria fotográfica
10	Residuos de procesos térmicos
11	Residuos del tratamiento químico de superficie y del recubrimiento de metales y otros materiales; residuos de la hidrometalurgia no férrea
12	Residuos del moldeado y tratamiento físico y mecánico de superficie de metales y plásticos
13	Residuos de aceites y de combustibles líquidos (excepto los aceites comestibles y los de los capítulos 5 y 12)
14	Residuos de disolventes, refrigerantes y propelentes orgánicos (excepto los capítulos 7 y 8)
15	Residuos de envases, absorbentes, trapos de limpieza, materiales de filtración y ropas de protección no especificados en otra categoría
16	Residuos no especificados en otro capítulo de la lista
17	Residuos de la construcción y demolición (incluida la tierra excavada de zonas contaminadas)
18	Residuos de servicios médicos o veterinarios o de investigación asociada (salvo los residuos de cocina y de restaurante no procedentes directamente de la prestación de cuidados sanitarios)
19	Residuos de las instalaciones para el tratamiento de residuos, de las plantas externas de depuración de aguas residuales y de la preparación de agua para consumo humano y de agua para uso industrial
20	Residuos municipales (residuos domésticos y residuos asimilables procedentes de los comercios, industrias e instituciones), incluidas las fracciones recogidas selectivamente

9.6. Protección de las instalaciones solares fotovoltaicas frente a robos

Uno de los problemas que presentan las instalaciones solares fotovoltaicas es la falta de seguridad. Las instalaciones quedan expuestas a posibles robos debido a dos causas fundamentales:

- Las instalaciones solares fotovoltaicas se ubican frecuentemente en zonas poco transitadas o poco habitadas.
- Muchos de los elementos que componen la instalación se encuentran a la intemperie.

La sustracción de los componentes de la instalación origina importantes pérdidas económicas y problemas en el suministro de energía. Para proteger las instalaciones frente a robos se utilizan diversos sistemas de seguridad:

- Montaje de un vallado perimetral.
- Detectores de intrusión en el perímetro.
- Instalación de cámaras de vigilancia.
- Utilización de tortillería antirrobo.
- Utilización de productos adhesivos para la fijación de los módulos a la estructura soporte.
- Utilización de anclajes especiales para la fijación de los módulos a la estructura soporte.
- Utilización de cables de fibra óptica plástica. Los componentes de la instalación que se desea proteger se «cosen», elemento a elemento, mediante una fibra óptica plástica. A través de esta fibra óptica se envía una señal luminosa codificada. Si se corta la fibra para liberar algún elemento de la instalación, la señal luminosa no llega al otro extremo del cable y se dispara la alarma.
- Incorporación de un microchip en cada módulo fotovoltaico. Un sistema electrónico detecta la posición de cada microchip, de tal modo que se genera una alarma si se detecta un movimiento o desplazamiento del microchip de la posición prevista.

Figura 9.14. *Detector de intrusos.*

Figura 9.15. *Cámara de vigilancia.*

MAPA CONCEPTUAL

PREVENCIÓN DE RIESGOS, SEGURIDAD Y PROTECCIÓN MEDIOAMBIENTAL

- PREVENCIÓN DE RIESGOS LABORALES
  - Definiciones
  - Principios generales de la acción preventiva
- PROTECCIÓN COLECTIVA
- EQUIPOS DE PROTECCIÓN INDIVIDUAL
  - Equipos de protección respiratoria
  - Protección de pies y piernas
  - Protección de la cabeza
  - Protección ocular y facial
  - Protección auditiva
  - Protección contra caídas
  - Protección de manos y brazos
  - Ropa de protección
  - Protección frente al riesgo eléctrico
- SEÑALIZACIÓN DE SEGURIDAD Y SALUD
  - Colores de seguridad
  - Señales en forma de panel
  - Señales luminosas
  - Señales acústicas
  - Comunicaciones verbales
  - Señales gestuales
  - Señalizaciones de tuberías, recipientes y áreas de almacenamiento de sustancias peligrosas
- PROTECCIÓN MEDIOAMBIENTAL Y GESTIÓN DE RESIDUOS
- PROTECCIÓN FRENTE A ROBOS

De comprobación

9.1. ¿Cuál de las siguientes opciones no es una medida de protección colectiva?

a) Barreras de protección acústicas.

b) Barandillas.

c) Cascos acústicos.

d) Vallado del perímetro de trabajo.

9.2. No se consideran equipos de protección individual:

a) Los aparatos portátiles para la detección y señalización de los riesgos.

b) El calzado de trabajo.

c) Las pantallas faciales.

d) Los guantes de protección contra riesgos mecánicos.

9.3. No son un equipo de protección ocular y facial:

a) Las gafas de protección de montura universal.

b) Las gafas de protección de montura general.

c) Las gafas de protección de montura integral.

d) Las pantallas faciales.

9.4. Elige la respuesta incorrecta:

a) Los sistemas de sujeción detienen una caída libre y limitan la fuerza del impacto durante la detención.

b) Los sistemas de retención restringen el desplazamiento del usuario.

c) Los sistemas anticaídas detienen una caída libre y limitan la fuerza del impacto durante la detención.

d) Los sistemas de sujeción permiten que el usuario realice trabajos apoyado en tensión o suspensión, previniendo una caída libre.

9.5. Elige la respuesta incorrecta.

a) Se incluye dentro del riesgo eléctrico el choque eléctrico por contacto con elementos en tensión.

b) Se incluyen dentro del riesgo eléctrico las caídas o golpes como consecuencia de choque o arco eléctrico.

c) Se incluyen dentro del riesgo eléctrico las quemaduras por choque eléctrico o por arco eléctrico.

d) No se incluye dentro del riesgo eléctrico los incendios o explosiones originados por la electricidad.

9.6. En las señales de obligación:

a) El pictograma es de color negro sobre fondo amarillo.

b) El pictograma es de color negro sobre fondo blanco.

c) El pictograma es de color blanco sobre fondo azul.

d) El pictograma es de color blanco sobre fondo rojo.

9.7. En las señales de advertencia:

a) El pictograma es de color negro sobre fondo amarillo.

b) El pictograma es de color negro sobre fondo blanco.

c) El pictograma es de color blanco sobre fondo azul.

d) El pictograma es de color blanco sobre fondo rojo.

9.8. En las señales de prohibición:

a) El pictograma es de color negro sobre fondo amarillo.

b) El pictograma es de color negro sobre fondo blanco.

c) El pictograma es de color blanco sobre fondo azul.

d) El pictograma es de color blanco sobre fondo rojo.

9.9. ¿Qué señal de advertencia tiene, de forma excepcional, el fondo de color naranja?

a) Riesgo biológico.

b) Materias nocivas o irritantes.

c) Radiaciones láser.

d) Materias radioactivas.

9.10. La operación que consiste en el acopio de residuos, incluidos la clasificación y almacenamiento iniciales para su transporte a una instalación de tratamiento, se denomina:

a) Valorización.
b) Reciclado.
c) Eliminación.
d) Recogida.

De aplicación

9.11. Explica el concepto de «riesgo laboral».

9.12. ¿Cuáles son las principales diferencias entre la protección colectiva y la protección individual?

9.13. Enumera y explica los distintos tipos de equipos de protección respiratoria.

9.14. ¿Qué condiciones debe cumplir el funcionamiento conjunto de un casco de uso industrial general?

9.15. Enumera y explica los distintos tipos de equipos de protección auditiva.

9.16. Según el Real Decreto 614/2001, se entiende por «riesgo eléctrico» al originado por la energía eléctrica. Quedan específicamente incluidos los riesgos de...

9.17. ¿Cuál es el significado del color de seguridad rojo?

9.18. Explica el significado del concepto de «sistema circular» en el contexto de la gestión de residuos.

9.19. ¿Qué se entiende por gestión de residuos?

9.20. Enumera las medidas de protección más habituales de las instalaciones solares fotovoltaicas frente a robos.

De ampliación

9.21. Explica la señalización de seguridad en forma de panel que colocarías en el recinto cerrado que aloja el sistema de acumulación de energía de una instalación solar fotovoltaica aislada.

9.22. Según el artículo 7 del Decreto 110/2015, de 20 de febrero, sobre residuos de aparatos eléctricos y electrónicos, «los productores marcarán, con el símbolo ilustrado en el anexo V, los AEE que se introduzcan en el mercado con objeto de aumentar al máximo la recogida de los RAEE correctamente separados». ¿De qué símbolo se trata?

9.23. Visita una instalación solar fotovoltaica e identifica las medidas de protección instaladas frente a robos.